企业级大数据项目实战

用户搜索行为分析系统从0到1

张伟洋 / 著

清华大学出版社
北京

内 容 简 介

本书基于真实业务场景，以项目导向为主线，从0到1全面介绍"企业级大数据用户搜索行为分析系统"的搭建过程。全书共6章，第1章讲解项目需求与架构设计，详细阐述项目数据流与系统架构；第2章介绍大数据项目开发环境配置，手把手带领读者配置操作系统、Hadoop集群与相关工具，为后续项目实施打下基础；第3～5章逐步实现项目需求，第3章讲解"用户行为数据采集模块"的开发，第4章讲解"用户行为数据离线分析模块"的开发，第5章讲解"用户行为数据实时分析模块"的开发，这3章采用项目导向的方式，让读者参与实际开发过程；第6章讲解"数据可视化模块"的开发，并整合各模块，测试数据流转，完成项目的开发与部署。

本书项目源自真实业务场景，目的是使读者通过实际项目来理解理论知识并提高实践能力。本书适合缺乏大数据项目经验的从业者阅读，也适合作为高等院校大数据专业的教学用书。

本书封面贴有清华大学出版社防伪标签，无标签者不得销售。
版权所有，侵权必究。举报：010-62782989，beiqinquan@tup.tsinghua.edu.cn。

图书在版编目（CIP）数据

企业级大数据项目实战：用户搜索行为分析系统从 0 到 1/张伟洋著. —北京：清华大学出版社，2023.6
ISBN 978-7-302-63090-6

Ⅰ．①企⋯ Ⅱ．①张⋯ Ⅲ．①数据处理 Ⅳ．①TP274

中国国家版本馆 CIP 数据核字（2023）第 047338 号

责任编辑：王金柱
封面设计：王　翔
责任校对：闫秀华
责任印制：刘海龙

出版发行：清华大学出版社
网　　址：http://www.tup.com.cn, http://www.wqbook.com
地　　址：北京清华大学学研大厦 A 座　　　邮　编：100084
社 总 机：010-83470000　　　　　　　　　　邮　购：010-62786544
投稿与读者服务：010-62776969，c-service@tup.tsinghua.edu.cn
质量反馈：010-62772015，zhiliang@tup.tsinghua.edu.cn
印 装 者：三河市人民印务有限公司
经　　销：全国新华书店
开　　本：190mm×260mm　　　印　张：17　　　字　数：459 千字
版　　次：2023 年 6 月第 1 版　　　　　　　印　次：2023 年 6 月第 1 次印刷
定　　价：89.00 元

产品编号：101069-01

前　　言

当今互联网已进入大数据时代，大数据技术已广泛应用于各行各业。不同领域每天都会产生海量数据，数据计量单位已从 TB 发展到 ZB，未来数据量还将爆发式增长。谷歌、阿里巴巴、百度、京东等互联网公司都急需掌握大数据技术的人才，目前这类人才出现了供不应求的状况。

市面上大数据相关的图书不少，但以真实项目贯穿全书来介绍技术和提升应用能力的并不多。事实上大数据技术涉及的内容和工具非常多，学习曲线也并不顺滑，而且仅仅了解理论知识但没有经过项目开发的检验，也无法很好地掌握这些知识。如何事半功倍地学习和掌握大数据技术，这正是本书编写的初衷。本书以实现一个"企业级大数据用户搜索行为分析系统"项目为导向，内容涵盖当前主流的大数据开发框架 Hadoop、ZooKeeper、Kafka、Hive、HBase、Spark 等。

本书借助真实业务场景，详解项目实现过程，插入案例分析与动手练习，帮助读者提高动手能力。

本书内容

全书共 6 章，内容如下：

第 1 章讲解项目需求与架构设计，概览项目整体规划。

第 2 章讲解大数据项目开发之前对操作系统集群环境的配置，包括虚拟机的创建、CentOS 7 操作系统的安装、Hadoop 的安装等，手把手带领读者搭建项目所使用的大数据开发基础环境，为后续的项目实操打下坚实的基础。

第 3~5 章逐步实现项目需求。以项目为导向，讲解"用户行为数据采集模块""用户行为数据离线分析模块"和"用户行为数据实时分析模块"的开发。

第 6 章讲解"数据可视化模块"的开发，并将所有模块整合到一起，测试数据的流转，最终完成了整个项目的开发与系统的搭建。

本书各章均采用手把手的教学方式，读者可以对照书中的步骤从 0 到 1 成功搭建属于自己的大数据分析系统。

本书特点

- 由一线资深大数据专家根据真实业务场景编撰，使用当前流行的大数据开发技术、工具和框架。
- 使用简明的语言进行描述，易于理解与实践。
- 以完整项目为主线，帮助读了解企业级项目的构建流程。
- 讲解项目开发的同时介绍相关理论知识，有助于读者查漏补缺，深入理解。
- 手把手教学，可以边学习边实践，有效提高实践能力。

学习本书的建议

推荐按章节顺序阅读并上机实操，因为后续章节是建立在前面的基础上的，这种循序渐进的方式能让读者更加容易地掌握大数据开发技能，并完成项目开发。

首先阅读第 1、2 章，了解项目的主要功能、技术架构与集群规划，以对项目有整体认识，学习搭建开发环境。

然后依次学习第 3~6 章。学习每章前，先了解操作目的与该章内容在项目中的位置，然后实操搭建环境，编写应用程序，如此效果更佳。

按书中步骤实操，便可成功搭建本书的大数据项目。搭建成功后，读者还可以举一反三，加入一些创意功能，以令本书项目更完善、功能更强大。读者也可在网站与他人讨论，互帮互助。

本书适合的读者

- 了解大数据框架，想通过项目实践提高技术应用水平的人员。
- 缺乏项目经验的大数据从业者。
- 培训机构与高校大数据专业的学生。

本书配套资源

本书还提供了源码和教学课件，读者可以扫描下面的二维码，按照页面提示把下载链接转发到自己的邮箱进行下载。如果在阅读本书的过程中发现问题，请用电子邮件联系booksaga@126.com，邮件主题写"企业级大数据项目实战：用户搜索行为分析系统从 0 到 1"。

读者如对书中知识有疑问，可通过微信公众号"奋斗在 IT"联系作者，该公众号提供 Java 大数据学习教程与视频资源。

因时间与水平限制，书中难免存在疏漏，欢迎读者批评指正。

张伟洋
2023.3

目　录

第 1 章　项目需求描述 ……………… 1

1.1 项目需求 ………………………… 1
1.2 项目数据流设计 ………………… 2
1.3 项目架构设计 …………………… 3
1.4 集群角色规划 …………………… 6
1.5 项目开发环境介绍 ……………… 7

第 2 章　项目开发环境准备 ………… 9

2.1 VMware 中安装 CentOS 7 操作系统 …… 9
 2.1.1 下载 CentOS 7 镜像文件 ……… 10
 2.1.2 VMware 新建虚拟机 …………… 12
 2.1.3 安装 CentOS 7 ………………… 16
 2.1.4 启动 CentOS 7 ………………… 21
 2.1.5 打开 Shell 终端 ………………… 22
2.2 Linux 系统环境配置 ……………… 22
 2.2.1 新建用户 ……………………… 23
 2.2.2 修改用户权限 ………………… 23
 2.2.3 关闭防火墙 …………………… 24
 2.2.4 设置固定 IP …………………… 24
 2.2.5 修改主机名 …………………… 28
 2.2.6 新建资源目录 ………………… 28
2.3 安装 JDK ………………………… 29
2.4 克隆虚拟机 ……………………… 30
2.5 配置主机 IP 映射 ………………… 33
2.6 配置集群各节点 SSH 无密钥登录 …… 34
 2.6.1 SSH 无密钥登录原理 ………… 34
 2.6.2 SSH 无密钥登录操作步骤 …… 35
2.7 搭建 Hadoop 分布式集群 ………… 36
 2.7.1 搭建思路 ……………………… 37
 2.7.2 搭建 Hadoop 集群 ……………… 37
2.8 动手练习 ………………………… 45

第 3 章　用户行为数据采集模块开发 …… 46

3.1 用户行为数据来源 ……………… 47
 3.1.1 构建测试数据 ………………… 47
 3.1.2 数据预处理 …………………… 48
3.2 使用 Flume 采集用户行为数据 …… 48
 3.2.1 Flume 采集架构 ……………… 49
 3.2.2 Flume 组件 …………………… 51
 3.2.3 Flume 的安装与测试 ………… 52
 3.2.4 配置 Flume 多节点数据采集 … 55
3.3 使用 Kafka 中转用户行为数据 …… 57
 3.3.1 ZooKeeper 集群的搭建 ……… 58
 3.3.2 ZooKeeper 集群的启动与
   连接 …………………………… 60
 3.3.3 Kafka 集群的搭建 …………… 61
 3.3.4 Kafka 集群的启动与查看 …… 63
 3.3.5 Kafka 主题操作 ……………… 64
3.4 Flume 数据实时写入 Kafka ……… 67
 3.4.1 数据流架构 …………………… 67
 3.4.2 配置 centos03 节点的 Flume … 67
 3.4.3 启动 Flume …………………… 68
 3.4.4 测试数据流转 ………………… 69
3.5 使用 HBase 存储用户行为数据 …… 69
 3.5.1 HBase 集群的架构 …………… 70
 3.5.2 HBase 集群的搭建 …………… 73

3.5.3　HBase 集群的启动、查看与停止 ………………………… 75
3.5.4　测试 HBase 数据表操作 …… 77
3.5.5　创建 HBase 用户行为表结构 ………………………… 80
3.6　Flume 数据实时写入 HBase ………… 81
3.6.1　数据流架构 ……………… 81
3.6.2　配置 centos03 节点的 Flume … 81
3.6.3　Flume 写入 HBase 原理分析 …………………………… 83
3.6.4　用户行为日志匹配测试 …… 84
3.6.5　启动 Flume …………… 85
3.6.6　测试数据流转 …………… 86
3.7　动手练习 ……………………… 87

第 4 章　用户行为数据离线分析模块开发 …………………………… 88

4.1　Hive 安装 ……………………… 88
4.1.1　Hive 内嵌模式安装 ……… 89
4.1.2　Hive 本地模式安装 ……… 92
4.1.3　Hive 远程模式安装 ……… 94
4.2　Hive 数据库操作 ………………… 97
4.2.1　创建数据库 …………… 97
4.2.2　修改数据库 …………… 97
4.2.3　选择数据库 …………… 99
4.2.4　删除数据库 …………… 99
4.2.5　显示数据库 …………… 99
4.3　Hive 表操作 …………………… 100
4.3.1　内部表操作 …………… 101
4.3.2　外部表操作 …………… 105
4.4　Hive 离线分析用户行为数据 …… 107
4.4.1　创建用户行为表并导入数据 ………………………… 107
4.4.2　统计前 10 个访问量最高的用户 ID 及访问数量 ………… 108
4.4.3　分析链接排名与用户点击的相关性 ……………………… 109
4.4.4　分析一天中上网用户最多的时间段 ……………………… 109
4.4.5　查询用户访问最多的前 10 个网站域名 ………………… 110
4.5　Hive 集成 HBase 分析用户行为数据 ………………………… 110
4.5.1　Hive 集成 HBase 的原理 …… 111
4.5.2　Hive 集成 HBase 的配置 …… 111
4.5.3　Hive 分析 HBase 用户行为表数据 …………………… 112
4.6　Spark 集群的搭建 ……………… 114
4.6.1　应用提交方式 ………… 114
4.6.2　搭建集群 …………… 116
4.7　Spark 应用程序的提交 ………… 118
4.7.1　spark-submit 工具的使用 … 118
4.7.2　执行 Spark 圆周率程序 …… 119
4.7.3　Spark Shell 的启动 ……… 120
4.8　Spark RDD 算子运算 …………… 121
4.8.1　Spark RDD 特性 ………… 121
4.8.2　创建 RDD ……………… 123
4.8.3　转换算子运算 ………… 124
4.8.4　行动算子运算 ………… 130
4.9　使用 IntelliJ IDEA 创建 Scala 项目 …… 131
4.9.1　在 IDEA 中安装 Scala 插件 … 132
4.9.2　创建 Scala 项目 ………… 133
4.10　Spark WordCount 项目的创建与运行 ……………………………… 134
4.10.1　创建 Maven 管理的 Spark 项目 …………………… 135
4.10.2　编写 WordCount 程序 …… 137
4.10.3　提交 WordCount 程序到集群 ……………………… 138
4.10.4　查看 Spark WebUI ……… 139

4.10.5	查看程序执行结果 ············ 141	
4.11	Spark RDD 读写 HBase ················ 141	
	4.11.1 读取 HBase 表数据············ 142	
	4.11.2 写入 HBase 表数据············ 144	
4.12	使用 Spark SQL 实现单词计数 ······· 151	
	4.12.1 Spark SQL 编程特性 ·········· 151	
	4.12.2 Spark SQL 的基本使用 ······· 153	
	4.12.3 Spark SQL 实现单词计数 ···· 155	
4.13	Spark SQL 数据源操作 ·············· 159	
	4.13.1 基本操作 ························ 159	
	4.13.2 Parquet 文件 ···················· 164	
	4.13.3 JSON 数据集 ··················· 166	
	4.13.4 Hive 表 ·························· 167	
	4.13.5 JDBC ···························· 169	
4.14	Spark SQL 与 Hive 整合分析 ······· 170	
	4.14.1 整合 Hive ························ 171	
	4.14.2 操作 Hive ······················· 173	
4.15	Spark SQL 整合 MySQL 存储分析结果 ··································· 175	
	4.15.1 MySQL 数据准备 ············· 175	
	4.15.2 读取 MySQL 表数据·········· 176	
	4.15.3 写入结果数据到 MySQL 表 ························· 177	
4.16	Spark SQL 热点搜索词统计 ·········· 179	
	4.16.1 开窗函数的使用 ··············· 179	
	4.16.2 热点搜索词统计实现 ········· 181	
4.17	Spark SQL 搜索引擎每日 UV 统计 ································· 184	
	4.17.1 内置函数的使用 ··············· 184	
	4.17.2 搜索引擎每日 UV 统计实现 ························· 186	
4.18	动手练习 ································ 187	

第 5 章 用户行为数据实时分析模块开发 ································· 189

5.1	Spark Streaming 程序编写 ·············· 189	
	5.1.1 Spark Streaming 工作原理 ······ 189
	5.1.2 输入 DStream 和 Receiver ······ 191
	5.1.3 第一个 Spark Streaming 程序 ································· 191
5.2	Spark Streaming 数据源 ················· 193
	5.2.1 基本数据源 ······················· 193
	5.2.2 高级数据源 ······················· 195
	5.2.3 自定义数据源 ···················· 196
5.3	DStream 操作 ····························· 199
	5.3.1 无状态操作 ······················· 199
	5.3.2 状态操作 ·························· 200
	5.3.3 窗口操作 ·························· 202
	5.3.4 输出操作 ·························· 203
	5.3.5 缓存及持久化 ···················· 205
	5.3.6 检查点 ······························ 205
5.4	Spark Streaming 按批次累加单词数量 ··································· 207
	5.4.1 编写应用程序 ···················· 207
	5.4.2 运行应用程序 ···················· 209
	5.4.3 查看 Spark WebUI ··············· 210
5.5	Spark Streaming 整合 Kafka 计算实时单词数量 ·························· 211
	5.5.1 整合原理 ·························· 212
	5.5.2 编写应用程序 ···················· 213
	5.5.3 运行应用程序 ···················· 216
5.6	Structured Streaming 快速实时单词计数 ··································· 217
5.7	Structured Streaming 编程模型 ······· 220
5.8	Structured Streaming 查询输出 ········ 221
	5.8.1 输出模式 ·························· 222
	5.8.2 外部存储系统与检查点 ········ 223
5.9	Structured Streaming 窗口操作 ········ 224
	5.9.1 事件时间 ·························· 225
	5.9.2 窗口聚合单词计数 ·············· 226
	5.9.3 延迟数据和水印 ················· 229

5.10 Structured Streaming 消费 Kafka 数据
实现单词计数·················232
5.11 Structured Streaming 输出计算结果
到 MySQL·····················235
    5.11.1 MySQL 建库、建表·········235
    5.11.2 Structured Streaming 应用程序的
编写·······················236
    5.11.3 打包与提交 Structured Streaming
应用程序·················239
5.12 动手练习························242

第 6 章 数据可视化模块开发·············244

6.1 IDEA 搭建基于 SpringBoot 的
Web 项目·······················244
    6.1.1 创建 Maven 项目·············245
    6.1.2 项目集成 SpringBoot············246
6.2 WebSocket 数据实时推送··········249
    6.2.1 WebSocket 推送原理·········249
    6.2.2 项目集成 WebSocket··········249
    6.2.3 创建 JDBC 查询工具类········250
    6.2.4 创建 WebSocket 服务
处理类···················251
6.3 使用 ECharts 进行前端视图展示······253
6.4 多框架整合实时分析用户行为日志
数据流··························258
    6.4.1 项目实时处理工作流程········258
    6.4.2 模拟实时产生用户行为
数据·····················259
    6.4.3 集群数据流转···············261
6.5 动手练习························264

第 1 章

项目需求描述

本章主要对本书所要实现的项目需求进行描述,让读者了解项目包括的主要功能、项目所使用的技术架构、项目的集群规划等。读者在项目开发前,应仔细阅读本章内容,对项目的整体规划有一个全面的了解,便于后续的项目开发。

本章目标:

- 了解项目的需求设计
- 了解项目的数据流设计
- 了解项目的架构设计
- 了解项目的集群角色规划
- 掌握大数据技术的生态系统架构

1.1 项目需求

随着互联网的迅速发展,Web系统在满足大量用户访问的同时,几乎每天都在产生大量的用户行为数据(用户在使用系统时通过点击、浏览等行为产生的日志数据)及业务交互数据。通过对这些行为数据进行分析可以获取用户的浏览行为,挖掘数据中的潜在价值,从而更好地、有针对性地进行系统的运营。然而随着日志数据每天上百吉字节地增长,传统的单机处理架构已经不能满足需求,此时就需要使用大数据技术并行计算来解决。

本书通过"用户搜索行为分析系统"项目从0到1、手把手讲解如何使用大数据技术对搜索引擎中的海量用户搜索日志数据进行用户行为分析,最终实现以下需求:

- 实时统计前10名流量最高的搜索词。
- 使用可视化图表实时展示统计结果。
- 统计一天中上网用户最多的时间段。
- 统计用户访问最多的前10个网站域名。
- 分析链接排名与用户点击的相关性。

- 统计每天搜索数量前3名的搜索词（热点搜索词统计）。
- 搜索引擎每日UV（Unique Visitor，独立访客）统计。

对于实时统计，最终将使用柱形图以可视化的形式在浏览器中实时动态展示并排名，展示效果如图1-1所示。

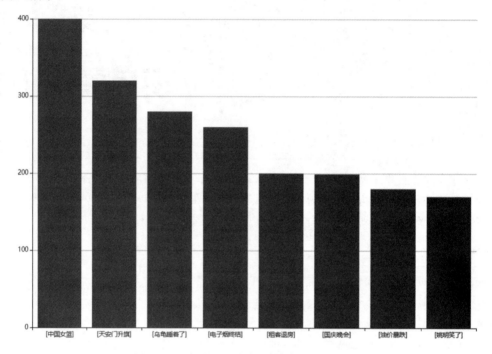

图1-1　可视化柱形图实时展示搜索词访问量

图1-1柱形图的横坐标表示用户搜索的关键词，纵坐标表示关键词对应的搜索访问数量。

1.2　项目数据流设计

为了实现项目需求，我们需要搭建大数据分析系统，对海量数据进行分析与计算。项目需求涉及离线计算和实时计算，由于Spark是一个基于内存计算的快速通用计算系统，既拥有离线计算组件又拥有实时计算组件，因此以Spark为核心进行数据分析会更加容易，且易于维护。整个系统数据流架构的设计如图1-2所示。

从图1-2可以看出，本系统整体上共分为三个模块：数据采集模块、数据分析模块、数据可视化模块。数据分析模块又分为离线分析模块和实时分析模块，这两个模块在本书中都会进行讲解，并且重点讲解实时分析模块。因此，本书的讲解思路及顺序如下：

（1）数据采集模块

（2）数据离线分析模块

（3）数据实时分析模块

（4）数据可视化模块

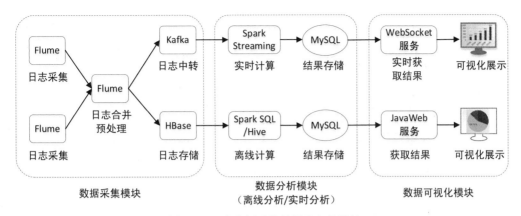

图 1-2　日志分析系统数据流架构设计

读者可按照上述顺序并参考本书的章节逐步进行项目的开发,直到完成并成功运行整个项目。图1-2所示的日志数据流转步骤如下:

01　在产生日志的每台服务器上安装Flume进行日志采集,然后把各自采集到的日志数据发送给同一个Flume服务器进行日志的合并。

02　将合并后的日志数据以副本的方式分成两路(两路数据相同):一路进行实时计算,另一路进行离线计算。将需要实时计算的数据发送到实时消息系统Kafka进行中转,将需要离线计算的数据存储到HBase分布式数据库中。

03　使用Spark Streaming作为Kafka的消费者,按批次从Kafka中获取数据进行实时计算,并将计算结果存储于MySQL关系数据库中。

04　使用Spark SQL(或Hive)查询HBase中的日志数据进行离线计算,并将计算结果存储于MySQL关系数据库中。通常的做法是使用两个关系数据库分别存储实时和离线的计算结果。

05　使用WebSocket实时获取MySQL中的数据,然后通过可视化组件(ECharts等)进行实时展示。

06　当用户在前端页面单击以获取离线计算结果时,使用Java Web获取MySQL中的结果数据,然后通过可视化组件(ECharts等)进行展示。

1.3　项目架构设计

本节对"用户搜索行为分析系统"项目中所使用的大数据框架Hadoop、ZooKeeper、Kafka、Flume、HBase、Spark等进行简要介绍,为后续的系统搭建打下理论基础。框架的详细介绍读者可查阅笔者的《Hadoop 3.x大数据开发实战(视频教学版)》一书。

Apache Hadoop是大数据开发所使用的一个核心框架,是一个允许使用简单编程模型跨计算机集群分布式处理大型数据集的系统。使用Hadoop可以方便地管理分布式集群,将海量数据分布式地存储在集群中,并使用分布式并行程序来处理这些数据。它被设计成从单个服务器扩展到数千台计算机,每台计算机都提供本地计算和存储。Hadoop本身的设计目的是不依靠硬件来提供高可用性,而是在应用层检测和处理故障。

随着Hadoop生态系统的成长，出现了越来越多的新项目，这些项目有的需要依赖Hadoop，有的可以独立运行，有的对Hadoop提供了很好的补充。

本书讲解的"用户搜索行为分析系统"项目的架构设计如图1-3所示。

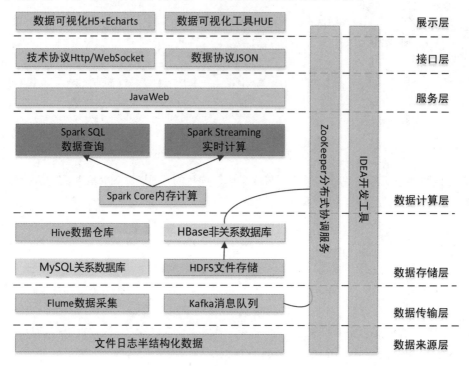

图1-3 "用户搜索行为分析系统"技术架构

1. 数据来源层

用户在Web网站和手机App中浏览相关信息，服务器端会生成大量的日志文件记录用户的浏览行为。日志文件属于半结构化数据，和普通纯文本相比，半结构化数据具有一定的结构性，有基本固定的结构模式，例如日志文件、XML文档、JSON文档、Email等都属于半结构化数据。

2. 数据传输层

使用Flume+Kafka构建数据传输层。

Apache Flume是一个分布式的、可靠和易用的日志收集系统，用于将大量日志数据从许多不同的源进行收集、聚合，最终移动到一个集中的数据中心进行存储。Flume的使用不仅限于日志数据聚合，由于数据源是可定制的，因此Flume可以用于传输大量数据，包括但不限于网络流量数据、社交媒体生成的数据、电子邮件消息和几乎所有可能的数据源。

Kafka是一个基于ZooKeeper的高吞吐量低延迟的分布式的发布与订阅消息系统，它可以实时处理大量消息数据以满足各种需求。即便使用非常普通的硬件，Kafka每秒也可以处理数百万条消息，其延迟最低只有几毫秒。

为了使Flume收集的数据和下游系统之间解耦合，保证数据传输的低延迟，采用Kafka作为消息中间件进行日志的中转。

3. 数据存储层

大数据项目使用HDFS、HBase、Hive和MySQL构成数据存储层。

HDFS（Hadoop Distributed File System）是Hadoop项目的核心子项目，在大数据开发中通过分布式计算对海量数据进行存储与管理。它基于流数据模式访问和处理超大文件的需求而开发，可以运行在廉价的商用服务器上，为海量数据提供了不惧故障的存储方法，进而为超大数据集的应用处理带来了很多便利。

HBase是一个分布式的、非关系型的列式数据库，数据存储于分布式文件系统HDFS中，并且使用ZooKeeper作为协调服务。HDFS为HBase提供了高可靠性的底层存储支持，ZooKeeper则为HBase提供了稳定的服务和失效恢复机制。

HBase的设计目的是处理非常庞大的表，甚至可以使用普通计算机处理超过10亿行的、由数百万列组成的表的数据。

Hive是一个基于Hadoop的数据仓库架构，使用SQL语句读、写和管理大型分布式数据集。Hive可以将SQL语句转换为MapReduce（或Apache Spark和Apache Tez）任务执行，大大降低了Hadoop的使用门槛，减少了开发MapReduce程序的时间成本。

我们可以将Hive理解为一个客户端工具，它提供了一种类SQL查询语言，称为HiveQL。这使得Hive十分适合数据仓库的统计分析，能够轻松使用HiveQL开启数据仓库任务，如提取/转换/加载（ETL）、分析报告和数据分析。Hive不仅可以分析HDFS文件系统中的数据，也可以分析其他存储系统（例如HBase）中的数据。

MySQL是最好的关系数据库管理系统应用软件。本书使用MySQL存储用户行为数据的计算结果，便于后续通过Web应用等轻量级框架读取结果进行用户端展示。

4. 数据计算层

数据计算层的核心是Spark计算引擎。

Spark是一个快速通用的集群计算系统。它提供了Java、Scala、Python和R的高级API，以及一个支持通用的执行图计算的优化引擎。它还支持一组丰富的高级工具，包括使用SQL进行结构化数据处理的Spark SQL、用于机器学习的MLlib、用于图处理的GraphX，以及用于实时流处理的Spark Streaming。

Spark 的核心（Spark Core）是一个对由很多计算任务组成的、运行在多个工作机器或者一个计算机集群上的应用进行调度、分发以及监控的计算引擎。在Spark Core的基础上，Spark提供了一系列面向不同应用需求的组件，例如Spark SQL和Spark Streaming。

Spark SQL和Spark Streaming都属于Spark系统的组件，它们都依赖于底层的Spark Core。Spark SQL可结合HBase进行数据的查询与分析，Spark Streaming可以进行实时流数据的处理。这两种不同的处理方式可以在同一应用中无缝使用，大大降低了开发和维护的人力成本。

5. 服务层

使用JavaWeb构建系统顶层服务，方便用户通过浏览器访问系统、查看分析结果等。将数据计算层的分析结果存储于关系数据库MySQL中，JavaWeb程序只需读取MySQL中的结果数据进行展示即可。

6. 接口层

服务层使用JavaWeb获取结果数据后,需要使用前端技术展示在浏览器的网页中,便于用户查看。若需要实时展示最新结果数据,则需要使用WebSocket技术。WebSocket是基于TCP的一种新的网络协议,它可以使客户端和服务器之间的数据交换变得更加简单,允许服务器端主动向客户端推送数据。在WebSocket API中,浏览器和服务器只需要完成一次握手,两者之间就可以直接创建持久性的连接,并进行双向数据传输,从而实现数据的前端实时展示。

7. 展示层

为了让结果数据在浏览器网页中的展示更加直观、易于理解,往往需要使用图表进行展示,例如柱形图、饼形图等。HTML5对图表的支持非常友好,因此可以借助目前比较流行的HTML5图表组件ECharts实现数据图表化。

ECharts是一个使用 JavaScript 实现的开源可视化库,可以流畅地运行在个人计算机(PC)和移动设备上,兼容当前绝大部分浏览器(IE9/10/11、Chrome、Firefox、Safari等),提供直观、交互丰富、可高度个性化定制的数据可视化图表。

1.4 集群角色规划

本书项目使用3个节点(主机名分别为centos01、centos02、centos03)搭建大数据集群,各节点的角色(守护进程或框架名称)规划如表1-1所示。

表1-1 集群角色规划

集　　群	centos01 节点	centos02 节点	centos03 节点
HDFS	NameNode SecondaryNameNode DataNode	DataNode	
YARN	ResourceManager NodeManager	NodeManager	NodeManager
ZooKeeper	QuorumPeerMain	QuorumPeerMain	QuorumPeerMain
HBase	HMaster		
HRegionServer	HRegionServer	HRegionServer	
Hive	Hive		
Kafka	Kafka	Kafka	Kafka
Flume	Flume	Flume	Flume
Spark	Master	Worker	Worker

centos01节点为集群主节点,各个框架的主进程安装在该节点上,其他进程则安装在centos02和centos03节点上。

在后续章节会对各个框架的安装及相关守护进程进行详细讲解。

1.5 项目开发环境介绍

本书项目所使用的开发环境及版本介绍如表1-2所示。

表1-2 项目开发环境

软件	版本	作用
VMware Workstation	12.5.2	桌面虚拟计算机软件，提供用户可在单一的桌面上同时运行不同的操作系统和进行开发、测试、部署新的应用程序的最佳解决方案。 本书使用VMware创建虚拟机，安装Linux操作系统，搭建大数据集群
CentOS 操作系统	7.3	CentOS 7是一个企业级的Linux发行版本。本书用CentOS 7操作系统搭建大数据集群，部署大数据应用程序
JDK	1.8	Hadoop等很多大数据框架使用Java开发，依赖于Java环境，因此需要安装Java环境JDK
Hadoop	3.3.1	Hadoop是大数据开发所使用的一个核心框架，是一个跨计算机集群分布式处理大型数据集的系统。使用Hadoop可以方便地管理分布式集群，将海量数据分布式地存储在集群中，并使用分布式并行程序来处理这些数据。 本书的离线数据分析模块所使用的框架HBase和Hive都依赖于Hadoop
Flume	1.9.0	Flume是一个分布式的、可靠和易用的日志收集系统，用于将大量日志数据从许多不同的源进行收集、聚合，最终移动到一个集中的数据中心进行存储。 本书使用Flume进行用户行为日志数据的实时采集
Kafka	3.1.0	Kafka是一个高吞吐量低延迟的分布式的发布与订阅消息系统，它可以实时处理大量消息数据以满足各种需求。Kafka每秒也可以处理数百万条消息，其延迟最低只有几毫秒。简单来说，Kafka是消息中间件的一种。 本书使用Kafka进行用户行为数据的实时中转，充当数据中转站的角色
ZooKeeper	3.6.3	ZooKeeper是一个分布式应用程序协调服务，主要用于解决分布式集群中应用系统的一致性问题。 本书使用ZooKeeper协调集群服务，进行集群状态一致性管理。Kafka、HBase都依赖于ZooKeeper
HBase	2.4.9	HBase是一个分布式的非关系型的列式数据库。HBase数据存储于分布式文件系统HDFS，并且使用ZooKeeper作为协调服务。 HBase的设计目的是处理非常庞大的表，甚至可以使用普通计算机处理超过10亿行的、由数百万列组成的表的数据。 本书使用HBase存储数以亿计的用户行为日志数据，用于进行离线统计分析

（续表）

软　件	版　本	作　用
Hive	2.3.3	Hive 是一个基于 Hadoop 的数据仓库工具，提供了一种类 SQL 查询语言，称为 HiveQL。这使得 Hive 十分适合数据仓库的统计分析。Hive 不仅可以分析 HDFS 文件系统中的数据，也可以分析其他存储系统（例如 HBase）中的数据。 本书使用 Hive 进行用户行为数据的离线分析
Spark	3.2.1	Spark 是一个快速通用的集群计算系统。它支持一组丰富的高级工具，例如使用 SQL 进行结构化数据处理的 Spark SQL、用于实时流处理的 Spark Streaming。 本书使用 Spark SQL 进行用户行为数据的离线分析。当然也可以整合将 Spark SQL 与 Hive 进行数据的离线分析。多种方式本书都会讲解
MySQL	8.0	MySQL 是一种关系数据库管理系统，通过将数据保存在不同的表中提高数据的存储速度与灵活度。在 Web 应用方面，MySQL 是最好的关系数据库管理系统应用软件，本书使用 MySQL 存储用户行为数据的计算结果，便于后续通过 Web 应用等轻量级框架读取结果进行用户端展示
IntelliJ IDEA	2021.3.3	IDEA 在业界被公认为最好的 Java 开发工具之一。其功能强大，符合人体工程学的设计，让开发不仅高效，更成为一种享受。 本书使用 IDEA 开发 Spark 应用程序、Web 应用程序，并对应用程序进行打包等

第 2 章

项目开发环境准备

在正式开发项目之前，需要搭建好项目的开发环境。本章手把手带领读者搭建项目所使用的大数据开发基础环境。

首先讲解在 VMware Workstation（以下简称 VMware）中安装 CentOS 操作系统的步骤。使用的 VMware 版本为 12.5.2，CentOS 操作系统的版本为 7.3（1611）。

接下来在安装好的操作系统的基础上继续讲解系统集群环境的配置和 JDK 的安装，然后通过克隆技术构建出具有 3 个节点的集群基础环境，以便后续能够轻松进行 Hadoop 等框架集群的搭建。

最后在安装好的集群上搭建大数据的核心框架 Hadoop，完成项目开发环境的准备。

本章目标：

* 了解 CentOS 7 操作系统的下载
* 掌握 VMware 中虚拟机的创建步骤
* 掌握 CentOS 7 操作系统的安装步骤
* 了解 CentOS 7 中用户的添加和权限的修改
* 掌握 CentOS 7 中主机名与 IP 的修改
* 掌握 CentOS 7 中 JDK 的安装
* 掌握虚拟机的克隆
* 掌握 CentOS 7 中主机 IP 映射的配置
* 掌握集群 SSH 无密钥登录的配置
* 掌握 Hadoop 3.x 集群的搭建

2.1 VMware 中安装 CentOS 7 操作系统

VMware 是一款功能强大的桌面虚拟计算机软件，提供用户可在单一的桌面上同时运行不同的操作系统和进行开发、测试、部署新的应用程序的最佳解决方案。VMware允许操作系统和应用程序在一台虚拟机内部运行。虚拟机是独立运行主机操作系统的离散环境。在VMware中，我们可以在一个窗口中加载一台虚拟机，虚拟机可以运行自己的操作系统和应用程序。这一切不会影响我们的主机操作或者其他正在运行的应用程序。

本节讲解在VMware中安装CentOS 7操作系统的具体步骤。

2.1.1 下载 CentOS 7 镜像文件

操作步骤如下：

01 在浏览器中输入网址https://www.centos.org/，进入CentOS官网，单击官网主页面中的【CentOS Linux】选项，如图2-1所示。

图 2-1　CentOS 官网主页面

02 在出现的下载页面中单击【x86_64】超链接，可进入目前CentOS操作系统最新版的下载链接页面，如图2-2所示。

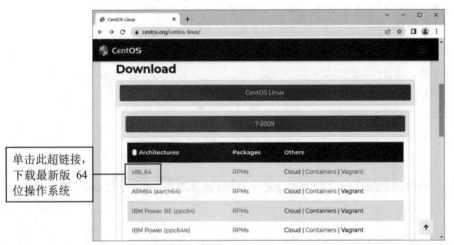

图 2-2　CentOS 操作系统下载页面（下载最新版本）

03 若想下载CentOS操作系统的历史版本，可以在浏览器中访问网址http://vault.centos.org/，然后单击对应的版本所在的文件夹，此处选择【7.3.1611/】，如图2-3所示。

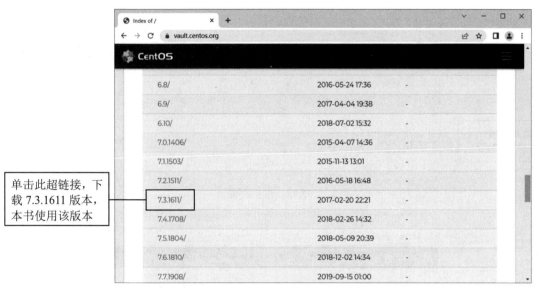

单击此超链接，下载 7.3.1611 版本，本书使用该版本

图 2-3　CentOS 操作系统下载页面（下载历史版本）

04 在出现的新页面中，单击操作系统镜像文件所在的文件夹【isos/】，如图2-4所示。

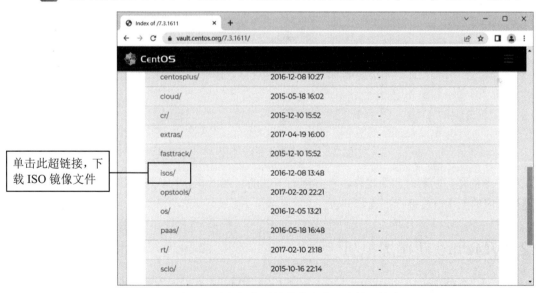

单击此超链接，下载 ISO 镜像文件

图 2-4　选择操作系统镜像文件所在的文件夹

05 在出现的操作系统位数选择页面选择相应的位数版本，x86_64代表64位操作系统。单击文件夹【x86_64/】，如图2-5所示。

06 在出现的操作系统镜像选择页面中可以看到有不同的镜像版本：DVD为标准安装版，日常使用下载该版本即可；Everything对完整版安装盘的软件进行了补充，集成了所有软件；LiveGNOME为GNOME桌面版；LiveKDE为KDE桌面版；Minimal为最小软件安装版，只有必要的软件，自带的软件最少；NetInstall为网络安装版，启动后需要连网进行安装。

此处选择DVD标准安装版即可，单击超链接【CentOS-7-x86_64-DVD-1611.iso】进行下载，如图2-6所示。

图 2-5　选择操作系统位数

图 2-6　下载操作系统镜像

需要注意的是，随着时间的推移，官方网站下载的目录可能会有所调整，读者需要根据具体情况选择相应的版本链接进行下载。

2.1.2　VMware 新建虚拟机

本书虚拟化软件使用VMware Workstation 12 Pro。VMware软件的安装，此处不做过多讲解。在Windows系统中安装完VMware后，接下来需要在VMware中新建一个虚拟机，具体操作步骤如下：

01 在VMware中，单击菜单栏的【文件】|【新建虚拟机】命令，在弹出的【新建虚拟机向导】窗口中单击【典型】单选按钮，然后单击【下一步】按钮，如图2-7所示。

02 在新弹出的窗口中单击【稍后安装操作系统】单选按钮，然后单击【下一步】按钮，如图2-8所示。

03 在新窗口中，选择客户机操作系统为【Linux(L)】，系统版本为【CentOS 64 位】，然后单击【下一步】按钮，如图2-9所示。

第 2 章 项目开发环境准备

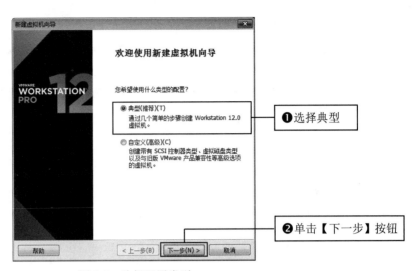

图 2-7 选择配置类型

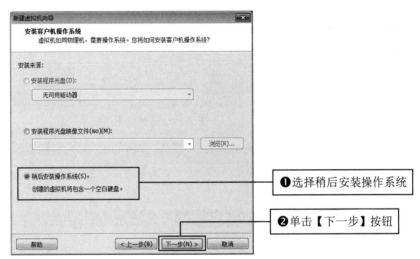

图 2-8 选择安装来源

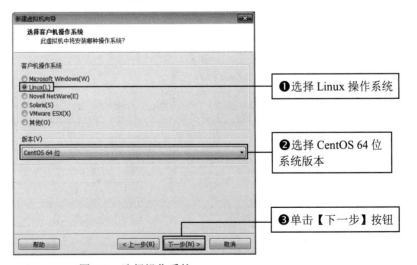

图 2-9 选择操作系统

04 在新窗口中,【虚拟机名称】默认为"CentOS 64位",也可以改成自己的名称,此处改为"centos01",【位置】可以修改成虚拟机在硬盘中的位置。然后单击【下一步】按钮,如图2-10所示。

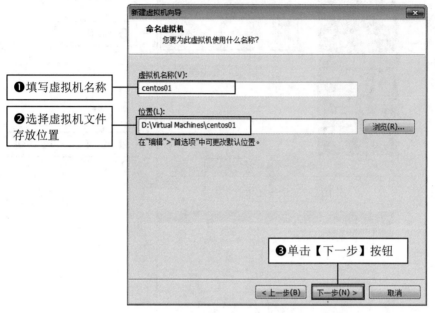

图 2-10 选择虚拟机安装位置

05 在新窗口中,【最大磁盘大小】默认为20 GB,可以根据需要进行调整,此处保持默认。单击【将虚拟磁盘拆分成多个文件】单选按钮,然后单击【下一步】按钮,如图2-11所示。

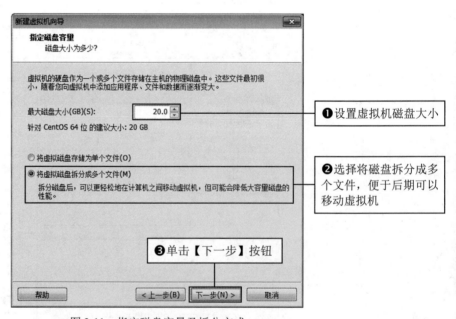

图 2-11 指定磁盘容量及拆分方式

06 新窗口中显示出了当前虚拟机的配置信息,其中的网络适配器使用默认的NAT模式(关于NAT模式，读者可自主查阅资料，此处不做讲解）。如果需要对配置（内存、硬盘等）进行调整，单击【自定义硬件】按钮进行调整即可。这里直接单击【完成】按钮，如图2-12所示。

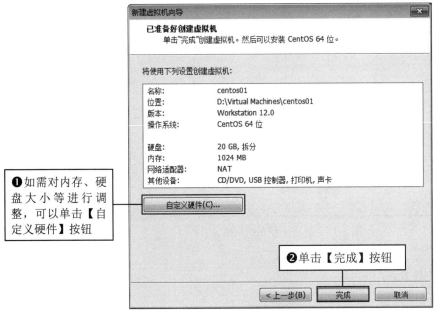

图 2-12 显示虚拟机配置信息

07 配置完成后，在新建的虚拟机主窗口中单击【编辑虚拟机设置】按钮，如图2-13所示。

图 2-13 编辑虚拟机设置

08 在弹出的【虚拟机设置】窗口中，选择【CD/DVD（IDE）】，然后单击右侧的【使用ISO映像文件】单选按钮，再单击其下方的【浏览】按钮，在浏览文件窗口中选择之前下载的CentOS 7镜像文件，最后单击【确定】按钮，如图2-14所示。

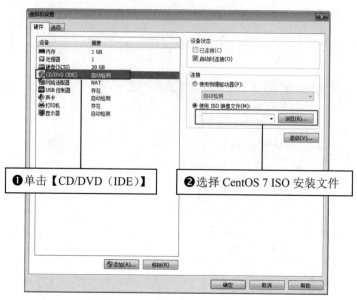

图 2-14　选择操作系统镜像文件

2.1.3　安装 CentOS 7

具体的安装步骤如下：

01 在虚拟机主窗口中，单击【开启此虚拟机】按钮，进行操作系统的安装，如图2-15所示。

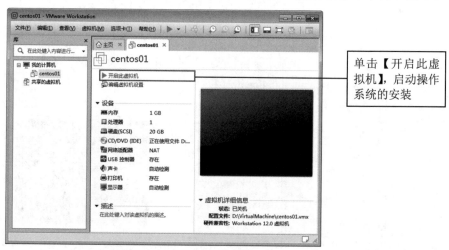

图 2-15　开启虚拟机

02 在首次出现的CentOS 7操作系统安装界面中，单击界面空白处以激活键盘，按键盘的上、下方向键选择【Install CentOS Linux 7】选项，然后按回车键开始安装，如图2-16所示。

03 安装途中再次按回车键继续，直到出现语言选择窗口。在语言选择窗口左侧的下拉列表框中选择倒数第二项，即【中文】；在右侧列表框中选择【简体中文（中国）】，然后单击【继续】按钮，如图2-17所示。

04 在接下来出现的【安装信息摘要】窗口中选择【安装位置】选项，如图2-18所示。

第 2 章 项目开发环境准备 17

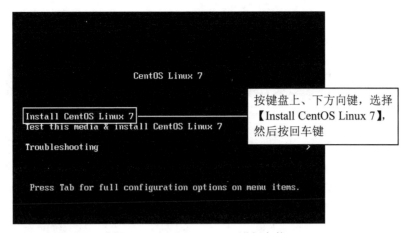

图 2-16 选择 Install CentOS Linux 7 进行安装

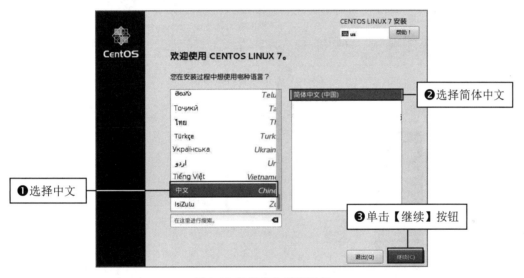

图 2-17 选择操作系统语言

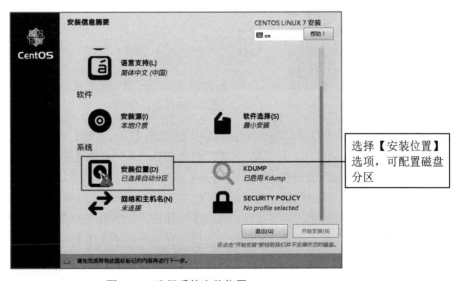

图 2-18 选择系统安装位置

05 在【安装目标位置】窗口中，直接单击左上角的【完成】按钮，此处不需要做任何更改，默认即可，如图2-19所示。

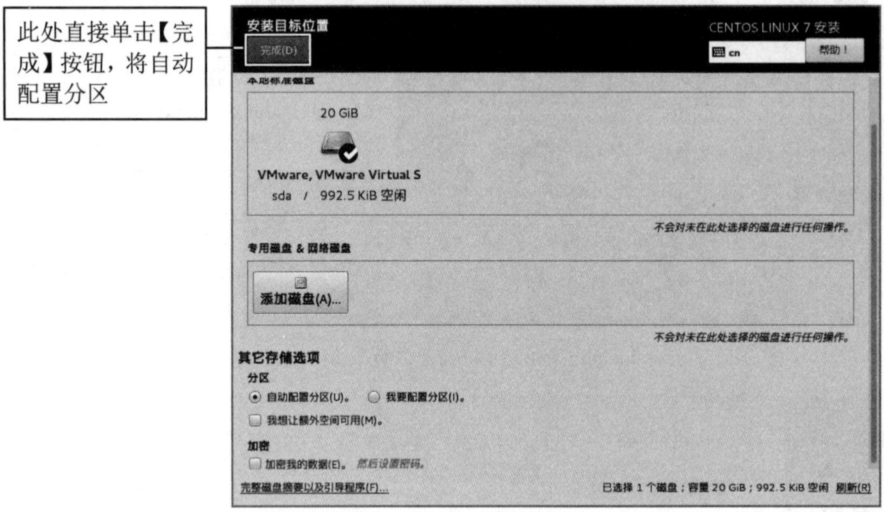

此处直接单击【完成】按钮，将自动配置分区

图 2-19 系统安装目标位置

06 回到【安装信息摘要】窗口，选择【软件选择】选项，更改安装软件，如图2-20所示。

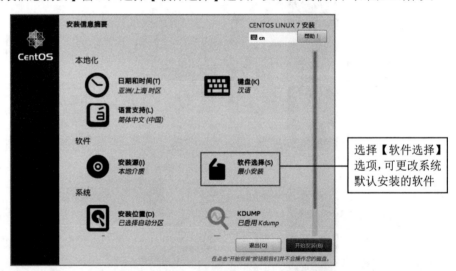

选择【软件选择】选项，可更改系统默认安装的软件

图 2-20 系统软件选择

07 在【软件选择】窗口左侧单击【GNOME桌面】单选按钮，右侧的附加选项可以根据需要进行选择，也可以不选择，此处不进行勾选。然后单击【完成】按钮，如图2-21所示。

08 回到【安装信息摘要】窗口，单击【网络和主机名】选项，查看虚拟机的IP地址，开启以太网卡，使虚拟机连接上网络。也可以不进行配置，在操作系统完成安装时手动配置。此处不进行配置，单击【开始安装】按钮进行操作系统的安装，如图2-22所示。

09 安装过程中会出现【用户设置】界面，在该界面中选择【ROOT密码】选项，设置root用户的密码；选择【创建用户】选项，创建一个管理员用户。此处创建管理员用户hadoop，如图2-23所示。

第 2 章 项目开发环境准备　19

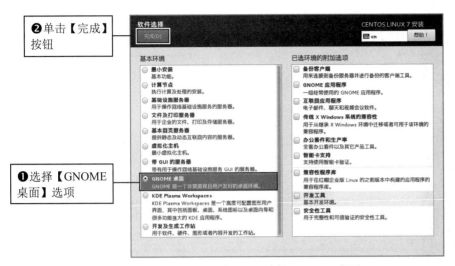

图 2-21　选择 GNOME 桌面

图 2-22　网络和主机名配置

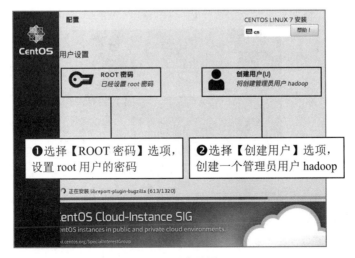

图 2-23　用户设置

⑩ 安装完成后，单击【重启】按钮，重启操作系统，如图2-24所示。

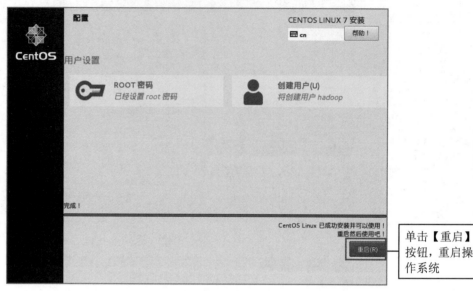

图 2-24　重启操作系统

⑪ 随后出现用户登录界面，该界面中默认列出了自己创建的用户列表，如果想登录其他用户（例如，root用户），可以单击用户名下方的【未列出】超链接，填写需要登录的用户名与密码即可。由于root用户权限过高，为了防止后续出现操作安全问题，此处单击用户名【hadoop】，直接使用前面创建的hadoop用户进行登录，如图2-25所示。

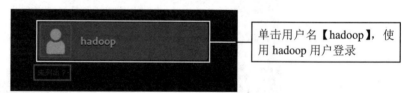

图 2-25　选择登录用户

⑫ 在出现的用户登录界面中输入hadoop用户的密码，然后单击【登录】按钮，如图2-26所示。

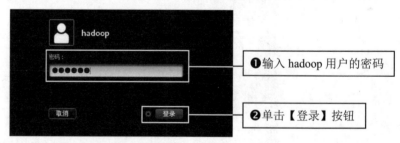

图 2-26　用户登录界面

⑬ 登录成功后进入操作系统桌面，单击桌面左下角的【gnome-initial-setup】初始化设置按钮，如图2-27所示。

⑭ 在初始化设置页面中，选择键盘输入方式，选择【汉语】选项即可，如图2-28所示。

图 2-27　桌面初始化设置

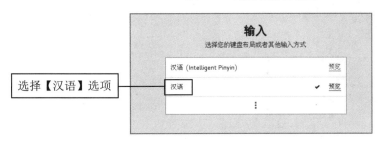

图 2-28　选择键盘输入方式

到此，VMware中的CentOS 7操作系统就安装完成了。

2.1.4　启动 CentOS 7

操作系统关闭后，可在VMWare中重新启动，如图2-29所示。

图 2-29　开启虚拟机

操作系统启动后，选择或输入需要登录的账号，填写登录密码即可登录操作系统。

2.1.5 打开 Shell 终端

若想执行Shell操作命令，可在操作系统桌面的空白处右击，在弹出的快捷菜单中选择【打开终端】命令，即可打开Shell终端命令窗口，如图2-30所示。

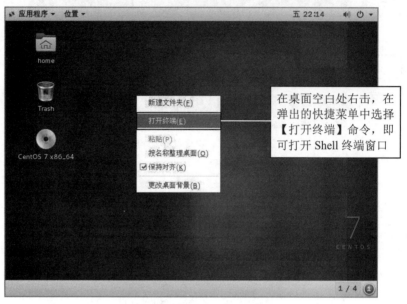

图 2-30　打开 Shell 终端命令窗口

可在终端窗口中输入相应的Shell命令，例如查看当前目录文件列表，如图2-31所示。

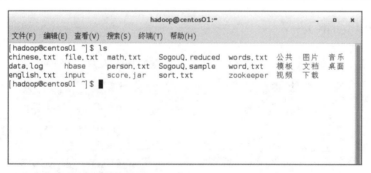

图 2-31　使用 Shell 命令查看当前目录文件列表

2.2　Linux 系统环境配置

为什么要进行Linux系统环境配置？

- 正常执行相关 Linux 命令，防止权限不足。
- 正常运行相关大数据框架，防止防火墙的干扰。

- 正常进行集群间进程的网络通信。

本节讲解在安装软件及搭建集群之前对CentOS 7系统环境的一些配置操作。

2.2.1 新建用户

本节使用2.1.3节安装操作系统时新建的hadoop用户进行后续的操作,读者若想使用其他用户,可按照下面的步骤新建用户。

例如,新建用户tom:

01 使用su -命令切换为root用户,然后执行以下命令:

```
$ adduser tom
```

02 执行以下命令,设置用户tom的密码:

```
$ passwd tom
```

到此,用户tom新建成功。

2.2.2 修改用户权限

为了使普通用户可以使用root权限执行相关命令(例如,系统文件的修改等),而不需要切换到root用户,可以在命令前面加入指令sudo。文件/etc/sudoers中设置了可执行sudo指令的用户,因此需要修改该文件,添加相关用户。

例如,使hadoop用户可以执行sudo指令,操作步骤如下:

01 使用su -命令切换为root用户,然后执行以下命令,修改文件sudoers:

```
$ vi /etc/sudoers
```

02 在文本root ALL=(ALL) ALL的下方加入以下代码,使hadoop用户可以使用sudo指令:

```
hadoop ALL=(ALL) ALL
```

03 执行sudo指令对系统文件进行修改时需要验证当前用户的密码,密码默认5分钟后过期,下次使用sudo需要重新输入密码。如果不想输入密码,则把上方的代码换成以下内容即可:

```
hadoop ALL=(ALL) NOPASSWD:ALL
```

04 执行exit命令回到hadoop用户,此时要使用root权限只需要在命令前面加入sudo即可,无须输入密码。例如,以下命令:

```
$ sudo cat /etc/sudoers
```

> **注意** 安装操作系统时创建的管理员用户hadoop,默认可以执行sudo指令,但需要验证hadoop用户的密码。可按照上面的步骤配置为无须密码使用sudo指令。

2.2.3 关闭防火墙

集群通常都是由内网搭建的,如果内网开启防火墙,那么内网集群通信就会受到防火墙的干扰,因此需要关闭集群中所有节点的防火墙。

执行以下命令关闭防火墙:

```
$ sudo systemctl stop firewalld.service
```

然后执行以下命令,禁止防火墙开机启动:

```
$ sudo systemctl disable firewalld.service
```

若需要查看防火墙是否已经关闭,可以执行以下命令查看防火墙的状态:

```
$ sudo firewall-cmd --state
```

此外,开启防火墙的命令如下:

```
$ sudo systemctl start firewalld.service
```

2.2.4 设置固定IP

为了避免后续启动操作系统后IP地址改变,导致集群间通信失败、节点间无法正常访问,需要将操作系统的IP状态设置为固定IP,具体操作步骤如下。

1. 查看VMware网关IP

01 单击VMware菜单栏中的【编辑】|【虚拟网络编辑器】命令,在弹出的【虚拟网络编辑器】窗口的上方表格中选择最后一行,即外部连接为【NAT模式】,然后单击下方的【NAT设置】按钮,如图2-32所示。

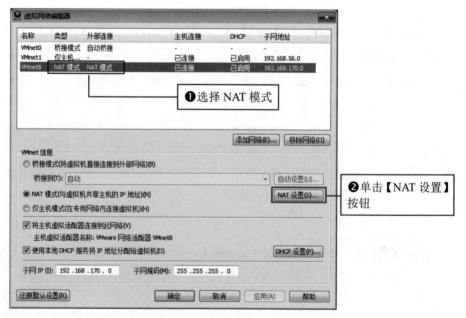

图2-32 选择外部NAT模式

02 在弹出的【NAT设置】窗口中，查看VMware分配的【网关IP】，如图2-33所示。可以看到，本例中的网关IP为192.168.170.2（网段为170，也可手动修改为其他网段，此处保持默认）。

图 2-33　查看 VMware 网关 IP

注意　后续给VMware中的操作系统设置IP时，网关IP应与图2-33中的网关IP保持一致。

2. 配置系统 IP

CentOS 7系统IP的配置方法有两种：桌面配置方式和命令行配置方式，下面分别进行讲解。

1）桌面配置方式

01 单击系统桌面右上角的倒三角按钮，在弹出的窗口中选择【有线设置】选项，如图2-34所示。

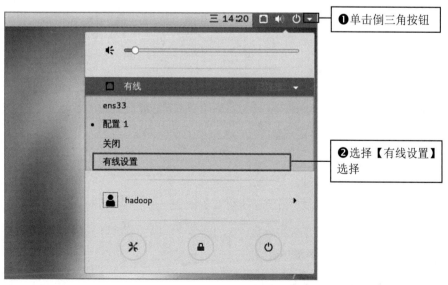

图 2-34　系统有线网络设置

02 在弹出的窗口下方单击【添加配置】按钮，如图2-35所示。

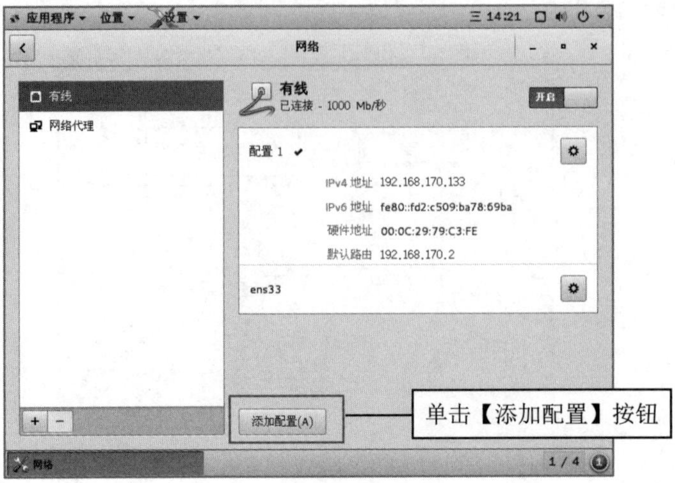

图 2-35 添加网络配置

03 在弹出的【网络配置】窗口中，左侧选择【IPv4】选项，右侧的【地址】选择【手动】。接着输入IP地址、网络掩码、网关和DNS服务器信息。IP地址可以自定义，范围为1~254，IP地址的网段应与网关一致，此处将IP地址设置为192.168.170.133。输入完毕后单击【添加】按钮，如图2-36所示。

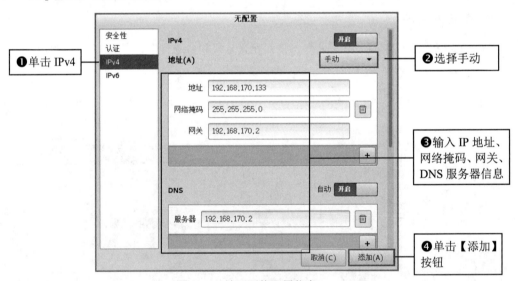

图 2-36 填写网络配置信息

2) 命令行配置方式

01 在系统终端命令行窗口执行以下命令，修改文件ifcfg-ens33：

```
$ sudo vim /etc/sysconfig/network-scripts/ifcfg-ens33
```

完整修改后的内容如下：

```
TYPE=Ethernet
BOOTPROTO=static
```

```
DEFROUTE=yes
PEERDNS=yes
PEERROUTES=yes
IPV4_FAILURE_FATAL=no
IPV6INIT=yes
IPV6_AUTOCONF=yes
IPV6_DEFROUTE=yes
IPV6_PEERDNS=yes
IPV6_PEERROUTES=yes
IPV6_FAILURE_FATAL=no
IPV6_ADDR_GEN_MODE=stable-privacy
NAME=ens33
UUID=cd0d7046-b038-47c1-babe-6442444e9fa9
DEVICE=ens33
ONBOOT=yes
IPADDR=192.168.170.133
NETMASK=255.255.255.0
GATEWAY=192.168.170.2
DNS1=192.168.170.2
DNS2=114.114.114.114
```

上述内容中，实线框标注的是修改的内容，虚线框标注的是添加的内容。

修改的属性解析如下：

- BOOTPROTO：值为 static 表示静态 IP（固定 IP）；默认值是 dhcp，表示动态 IP。
- ONBOOT：值为 yes 表示开机启用本配置。

添加的属性解析如下：

- IPADDR：IP 地址。
- NETMASK：子网掩码。
- GATEWAY：默认网关。虚拟机安装的话，GATEWAY 通常是 2，即 VMnet8 的网关设置。
- DNS1：DNS 配置。虚拟机安装的话，与网关一致。若需要连接外网，需要配置 DNS。
- DNS2：网络运营商公众 DNS，此处也可省略。

02 修改完成后执行以下命令，重启网络服务，使修改生效：

```
$ sudo service network restart
```

03 重启完成后，可以通过 ifconfig 命令或者以下命令，查看改动后的 IP：

```
$ ip addr
```

在输出的信息中，若网卡 ens33 对应的 IP 地址已显示为设置的地址，则说明 IP 修改成功，如图 2-37 所示。

```
2: ens33: <BROADCAST,MULTICAST,UP,LOWER_UP> mtu 1500 qdisc pfifo_fast state UP q
len 1000
    link/ether 00:0c:29:53:3c:b6 brd ff:ff:ff:ff:ff:ff
    inet 192.168.170.133/24 brd 192.168.170.255 scope global ens33
       valid_lft forever preferred_lft forever
    inet6 fe80::d89e:a1f9:e148:730e/64 scope link
       valid_lft forever preferred_lft forever
3: virbr0: <NO-CARRIER,BROADCAST,MULTICAST,UP> mtu 1500 qdisc noqueue state DOWN
qlen 1000
    link/ether 52:54:00:cd:88:ab brd ff:ff:ff:ff:ff:ff
    inet 192.168.122.1/24 brd 192.168.122.255 scope global virbr0
       valid_lft forever preferred_lft forever
```

图 2-37 查看系统 IP 地址

3. 测试本地访问

在本地Windows系统打开cmd命令行窗口，使用ping命令访问虚拟机中操作系统的IP地址，命令如下：

```
$ ping 192.168.170.133
```

若能成功返回数据，则说明从本地Windows可以成功访问虚拟机中的操作系统，便于后续从本地系统进行远程操作。

2.2.5 修改主机名

在分布式集群中，主机名用于区分不同的节点，方便节点之间相互访问，因此需要修改主机的主机名。

具体操作步骤如下：

01 使用hadoop用户登录系统，进入系统的终端命令行，输入以下命令，查看主机名：

```
$ hostname
localhost.localdomain
```

从输出信息中可以看到，当前主机的默认主机名为localhost.localdomain。

02 执行以下命令，设置主机名为centos01：

```
$ sudo hostname centos01
```

此时系统的主机名已修改为centos01，但是重启系统后修改将失效，要想永久改变主机名，需要修改/etc/hostname文件。执行以下命令，修改hostname文件，将其中的默认主机名改为centos01：

```
$ sudo vi /etc/hostname
```

03 执行reboot命令，重启系统使修改生效。

> **注意** 修改主机名后需要重启操作系统才能生效。

2.2.6 新建资源目录

01 在目录/opt下创建两个文件夹softwares和modules，分别用于存放软件安装包和软件安装后的程序文件，命令如下：

```
$ sudo mkdir /opt/softwares
$ sudo mkdir /opt/modules
```

02 将目录/opt及其子目录中所有文件的所有者和组更改为用户hadoop和组hadoop，命令如下：

```
$ sudo chown -R hadoop:hadoop /opt/*
```

03 查看目录权限是否修改成功，命令及输出信息如下：

```
$ ll
总用量 0
drwxr-xr-x. 2 hadoop hadoop   6 3月   8 09:55 modules
drwxr-xr-x. 2 hadoop hadoop   6 3月  26 2015 rh
drwxr-xr-x. 2 hadoop hadoop 231 3月   8 09:07 softwares
```

2.3 安装 JDK

为什么要安装JDK？

Hadoop等很多大数据框架使用Java开发，依赖于Java环境，因此在搭建Hadoop集群之前需要安装好JDK，便于后续大数据框架的Java进程正常启动运行。

JDK的安装步骤如下。

1. 卸载系统自带的 JDK

01 执行以下命令，查询系统已安装的JDK：

```
$ rpm -qa|grep java
java-1.8.0-openjdk-1.8.0.102-4.b14.el7.x86_64
javapackages-tools-3.4.1-11.el7.noarch
java-1.8.0-openjdk-headless-1.8.0.102-4.b14.el7.x86_64
tzdata-java-2016g-2.el7.noarch
python-javapackages-3.4.1-11.el7.noarch
java-1.7.0-openjdk-headless-1.7.0.111-2.6.7.8.el7.x86_64
java-1.7.0-openjdk-1.7.0.111-2.6.7.8.el7.x86_64
```

02 执行以下命令，卸载以上查询出的系统自带的JDK：

```
$ sudo rpm -e --nodeps java-1.8.0-openjdk-1.8.0.102-4.b14.el7.x86_64
$ sudo rpm -e --nodeps javapackages-tools-3.4.1-11.el7.noarch
$ sudo rpm -e --nodeps java-1.8.0-openjdk-headless-1.8.0.102-4.b14.el7.x86_64
$ sudo rpm -e --nodeps tzdata-java-2016g-2.el7.noarch
$ sudo rpm -e --nodeps python-javapackages-3.4.1-11.el7.noarch
$ sudo rpm -e --nodeps java-1.7.0-openjdk-headless-1.7.0.111-2.6.7.8.el7.x86_64
$ sudo rpm -e --nodeps java-1.7.0-openjdk-1.7.0.111-2.6.7.8.el7.x86_64
```

2. 安装 JDK

1）上传解压安装包

上传JDK安装包jdk-8u144-linux-x64.tar.gz到目录/opt/softwares中，然后进入该目录，解压jdk-8u144-linux-x64.tar.gz到目录/opt/modules中，解压命令如下：

```
$ tar -zxf jdk-8u144-linux-x64.tar.gz -C /opt/modules/
```

2）配置 JDK 环境变量

01 执行以下命令，修改文件/etc/profile，配置JDK系统环境变量：

```
$ sudo vi /etc/profile
```

02 在文件末尾加入以下内容：

```
export JAVA_HOME=/opt/modules/jdk1.8.0_144
export PATH=$JAVA_HOME/bin:$PATH
```

03 执行以下命令，刷新profile文件，使修改生效：

```
$ source /etc/profile
```

04 执行java -version命令，若能成功输出以下JDK版本信息，则说明安装成功：

```
java version "1.8.0_144"
Java(TM) SE Runtime Environment (build 1.8.0_144-b13)
Java HotSpot(TM) 64-Bit Server VM (build 25.144-b13, mixed mode)
```

2.4 克隆虚拟机

为什么要克隆虚拟机？

大数据集群环境需要多个节点。当一个节点配置完毕后，可以通过VMware的克隆功能将配置好的节点进行完整克隆，而不需要重新创建虚拟机和安装操作系统。

接下来讲解如何通过克隆已经安装好JDK的centos01节点，新建两个节点centos02和centos03，具体操作步骤如下。

1. 克隆 centos01 节点到 centos02 节点

01 关闭虚拟机centos01，然后在VMware左侧的虚拟机列表中右击centos01虚拟机，在弹出的快捷菜单中选择【管理】|【克隆】命令，如图2-38所示。

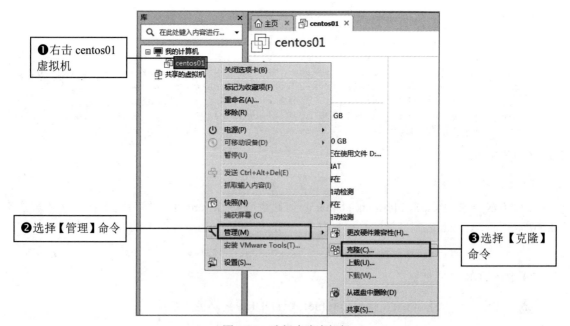

图 2-38　选择克隆虚拟机

02 在弹出的【克隆虚拟机向导】窗口中直接单击【下一步】按钮即可，如图2-39所示。

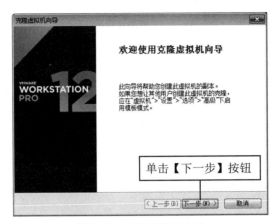

图 2-39　克隆虚拟机向导

03 在弹出的【克隆源】窗口中，单击【虚拟机中的当前状态】单选按钮，然后单击【下一步】按钮，如图2-40所示。

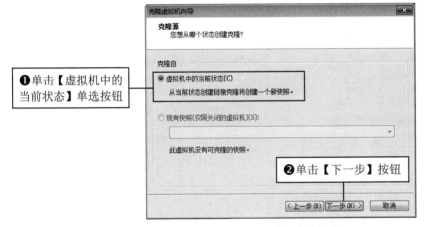

图 2-40　选择克隆状态

04 在弹出的【克隆类型】窗口中，单击【创建完整克隆】单选按钮，然后单击【下一步】按钮，如图2-41所示。

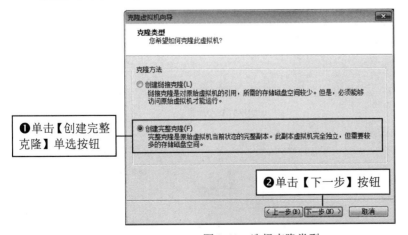

图 2-41　选择克隆类型

05 在弹出的【新虚拟机名称】窗口中,【虚拟机名称】一栏填写"centos02",并单击【浏览】按钮,修改新虚拟机的存储位置,然后单击【完成】按钮,开始进行克隆,如图2-42所示。

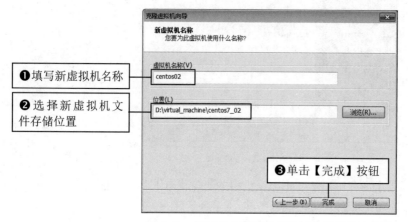

图 2-42　填写虚拟机名称并选择虚拟机存放位置

虚拟机的克隆过程如图2-43和图2-44所示。

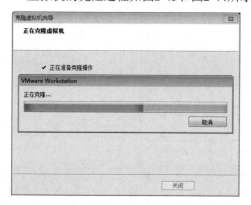

图 2-43　虚拟机克隆进度

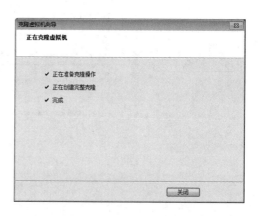

图 2-44　虚拟机克隆完成

2. 克隆 centos01 节点到 centos03 节点

centos02节点克隆完成后,再次克隆centos01节点,将克隆后的虚拟机名称改为"centos03"。克隆完成后,所有节点如图2-45左侧列表所示。

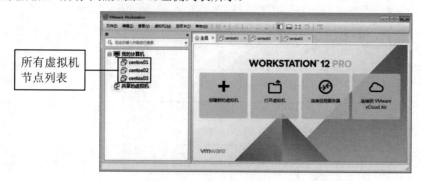

图 2-45　VMware 中的 3 个节点列表的展示

3．修改节点主机名与IP

由于centos02节点与centos03节点是从centos01节点克隆而来，它们的主机名和IP与centos01完全一样，因此需要修改这两个节点的主机名与IP。

本例中，分别将centos02和centos03的主机名修改为"centos02"和"centos03"，IP修改为固定IP 192.168.170.134和192.168.170.135，修改方法参考2.1.4节和2.1.5节，此处不再赘述。

2.5　配置主机IP映射

为什么要配置主机IP映射？

- 配置主机IP映射，可以方便地使用主机名访问集群中的其他主机，而不需要输入IP地址。这就好比我们通过域名访问网站一样，方便快捷。
- 有利于大数据集群的维护和稳定，防止后期因IP修改而影响集群节点之间的通信，导致需要重新修改大数据框架的配置文件。

接下来讲解配置节点centos01、centos02、centos03的主机IP映射，具体操作步骤如下：

01 依次启动3个节点：centos01、centos02、centos03。

02 使用ifconfig命令查看3个节点的IP，本例3个节点的IP分别为：

```
192.168.170.133
192.168.170.134
192.168.170.135
```

03 在各个节点上分别执行以下命令，修改hosts文件：

```
$ sudo vi /etc/hosts
```

在hosts文件末尾追加以下内容：

```
192.168.170.133        centos01
192.168.170.134        centos02
192.168.170.135        centos03
```

需要注意的是，主机名后面不要有空格，且每个节点的hosts文件中都要加入同样的内容，这样可以保证每个节点都可以通过主机名访问到其他节点，防止后续集群节点间通信产生问题。

04 配置完成后，在各节点使用ping命令检查是否配置成功，命令如下：

```
$ ping centos01
$ ping centos02
$ ping centos03
```

05 配置本地Windows系统的主机IP映射，以便后续可以在本地通过主机名直接访问集群节点资源。编辑Windows操作系统的C:\Windows\System32\drivers\etc\hosts文件，在文件末尾加入以下内容即可：

```
192.168.170.133 centos01
192.168.170.134 centos02
192.168.170.135 centos03
```

2.6 配置集群各节点 SSH 无密钥登录

为什么要进行SSH无密钥登录的配置？

- Hadoop 等大数据框架的进程间通信使用 SSH（Secure Shell）方式，SSH 是一种通信加密协议，使用非对称加密方式，可以避免网络被窃听。
- 为了使 Hadoop 各节点之间能够无密钥相互访问，使彼此之间相互信任，通信不受阻碍，在搭建 Hadoop 集群之前需要配置各节点的 SSH 无密钥登录。

2.6.1 SSH 无密钥登录原理

SSH无密钥登录的原理如图2-46所示。

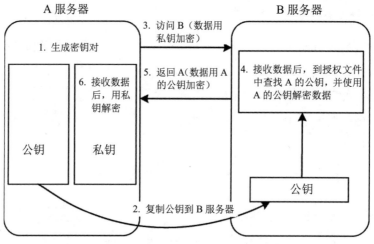

图 2-46 SSH 无密钥登录原理

从A服务器无密钥登录到B服务器的具体流程如下：

（1）在A服务器中生成密钥对，包括公钥和私钥。

（2）将公钥复制到B服务器的授权文件（authorized_keys）中。

（3）A服务器将访问数据用私钥加密，然后发送给B服务器。

（4）B服务器接收数据以后，到授权文件中查找A服务器的公钥，并使用该公钥将数据解密。

（5）B服务器将需要返回的数据用A服务器的公钥加密后，返回给A服务器。

（6）A服务器接收数据后，用私钥解密。

总结来说，判定是否允许无密钥登录，关键在于登录节点的密钥信息是否存在于被登录节点的授权文件中，如果存在，则允许登录。

2.6.2 SSH 无密钥登录操作步骤

Hadoop集群需要确保在每一个节点上都能无密钥登录到其他节点。

本例继续使用hadoop用户进行操作，使用3个节点（centos01、centos02和centos03）配置SSH无密钥登录，SSH无密钥登录架构如图2-47所示。

具体配置方式有两种：手动复制和命令复制，下面分别进行讲解。

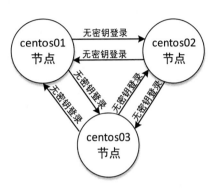

图 2-47　SSH 无密钥登录架构

1. 手动复制方式

1）将各节点的公钥加入同一个授权文件中

01 在centos01节点中生成密钥文件，并将公钥信息加入授权文件中，所需命令如下：

```
$ cd ~/.ssh/              # 若没有该目录，则先执行一次ssh localhost命令
$ ssh-keygen -t rsa       # 生成密钥文件，会有提示输入加密信息，都按回车键即可
$ cat ./id_rsa.pub >> ./authorized_keys   # 将密钥内容加入授权文件中
```

其中.ssh文件夹为系统隐藏文件夹，若无此目录，则执行一次ssh localhost命令，生成该目录；或者直接手动创建该目录。

02 在centos02节点中生成密钥文件，并将公钥文件远程复制到centos01节点的相同目录中，且重命名为id_rsa.pub.centos02，相关命令如下：

```
$ cd ~/.ssh/              # 若没有该目录，则先执行一次ssh localhost命令
$ ssh-keygen -t rsa       # 生成密钥文件，会有提示输入加密信息，都按回车键即可
$ scp ~/.ssh/id_rsa.pub hadoop@centos01:~/.ssh/id_rsa.pub.centos02 #远程复制
```

03 在centos03节点中执行与centos02相同的操作（生成密钥文件，并将公钥文件远程复制到centos01节点的相同目录中，且重命名为id_rsa.pub.centos03），相关命令如下：

```
$ cd ~/.ssh/              # 若没有该目录，则先执行一次ssh localhost命令
$ ssh-keygen -t rsa       # 生成密钥文件，会有提示输入加密信息，都按回车键即可
$ scp ~/.ssh/id_rsa.pub hadoop@centos01:~/.ssh/id_rsa.pub.centos03 #远程复制
```

04 回到centos01节点，将centos02和centos03节点的密钥文件信息都加入授权文件中，相关命令如下：

```
$ cat ./id_rsa.pub.centos02 >>./authorized_keys #将centos02的密钥加入授权文件
$ cat ./id_rsa.pub.centos03 >>./authorized_keys #将centos03的密钥加入授权文件
```

2）复制授权文件到各个节点

将centos01节点中的授权文件远程复制到其他节点的相同目录，命令如下：

```
$ scp ~/.ssh/authorized_keys hadoop@centos02:~/.ssh/
$ scp ~/.ssh/authorized_keys hadoop@centos03:~/.ssh/
```

3）测试无密钥登录

接下来可以使用ssh命令测试从一个节点无密钥登录到另一个节点。例如，从centos01节点无密钥登录到centos02节点，命令如下：

```
$ ssh centos02
```

成功登录后，记得执行exit命令退出登录。

如果登录失败，可能的原因是授权文件authorized_keys的权限分配问题，分别在每个节点上执行以下命令，更改文件权限：

```
$ chmod 700 ~/.ssh                    #只有所有者有读、写权限
$ chmod 600 ~/.ssh/authorized_keys    #只有所有者有读、写、执行权限
```

到此，各节点的SSH无密钥登录就配置完成了。

2. 命令复制方式

ssh-copy-id命令可以把本地主机的公钥复制并追加到远程主机的authorized_keys文件中，该命令也会给远程主机的用户主目录（home）、~/.ssh目录和~/.ssh/authorized_keys设置合适的权限。

01 分别在3个节点中执行以下命令，生成密钥文件：

```
$ cd ~/.ssh/              # 若没有该目录，则先执行一次ssh localhost命令
$ ssh-keygen -t rsa       # 生成密钥文件，会有提示输入加密信息，都按回车键即可
```

02 分别在3个节点中执行以下命令，将公钥信息复制并追加到对方节点的授权文件authorized_keys中：

```
$ ssh-copy-id centos01
$ ssh-copy-id centos02
$ ssh-copy-id centos03
```

命令执行过程中需要输入当前用户的密码。

03 测试SSH无密钥登录。仍然使用ssh命令进行测试登录即可。具体操作与手动复制方式相同。

> **注意** 不配置无密钥登录，Hadoop集群也是可以正常运行的，只是每次启动Hadoop都要输入密码以登录到每台计算机的DataNode（存储数据的节点）上，而一般的Hadoop集群动辄数百甚至上千台计算机，因此配置SSH无密钥登录是必要的。

2.7 搭建 Hadoop 分布式集群

为什么要搭建Hadoop分布式集群？

- Hadoop 是大数据开发所使用的一个核心框架，是一个允许使用简单编程模型跨计算机集群分布式处理大型数据集的系统。使用 Hadoop 可以方便地管理分布式集群，将海量数据分布式地存储在集群中，并使用分布式并行程序来处理这些数据。
- Hadoop 在本书的"用户搜索行为分析系统"项目中，主要用于以分布式的方式存储大量用户行为日志数据，并对数据进行离线计算，是大数据项目中存储和计算的底层核心。本书的离线数据分析模块所使用的框架 HBase 和 Hive 都依赖于 Hadoop，因此需要首先搭建好 Hadoop 集群。

接下来对Hadoop集群的搭建进行详细讲解。

2.7.1 搭建思路

本例的搭建思路是,在节点centos01中安装Hadoop并修改配置文件,然后将配置好的Hadoop安装文件远程复制到集群中的其他节点。集群中各节点的角色分配如表2-1所示。

表2-1 Hadoop集群的角色分配

集　　群	centos01 节点	centos02 节点	centos03 节点
HDFS	NameNode SecondaryNameNode DataNode	DataNode	DataNode
YARN	ResourceManager NodeManager	NodeManager	NodeManager

表2-1中的角色指的是Hadoop集群中各节点所启动的守护进程,其中的NameNode、DataNode和SecondaryNameNode是HDFS集群所启动的进程;ResourceManager和NodeManager是YARN集群所启动的进程。

2.7.2 搭建 Hadoop 集群

Hadoop集群搭建的操作步骤如下。

1. 上传 Hadoop 并解压

在centos01节点中,将Hadoop安装文件hadoop-3.3.1.tar.gz上传到/opt/softwares/目录,然后进入该目录,解压安装文件到/opt/modules/,命令如下:

```
$ cd /opt/softwares/
$ tar -zxf hadoop-3.3.1.tar.gz -C /opt/modules/
```

运行后屏幕显示界面如图2-48所示。

```
[hadoop@centos01 ~]$ cd /opt/softwares/
[hadoop@centos01 softwares]$ tar -zxf hadoop-3.3.1.tar.gz -C /opt/modules/
```

图 2-48 解压 Hadoop 安装文件

2. 配置环境变量

环境变量的配置有利于快速执行Hadoop命令以及让Hadoop能够识别系统里安装的JDK,便于正常启动和运行Hadoop。

1)配置系统环境变量

为了可以方便地在任意目录下执行Hadoop命令,而不需要进入Hadoop安装目录,需要配置Hadoop系统环境变量。此处只需要配置centos01节点即可。

01 执行以下命令,修改文件/etc/profile:

```
$ sudo vi /etc/profile
```

02 在文件末尾加入以下内容：

```
export HADOOP_HOME=/opt/modules/hadoop-3.3.1
export PATH=$HADOOP_HOME/bin:$HADOOP_HOME/sbin:$PATH
```

03 执行以下命令，刷新profile文件，使修改生效。

```
$ source /etc/profile
```

04 执行"hadoop"命令，若能成功输出以下返回信息，则说明Hadoop系统变量配置成功：

```
Usage: hadoop [--config confdir] [COMMAND | CLASSNAME]
  CLASSNAME            run the class named CLASSNAME
 or
  where COMMAND is one of:
  fs                   run a generic filesystem user client
  version              print the version
  jar <jar>            run a jar file
```

2）配置 Hadoop 环境变量

Hadoop所有的配置文件都存在于安装目录下的etc/hadoop中，进入该目录，修改以下配置文件：

```
hadoop-env.sh
mapred-env.sh
yarn-env.sh
```

在三个文件中都分别加入JAVA_HOME环境变量，命令如下：

```
export JAVA_HOME=/opt/modules/jdk1.8.0_144
```

3. 配置 HDFS

01 修改配置文件core-site.xml，加入以下内容：

```xml
<configuration>
  <property>
    <name>fs.defaultFS</name>
    <value>hdfs://centos01:9000</value>
  </property>
  <property>
    <name>hadoop.tmp.dir</name>
    <value>file:/opt/modules/hadoop-3.3.1/tmp</value>
  </property>
</configuration>
```

上述配置属性解析如下：

- fs.defaultFS：HDFS 的默认访问路径，也是 NameNode 的访问地址。
- hadoop.tmp.dir：Hadoop 数据文件的存放目录。该参数如果不配置，则默认指向/tmp 目录，而/tmp 目录在系统重启后会自动被清空，从而导致 Hadoop 文件系统丢失数据。

02 修改配置文件hdfs-site.xml，加入以下内容：

```xml
<configuration>
  <property>
    <name>dfs.replication</name>
    <value>2</value>
  </property>
```

```xml
<property><!--不检查用户权限-->
    <name>dfs.permissions.enabled</name>
    <value>false</value>
</property>
<property>
    <name>dfs.namenode.name.dir</name>
    <value>file:/opt/modules/hadoop-3.3.1/tmp/dfs/name</value>
</property>
<property>
    <name>dfs.datanode.data.dir</name>
    <value>file:/opt/modules/hadoop-3.3.1/tmp/dfs/data</value>
</property>
</configuration>
```

上述配置属性解析如下：

- dfs.replication：文件在HDFS系统中的副本数。
- dfs.namenode.name.dir：NameNode节点数据在本地文件系统的存放位置。
- dfs.datanode.data.dir：DataNode节点数据在本地文件系统的存放位置。

03 修改workers文件，配置DataNode节点。

workers文件原本无任何内容，需要将所有DataNode节点的主机名都添加进去，每个主机名占一整行（注意不要有空格）。本例中，DataNode为三个节点，配置信息如下：

```
centos01
centos02
centos03
```

4. 配置YARN

01 修改mapred-site.xml文件，添加以下内容，指定MapReduce任务执行框架为YARN，并配置MapReduce任务的环境变量：

```xml
<configuration>
<!--指定MapReduce任务执行框架为YARN-->
    <property>
        <name>mapreduce.framework.name</name>
        <value>yarn</value>
    </property>
<!--为MapReduce应用程序主进程添加环境变量-->
    <property>
        <name>yarn.app.mapreduce.am.env</name>
        <value>HADOOP_MAPRED_HOME=/opt/modules/hadoop-3.3.1</value>
    </property>
<!--为MapReduce Map任务添加环境变量-->
    <property>
        <name>mapreduce.map.env</name>
        <value>HADOOP_MAPRED_HOME=/opt/modules/hadoop-3.3.1</value>
    </property>
<!--为MapReduce Reduce任务添加环境变量-->
    <property>
        <name>mapreduce.reduce.env</name>
        <value>HADOOP_MAPRED_HOME=/opt/modules/hadoop-3.3.1</value>
    </property>
</configuration>
```

若不配置上述环境变量，在执行 MapReduce 任务时可能会报"找不到或无法加载主类 org.apache.hadoop.mapreduce.v2.app.MRAppMaster"等相关错误。

02 修改 yarn-site.xml 文件，添加以下内容：

```xml
<configuration>
  <property>
    <name>yarn.nodemanager.aux-services</name>
    <value>mapreduce_shuffle</value>
  </property>
</configuration>
```

上述配置属性解析如下：

- yarn.nodemanager.aux-services：NodeManager 上运行的附属服务，需配置成 mapreduce_shuffle 才可运行 MapReduce 程序。YARN 提供了该配置项用于在 NodeManager 上扩展自定义服务，MapReduce 的 Shuffle 功能正是一种扩展服务。

也可以继续在 yarn-site.xml 文件中添加以下属性内容，指定 ResourceManager 所在的节点，此处指定 ResourceManager 运行在 centos01 节点：

```xml
<!--ResourceManager所在的主机名。客户端提交应用程序、ApplicationMaster申请资源、
NodeManager汇报心跳和领取任务等，都需要知道ResourceManager的位置，以便进行通信-->
<property>
  <name>yarn.resourcemanager.hostname</name>
  <value>centos01</value>
</property>
```

若不添加上述内容，ResourceManager 将默认在执行 YARN 启动命令（start-yarn.sh）的节点上启动。

5. 复制 Hadoop 到其他主机

在 centos01 节点上，将配置好的整个 Hadoop 安装目录复制到其他节点（centos02 和 centos03），命令如下：

```
$ scp -r hadoop-3.3.1/ hadoop@centos02:/opt/modules/
$ scp -r hadoop-3.3.1/ hadoop@centos03:/opt/modules/
```

6. 格式化 NameNode

启动 Hadoop 之前，需要先格式化 NameNode。格式化 NameNode 可以初始化 HDFS 文件系统的一些目录和文件。在 centos01 节点上执行以下命令，进行格式化操作：

```
$ hdfs namenode -format
```

若能输出以下信息，说明格式化成功：

```
Storage directory /opt/modules/hadoop-3.3.1/tmp/dfs/name has been successfully formatted.
```

格式化成功后，会在当前节点的 Hadoop 安装目录中生成 tmp/dfs/name/current 目录，该目录中生成了用于存储 HDFS 文件系统元数据信息的文件 fsimage，如图 2-49 所示。

> **注意** 必须在 NameNode 所在节点上进行格式化操作。

```
[hadoop@centos01 hadoop-3.3.1]$ cd tmp/dfs/name/current
[hadoop@centos01 current]$ ll
总用量 16
-rw-rw-r--. 1 hadoop hadoop 323 2月  22 15:31 fsimage_0000000000000000000
-rw-rw-r--. 1 hadoop hadoop  62 2月  22 15:31 fsimage_0000000000000000000.md5
-rw-rw-r--. 1 hadoop hadoop   2 2月  22 15:31 seen_txid
-rw-rw-r--. 1 hadoop hadoop 220 2月  22 15:31 VERSION
```

图 2-49　格式化 NameNode 后生成的相关文件

7. 启动 Hadoop

在centos01节点上执行以下命令，启动Hadoop集群：

`$ start-all.sh`

也可以执行start-dfs.sh和start-yarn.sh分别启动HDFS集群和YARN集群。

Hadoop安装目录下的sbin目录中存放了很多启动脚本，若由于内存等原因而使集群中的某个守护进程宕掉了，那么可以执行该目录中的脚本对相应的守护进程进行启动。常用的启动和停止脚本及其说明如表2-2所示。

表2-2　Hadoop启动和停止脚本及其说明

脚　　本	说　　明
start-all.sh	启动整个 Hadoop 集群，包括 HDFS 和 YARN
stop-all.sh	停止整个 Hadoop 集群，包括 HDFS 和 YARN
start-dfs.sh	启动 HDFS 集群
stop-dfs.sh	停止 HDFS 集群
start-yarn.sh	启动 YARN 集群
stop-yarn.sh	停止 YARN 集群
hadoop-daemon.sh start namenode	单独启动 NameNode 守护进程
hadoop-daemon.sh stop namenode	单独停止 NameNode 守护进程
hadoop-daemon.sh start datanode	单独启动 DataNode 守护进程
hadoop-daemon.sh stop datanode	单独停止 DataNode 守护进程
hadoop-daemon.sh start secondarynamenode	单独启动 SecondaryNameNode 守护进程
hadoop-daemon.sh stop secondarynamenode	单独停止 SecondaryNameNode 守护进程
yarn-daemon.sh start resourcemanager	单独启动 ResourceManager 守护进程
yarn-daemon.sh stop resourcemanager	单独停止 ResourceManager 守护进程
yarn-daemon.sh start nodemanager	单独启动 NodeManager 守护进程
yarn-daemon.sh stop nodemanager	单独停止 NodeManager 守护进程

注意

① 若不配置SecondaryNameNode所在的节点，则默认在执行HDFS启动命令（start-dfs.sh）的节点上启动。

② 若不配置ResourceManager所在的节点，则默认在执行YARN启动命令（start-yarn.sh）的节点上启动；若配置了ResourceManager所在的节点，则必须在所配置的节点上启动YARN，否则在其他节点上启动时将抛出异常。

③ NodeManager无须配置，会与DataNode在同一个节点上，以获取任务执行时的数据本地性优势，即有DataNode的节点就会有NodeManager。

8. 查看各节点启动进程

集群启动成功后,分别在各个节点上执行jps命令,查看启动的Java进程。各节点的Java进程如下:

(1) centos01节点的进程:

```
$ jps
13524 SecondaryNameNode
13813 NodeManager
13351 DataNode
13208 NameNode
13688 ResourceManager
14091 Jps
```

(2) centos02节点的进程:

```
$ jps
7585 NodeManager
7477 DataNode
7789 Jps
```

(3) centos03节点的进程:

```
$ jps
8308 Jps
8104 NodeManager
7996 DataNode
```

若某个进程启动失败,则可查看进程所在节点的Hadoop安装主目录下的logs中生成的该进程的日志文件(每个进程都会有相应的日志文件),该文件中会记录相关错误信息。

9. 测试 HDFS

1) 上传文件到 HDFS 集群

在centos01节点中执行以下命令,在HDFS根目录创建文件夹input,并将Hadoop安装目录下的文件README.txt上传到新建的input文件夹中:

```
$ hdfs dfs -mkdir /input
$ hdfs dfs -put /opt/modules/hadoop-3.3.1/README.txt /input
```

2) 浏览器访问 HDFS 集群文件

Hadoop集群启动后,可以通过浏览器Web界面查看HDFS集群的状态信息,访问IP为NameNode所在服务器的IP地址,访问端口默认为9870。例如,本书中NameNode部署在节点centos01上,IP地址为192.168.170.133,则HDFS Web界面访问地址为http://192.168.170.133: 9870。若本地Windows系统的hosts文件中配置了域名IP映射,且域名为centos01,则可以访问http://centos01: 9870,如图2-50所示。

从图2-50中可以看出,HDFS的Web界面首页中包含了很多文件系统基本信息,例如系统启动时间、Hadoop的版本号、Hadoop的源码编译时间、集群ID等,在【Summary】一栏中还包括了HDFS磁盘存储空间、已使用空间、剩余空间等信息。

HDFS Web界面还提供了浏览文件系统的功能,单击导航栏的【Utilities】按钮,在下拉菜单中选择【Browse the file system】选项,即可看到HDFS系统的文件目录结构,默认显示根目录下的所有目录和文件,并且能够显示目录和文件的权限、所有者、文件大小、最近更新时间、副本数等信息。如果需要查看其他目录,那么可以在上方的文本框中输入需要查看的目录路径,按回车键即可进行查询,如图2-51所示。

图 2-50　HDFS Web 主界面

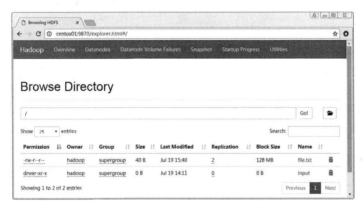

图 2-51　HDFS Web 界面文件浏览

此外，还可以从HDFS Web界面中直接下载文件。单击文件列表中需要下载的文件名超链接，在弹出的窗口中单击【Download】按钮，即可将文件下载到本地，如图2-52所示。

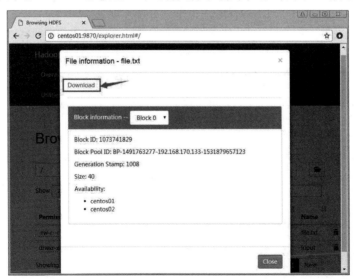

图 2-52　HDFS Web 界面文件下载

10. 测试 MapReduce

在centos01节点中执行以下命令，运行Hadoop自带的MapReduce单词计数程序，统计/input文件夹中的所有文件的单词数量：

```
$ hadoop jar share/hadoop/mapreduce/hadoop-mapreduce-examples-3.3.1.jar wordcount /input /output
```

程序执行过程中，控制台输出的部分日志信息如图2-53所示。

```
INFO impl.YarnClientImpl: Submitted application application_1645586004772_0001
INFO mapreduce.Job: The url to track the job: http://centos01:8088/proxy/application_1645586004772_0
INFO mapreduce.Job: Running job: job_1645586004772_0001
INFO mapreduce.Job: Job job_1645586004772_0001 running in uber mode : false
INFO mapreduce.Job:  map 0% reduce 0%
INFO mapreduce.Job:  map 100% reduce 0%
INFO mapreduce.Job:  map 100% reduce 100%
INFO mapreduce.Job: Job job_1645586004772_0001 completed successfully
INFO mapreduce.Job: Counters: 54
```

图2-53　MapReduce 任务执行过程

可以看到，Map阶段和Reduce阶段的执行进度都为100%，说明程序执行成功。

若Map阶段始终没有开始，此时程序可能一直处于ACCEPTED状态，而正常应该是RUNNING状态（可以在YARN ResourceManager的Web界面访问http://centos01:8088查看程序的运行状态），说明程序运行出现了问题，可以查看NodeManager节点的日志文件，例如在centos03节点的Hadoop安装目录执行以下命令，查询NodeManager日志信息：

```
$ more logs/hadoop-hadoop-nodemanager-centos03.log
```

若报以下错误：

- INFO org.apache.hadoop.ipc.Client: Retrying connect to server: 0.0.0.0/0.0.0.0:8031. Already tried 7 time(s); retry polic
- y is RetryUpToMaximumCountWithFixedSleep(maxRetries=10, sleepTime=1000 MILLISECONDS)

说明ResourceManager的8031端口没有连接上，且连接地址（0.0.0.0）也不正确，此时可以修改yarn-site.xml配置文件，添加以下内容，指定ResourceManager所在的主机名：

```
<!--ResourceManager所在的主机名。客户端提交应用程序、ApplicationMaster申请资源、NodeManager汇报心跳和领取任务等，都需要知道ResourceManager的位置，以便进行通信-->
<property>
    <name>yarn.resourcemanager.hostname</name>
    <value>centos01</value>
</property>
```

修改完配置文件后，将它同步到其他节点，重新启动YARN集群。删除HDFS中生成的/output目录（MapReduce会自动创建该目录，若不删除，那么执行上述MapReduce单词计数程序时会抛出异常）：

```
$ hdfs dfs -rm -r /output
```

再次运行Hadoop自带的MapReduce单词计数程序，统计单词数量。

统计完成后，执行以下命令，查看MapReduce执行结果：

```
$ hdfs dfs -cat /output/*
```

如果以上测试没有问题，说明Hadoop集群搭建成功。

2.8 动手练习

1. 依照本章介绍的操作步骤，对CentOS 7操作系统进行环境配置，包括关闭防火墙、设置固定IP、修改主机名、克隆虚拟机等。
2. 使用XShell软件连接搭建好的CentOS 7集群，在集群中进行常用的Shell命令操作，例如软件的安装与删除、Vim编辑器的使用、目录的创建与删除、文件的复制与移动等。

第 3 章
用户行为数据采集模块开发

一般情况下，用户行为数据会以日志文件的方式存放于服务器中，而且对于大型网站来说，多台服务器中每天都会写入大量的用户行为日志数据。如何对这些大量的数据进行计算分析？首先就是对多台服务器上的数据进行采集，并将采集到的数据统一存放在大数据平台中（普通平台无法进行大数据分析），例如 HDFS。实时分析则需要将采集到的数据存放于消息中转系统（例如 Kafka）中，以减轻数据传输的压力。

本章通过实操讲解"用户搜索行为分析系统"的数据采集模块的开发，重点讲解 Flume 的安装与测试、Flume 多节点的数据采集，并整合 Kafka 与 HBase，将采集的数据写入 Kafka 和 HBase 中完成数据的流转与输出。关于系统数据的流转，在 1.2 节已经详细讲过。

本章目标：

- 掌握 Flume 的安装与测试
- 掌握 Flume 多节点数据采集的配置
- 掌握 ZooKeeper 集群的搭建
- 掌握 Kafka 集群的搭建
- 掌握 Flume 与 Kafka 的集成
- 掌握 Flume 数据实时写入 Kafka 的操作
- 掌握 HBase 集群的搭建
- 掌握 HBase 表的基本操作
- 掌握 Flume 与 HBase 的集成
- 掌握 Flume 数据实时写入 HBase 的操作

3.1 用户行为数据来源

本项目测试数据来源于搜狗实验室。搜狗实验室提供约一个月的搜狗搜索引擎的部分网页查询需求及用户单击情况的网页查询日志数据集合。该数据共分成三部分：迷你版（样例数据，376 KB）、精简版（一天数据，63 MB）和完整版（1.9 GB）。本书使用精简版数据进行分析演示。

3.1.1 构建测试数据

将随书附赠的测试数据压缩包解压后，使用notepad++工具打开其中的文件SogouQ.reduced，前10条数据显示如图3-1所示。

```
00:00:00 2982199073774412    [360安全卫士]    8 3    download.it.com.cn/softweb/software/firewall/antivirus/20067/17938.html
00:00:00 07594220010824798   [哄抢救灾物资]   1 1    news.21cn.com/social/daqian/2008/05/29/4777194_1.shtml
00:00:00 5228056822071097    [75810部队]  1 4 5 www.greatoo.com/greatoo_cn/list.asp?link_id=276&title=%BE%DE%C2%D6%D
00:00:00 6140463203615646    [绳艺]   6 2 36    www.jd-cd.com/jd_opus/xx/200607/706.html
00:00:00 8561366108033201    [汶川地震原因]   3 2    www.big38.net/
00:00:00 23908140386148713   [莫衷一是的意思]   1 2    www.chinabaike.com/article/81/82/110/2007/2007020724490.html
00:00:00 1797943298449139    [星梦缘全集在线观看]    8 5    www.6wei.net/dianshiju/????\xa1\xe9|????do=index
00:00:00 00717725924582846   [闪字吧]    1 2    www.shanziba.com/
00:00:00 4141621901895116    [霍霆霆与朱玲玲照片]    2 6    bbs.gouzai.cn/thread-698736.html
00:00:00 9975666857142764    [电脑创业]   2 2    ks.cn.yahoo.com/question/1307120203719.html
```

图 3-1 精简版测试数据前 10 条

数据字段从左到右分别为：访问时间、用户ID、搜索关键词、结果URL在返回结果中的排名、用户单击的顺序号、用户单击的URL。其中，用户ID是根据用户使用浏览器访问搜索引擎时的Cookie信息自动赋值的，即使用同一浏览器输入的不同查询对应同一个用户ID。

在实际生产环境中，上述数据存放于服务器的日志文件中（可能有多台服务器多个日志文件，本书以两台服务器，每台服务器中有一个日志文件为应用场景进行讲解），用于记录用户的搜索行为。日志文件中数据的产生场景描述如下：

（1）用户在搜索引擎网页中输入搜索词并单击搜索按钮。
（2）网页显示出适合搜索结果的多个网页链接，并按照相关性及网页权重进行排名显示。
（3）用户每单击一次网页链接，服务器就在日志文件中添加一条用户行为数据。

上述行为数据对应的数据库表字段设计如表3-1所示，后续将按照该表的设计进行数据存储与分析。

表 3-1 数据库表的字段及其含义

字 段	含 义
time	访问时间
user_id	用户 ID
keyword	搜索关键词
page_rank	结果链接排名
click_order	用户单击的顺序号
url	用户单击的 URL

3.1.2 数据预处理

为什么要进行数据预处理？

- 为了将原始数据转换为大数据框架可以理解的格式或者符合挖掘的格式。
- 在真实服务器环境中，数据通常是不完整的或者不规范的。很多时候，服务器收集到的日志数据并没有考虑大数据框架的要求和规范，低质量的数据将导致低质量的分析计算结果。就像一个大厨现在要做美味的蒸鱼，如果不将鱼进行去鳞等处理，一定做不成美味的鱼。

对测试数据进行预处理，操作步骤如下：

01 单击Notepad++工具栏的【显示所有字符】按钮，将数据文件中的空格与Tab制表符等特殊字符显示出来，如图3-2所示。

图3-2 显示数据的特殊字符

数据文件中显示的横向箭头代表Tab制表符（\t），垂直居中的点号代表空格，LF代表回车符（\n）。可以看到，该数据文件中的字段分隔符既有制表符又有空格。

02 将数据文件SogouQ.reduced的编码改为UTF-8，然后保存。

03 将文件SogouQ.reduced上传到Linux服务器。

04 进入数据文件所在目录，执行以下命令，将文件中的制表符和空格全部替换为英文逗号：

```
$ sed -i "s/\t/,/g" SogouQ.reduced
$ sed -i "s/ /,/g" SogouQ.reduced
```

替换后的数据前10条如图3-3所示。

图3-3 替换特殊字符后的数据

3.2 使用Flume采集用户行为数据

Apache Flume是一个分布式的、可靠和易用的日志收集系统，用于将大量日志数据从许多不同的源进行收集、聚合，最终移动到一个集中的数据中心进行存储。Flume的使用不仅限于日志数据聚合，由于数据源是可定制的，因此Flume可以用于传输大量数据，包括但不限于网络流量数据、社交媒体生成的数据、电子邮件消息和几乎所有可能的数据源。

3.2.1 Flume 采集架构

1. 单节点架构

Flume中最小的独立运行单位是Agent。Agent是一个JVM进程，运行在日志收集节点（服务器节点），它包含三个组件——Source（源）、Channel（通道）和Sink（接收地）。数据可以从外部数据源流入这些组件，然后再输出到目的地。一个Flume单节点架构如图3-4所示。

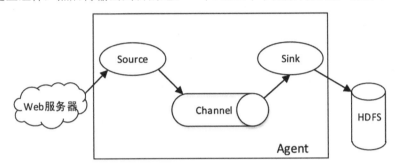

图 3-4　Flume 单节点架构

Flume中传输数据的基本单位是event（如果是文本文件，则通常是一行记录），event包括event头（headers）和event体（body）。event头是一些key-value（键一值对），存储在Map集合中，就好比HTTP的头信息，用于传递与体不同的额外信息。event体为一个字节数组，存储实际要传递的数据。event的结构如图3-5所示。

event从Source流向Channel，再流向Sink，最终输出到目的地。event的数据流向如图3-6所示。

图 3-5　event 的结构

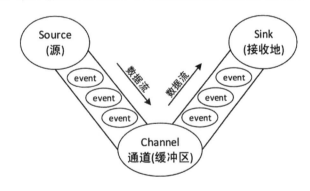

图 3-6　event 的数据流向

2. 多节点架构

Flume除了可以单节点直接采集数据外，也提供了多节点共同采集数据的功能，多个Agent位于不同的服务器上，每个Agent的Avro Sink将数据输出到另一台服务器上的同一个Avro Source进行汇总，最终将数据输出到HDFS文件系统中，如图3-7所示。

例如一个大型网站，为了实现负载均衡功能，往往需要部署在多台服务器上，每台服务器都会产生大量日志数据,如何将每台服务器的日志数据汇总到一台服务器上,然后对它们进行分析呢?这个时候可以在每个网站所在的服务器上安装一个Flume,每个Flume启动一个Agent对本地日志进行收集,然后分别将每个Agent收集到的日志数据发送到同一台装有Flume的服务器上进行汇总,最终将汇总的日志数据写入本地HDFS文件系统中。

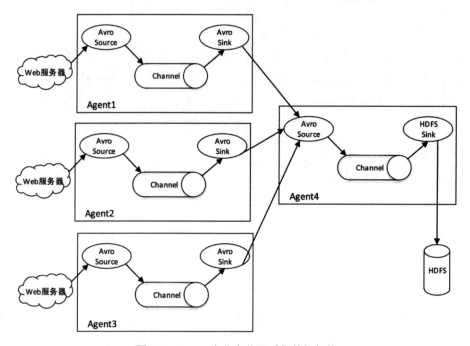

图 3-7　Flume 多节点共同采集数据架构

为了能使数据流跨越多个Agent,前一个Agent的Sink和当前Agent的Source需要是同样的Avro类型,并且Sink需要指定Source的主机名(或者IP地址)和端口号。

此外,Flume还支持将数据流多路复用到一个或多个目的地,如图3-8所示。

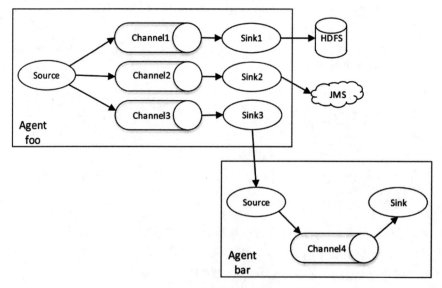

图 3-8　Flume 数据流的多路复用架构

图3-8中，名称为foo的Agent中的Source组件将接收到的数据发送给了3个不同的Channel，发送方式可以是复制（默认为复制）或多路输出。在复制的情况下，每个event都被发送到3个Channel。对于多路输出的情况，一个event可以被发送到一部分可用的Channel中，Flume会根据event的属性和预先配置的值选择Channel，可以在Agent的配置文件中进行映射的设置，若不进行设置，则默认为复制。HDFS、JMS和名称为bar的Agent分别接收来自Sink1、Sink2和Sink3的数据，这种方式称为"扇出"。所谓扇出就是Sink将数据输出到多个目的地中。Flume还支持"扇入"方式，所谓扇入就是一个Source可以接收来自多个数据源的输入。

> **注意** 一个Source可以对应多个Channel，一个Channel也可以对应多个Source。一个Channel可以对应多个Sink，但一个Sink只能对应一个Channel。

3.2.2 Flume 组件

Source用于消费外部数据源中的数据（event，例如Web系统产生的日志），一个外部数据源（如Web服务器）可以以Source识别的格式向Source发送数据。

Channel用于存储Source传入的数据，当这些数据被Sink消费后就会自动删除。

Sink用于消费Channel中的数据，然后将它存放在外部持久化的文件系统中（例如HDFS、HBase和Hive等）。

Flume可以在一个配置文件中指定一个或者多个Agent，每个Agent都需要指定Source、Channel和Sink这3个组件以及它们的绑定关系，从而形成一个完整的数据流。

Source、Channel和Sink根据功能的不同有不同的类型。根据数据源的不同，Source组件的常用类型与描述如表3-2所示。

表 3-2　Source 组件常用类型介绍

类　　型	描　　述
Avro Source	监听 Avro 端口并从外部 Avro 客户端流接收 event
Exec Source	运行指定的 Shell 命令（例如 tail -F）对日志进行读取，从而持续生成数据
JMS Source	从 JMS 目的地（例如队列或主题）读取消息
Kafka Source	相当于一个 Apache Kafka 消费者，从 Kafka 主题中读取消息
NetCat Source	打开指定的端口并监听数据，数据的格式必须是换行分割的文本，每行文本会被转换为 event 发送给 Channel
HTTP Source	接收 HTTP 的 GET 或 POST 请求数据作为 event

根据存储方式的不同，Channel组件的常用类型与描述如表3-3所示。

表 3-3　Channel 组件常用类型介绍

类　　型	描　　述
Memory Channel	数据存储于内存队列中，具有很高的吞吐量，但是服务器宕机可能造成数据丢失
JDBC Channel	将数据持久化到数据库中，目前支持内置的 Derby 数据库。如果对数据的可恢复性要求比较高，则可以采用该类型
Kafka Channel	数据存储在 Kafka 集群中。Kafka 提供高可用性和复制性，即使 Agent 或 Kafka 服务器崩溃，数据也不会丢失

类 型	描 述
File Channel	将数据持久化到本地系统的文件中，效率比较低，但可以保证数据不丢失

根据输出目的地的不同，Sink组件的常用类型与描述如表3-4所示。

表 3-4　Sink 组件常用类型介绍

类 型	描 述
Logger Sink	在 INFO 级别上记录日志数据，通常用于测试/调试目的
Avro Sink	发送数据到其他的 Avro Source。需要配置目标 Avro Source 的主机名/IP 和端口等
HDFS Sink	写入数据到 HDFS 文件系统中
Hive Sink	写入数据到 Hive 中
Kafka Sink	发布数据到 Kafka 主题中
HBase Sink	写入数据到 HBase 数据库中
ElasticSearch Sink	写入数据到 ElasticSearch 集群中
File Roll Sink	写入数据到本地文件系统中，并根据大小和时间生成文件

具体使用哪个类型，在实际开发中根据需要的功能在Flume配置文件中进行指定即可。

3.2.3　Flume 的安装与测试

Flume依赖于Java环境，安装Flume之前需要先安装好JDK，JDK的安装此处不再赘述。

下面讲解在集群中的centos01节点上安装Flume的操作步骤，并配置Flume从指定端口采集数据，将数据输出到控制台。

1. 上传并解压 Flume 安装包

将安装包apache-flume-1.9.0-bin.tar.gz上传到centos01节点的/opt/softwares目录，并将它解压到目录/opt/modules/下，解压命令如下：

```
$ tar -zxvf apache-flume-1.9.0-bin.tar.gz -C /opt/modules/
```

解压后，进入Flume安装目录，查看安装后的相关文件，如图3-9所示。

```
[hadoop@centos01 ~]$ cd /opt/modules/apache-flume-1.9.0-bin/
[hadoop@centos01 apache-flume-1.9.0-bin]$ ls
bin  CHANGELOG  conf  DEVNOTES  doap_Flume.rdf  docs  lib  LICENSE  logs  NOTICE  README.md  RELEASE-NOTES  tools
```

图 3-9　查看 Flume 安装后的文件

2. 配置 Flume 环境变量

执行以下命令，修改/etc/profile文件：

```
$ sudo vi /etc/profile
```

在该文件中加入以下代码，使flume命令可以在任意目录下执行：

```
export FLUME_HOME=/opt/modules/apache-flume-1.9.0-bin
export PATH=$PATH:$FLUME_HOME/bin
```

刷新/etc/profile文件使修改生效：

```
$ source /etc/profile
```

在任意目录下执行flume-ng命令,若能成功输出如下参数信息,则说明环境变量配置成功:

```
commands:
  help                      display this help text
  agent                     run a Flume agent
  avro-client               run an avro Flume client
  version                   show Flume version info
```

3. 添加 Flume 配置文件

Flume配置文件是一个Java属性文件,里面存放键-值对字符串。Flume对配置文件的名称和路径没有固定的要求,但一般都放在Flume安装目录的conf文件夹中。

在Flume安装目录的conf文件夹中新建配置文件flume-conf.properties,并在其中加入以下内容:

```
# 单节点Flume配置例子

# 给Agent中的3个组件Source、Sink和Channel各起一个别名,a1代表为Agent起的别名
a1.sources = r1
a1.sinks = k1
a1.channels = c1

# source属性配置信息
a1.sources.r1.type = netcat
a1.sources.r1.bind = localhost
a1.sources.r1.port = 44444

# sink属性配置信息
a1.sinks.k1.type = logger

# channel属性配置信息
a1.channels.c1.type = memory
a1.channels.c1.capacity = 1000
a1.channels.c1.transactionCapacity = 100

# 绑定source和sink到channel上
a1.sources.r1.channels = c1
a1.sinks.k1.channel = c1
```

上述配置属性解析如下:

- a1.sources.r1.type:Source 的类型。netcat 表示打开指定的端口并监听数据,数据的格式必须是换行分割的文本,每行文本会被转换为 event 发送给 Channel。
- a1.sinks.k1.type:Sink 的类型。logger 表示在 INFO 级别上记录日志数据,通常用于测试/调试目的。
- a1.channels.c1.type:Channel 的类型。memory 表示将 event 存储在内存队列中。如果对数据流的吞吐量要求比较高,则可以采用 memory 类型;如果不允许数据丢失,则不建议采用 memory 类型。
- a1.channels.c1.capacity:存储在 Channel 中的最大 event 数量。
- a1.channels.c1.transactionCapacity:在每次事务中,Channel 从 Source 接收或发送给 Sink 的最大 event 数量。

上述配置信息描述了一个单节点的Flume部署，允许用户生成数据并发送到Flume，Flume接收到数据后会输出到控制台。该配置定义了一个名为a1的Agent。a1的Source组件监听端口44444上的数据源，并将接收到的event发送给Channel，a1的Channel组件将接收到的event缓冲到内存，a1的Sink组件最终将event输出到控制台。

Flume的配置文件中可以定义多个Agent，在启动Flume时可以指定使用哪一个Agent。

4．启动并测试 Flume

在任意目录执行以下命令，启动Flume：

```
$ flume-ng agent \
--conf conf \
--conf-file $FLUME_HOME/conf/flume-conf.properties \
--name a1 \
-Dflume.root.logger=INFO,console
```

上述代码中各参数的含义如下：

- --conf-file：指定配置文件的位置。
- --name：指定要运行的 Agent 名称。
- -Dflume.root.logger：指定日志输出级别（INFO）和输出位置（控制台）。

部分启动日志如下：

```
    INFO node.Application: Starting Channel c1
    INFO node.Application: Waiting for channel: c1 to start. Sleeping for 500 ms
    INFO instrumentation.MonitoredCounterGroup: Monitored counter group for type:
CHANNEL, name: c1: Successfully registered new MBean.
    INFO instrumentation.MonitoredCounterGroup: Component type: CHANNEL, name: c1
started
    INFO node.Application: Starting Sink k1
    INFO node.Application: Starting Source r1
    INFO source.NetcatSource: Source starting
    INFO source.NetcatSource: Created
serverSocket:sun.nio.ch.ServerSocketChannelImpl[/127.0.0.1:44444]
```

启动成功后，新开一个SSH窗口，执行以下命令，连接本地44444端口：

```
$ telnet localhost 44444
```

若提示找不到telnet命令，则执行以下命令安装telnet组件：

```
$ yum install -y telnet
```

安装成功后，重新连接44444端口，命令及输出信息如下：

```
[hadoop@centos01 ~]$ telnet localhost 44444
Trying ::1...
telnet: connect to address ::1: Connection refused
Trying 127.0.0.1...
Connected to localhost.
Escape character is '^]'.
```

此时继续输入任意字符串（此处输入字符串"hello"）后按回车键，向本地Flume发送数据。然后回到启动Flume的SSH窗口，可以看到控制台成功打印出了接收到的数据"hello"，如图3-10所示。

```
INFO source.NetcatSource: Created serverSocket:sun.nio.ch.ServerSocketChannelImpl[/127.0.0.1:44444]
INFO sink.LoggerSink: Event: { headers:{} body: 68 65 6C 6C 6F 0D                        hello }
```

图 3-10 控制台打印接收到的数据

3.2.4 配置 Flume 多节点数据采集

为什么要进行多节点数据采集？

- 在真实的大型系统中，往往需要在多台服务器中存储用户行为日志数据，因此只有把多台服务器中的数据进行收集、汇总并存储到一个地方，才能使用大数据技术对它们进行分析。
- 在产生日志的每台服务器上都需要安装 Flume 进行日志采集，然后把各自采集到的日志数据发送给同一个 Flume 服务器进行日志合并。

本小节根据1.2节的系统数据流设计，配置3个Flume节点进行用户行为数据的采集。具体思路是，在centos01节点、centos02节点、centos03节点都安装Flume，centos01节点和centos02节点的Flume负责实时监控指定的日志文件数据，并将监控到的新数据发送到centos03节点中的Flume进行合并，centos03节点中的Flume将接收到的数据打印到当前主机的控制台。整个过程的数据流架构如图3-11所示。

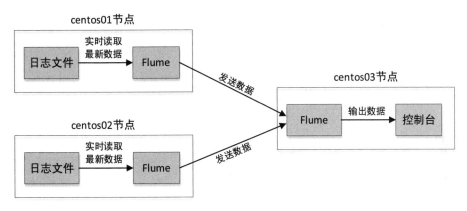

图 3-11 Flume 多节点数据流架构

具体操作步骤如下。

1. 创建日志文件

分别在centos01节点和centos02节点的/opt/modules/data目录中创建user_behavior_info日志文件，用于存储用户行为日志信息。

2. centos01 节点 Flume 配置

在centos01节点安装Flume，并创建配置文件flume-conf.properties，该文件的配置内容如下：

```
#---配置组件名称---
a1.sources = r1
a1.sinks = k1
a1.channels = c1

#---配置Source组件---
```

```
#指定Source类型为exec
a1.sources.r1.type = exec
#使用tail命令打开文件输入流
a1.sources.r1.command = tail -F /opt/modules/data/user_behavior_info

#---配置Channel组件---
#指定Channel类型为内存
a1.channels.c1.type = memory
#存储在Channel中的最大event数量
a1.channels.c1.capacity = 1000
#在每次事务中，Channel从Source接收或发送给Sink的最大event数量
a1.channels.c1.transactionCapacity = 100

#---配置Sink组件---
#指定Sink类型为avro
a1.sinks.k1.type = avro
#指定Sink的主机名
a1.sinks.k1.hostname = centos03
#指定Sink的端口
a1.sinks.k1.port = 5555

#---将Source和Sink绑定到Channel---
a1.sources.r1.channels = c1
a1.sinks.k1.channel = c1
```

3. centos02 节点 Flume 配置

在centos02节点安装Flume，并创建配置文件flume-conf.properties，该文件的配置内容与上述centos01节点的Flume配置内容相同。

4. centos03 节点 Flume 配置

在centos03节点安装Flume，并创建配置文件flume-conf.properties，该文件的配置内容如下：

```
#---配置组件名称---
a1.sources = r1
a1.sinks = k1
a1.channels = c1

#---配置Source组件---
#指定Source类型为avro
a1.sources.r1.type = avro
#监听的主机名，主机名需要与centos01和centos02中Flume的Sink配置一致
a1.sources.r1.bind = centos03
#监听的端口，端口需要与centos01和centos02中Flume的Sink配置一致
a1.sources.r1.port = 5555

#---配置Channel组件---
#指定Channel类型为内存
a1.channels.c1.type = memory
#存储在Channel中的最大event数量
a1.channels.c1.capacity = 1000
#在每次事务中，Channel从Source接收或发送给Sink的最大event数量
a1.channels.c1.transactionCapacity = 100

#---配置Sink组件---
#指定Sink类型为logger
a1.sinks.k1.type = logger

#---将Source和Sink绑定到Channel---
```

```
a1.sources.r1.channels = c1
a1.sinks.k1.channel = c1
```

5. 测试程序

首先在centos03节点上执行以下命令，启动Flume：

```
$ bin/flume-ng agent \
--conf conf \
--conf-file /opt/modules/apache-flume-1.9.0-bin/conf/flume-conf.properties \
--name a1 \
-Dflume.root.logger=INFO,console
```

启动后将在当前节点的5555端口监听数据。

然后分别在centos01节点、centos02节点上执行上述同样的命令，启动Flume。

接下来向centos01节点的日志文件user_behavior_info中写入测试数据“hello flume1”：

```
[hadoop@centos01 data]$ echo 'hello flume1'>>user_behavior_info
```

向centos02节点的日志文件user_behavior_info中写入测试数据“hello flume2”：

```
[hadoop@centos02 data]$ echo 'hello flume2'>>user_behavior_info
```

此时观察centos03节点控制台的输出信息，如图3-12所示。

```
2022-07-20 12:01:12,770 (SinkRunner-PollingRunner-DefaultSinkProcessor) [INFO - org.apache.flume.sink.LoggerSink.process
(LoggerSink.java:95)] Event: { headers:{} body: 68 65 6C 6C 6F 20 66 6C 75 6D 65 31          hello flume1 }
2022-07-20 12:01:16,772 (SinkRunner-PollingRunner-DefaultSinkProcessor) [INFO - org.apache.flume.sink.LoggerSink.process
(LoggerSink.java:95)] Event: { headers:{} body: 68 65 6C 6C 6F 20 66 6C 75 6D 65 32          hello flume2 }
```

图 3-12　centos03 节点的 Flume 输出接收到的数据

发现centos03节点成功接收到了centos01节点和centos02节点的日志文件数据，Flume多节点数据采集配置成功。

3.3　使用 Kafka 中转用户行为数据

Kafka是一个基于ZooKeeper的高吞吐量低延迟的分布式的发布与订阅消息系统，它可以实时处理大量消息数据以满足各种需求。比如，基于Hadoop的批处理系统、低延迟的实时系统等。即便使用非常普通的硬件，Kafka每秒也可以处理数百万条消息，其延迟最低只有几毫秒。简单来说，Kafka是消息中间件的一种。

一个典型的Kafka集群中包含若干生产者（数据可以是Web前端产生的页面内容或者服务器日志等）、若干Broker（Kafka服务器）、若干消费者（可以是Hadoop集群、实时监控程序、数据仓库或其他服务）以及一个ZooKeeper集群。ZooKeeper用于管理和协调Broker。当Kafka系统中新增了Broker或者某个Broker故障失效时，ZooKeeper将通知生产者和消费者。生产者和消费者据此开始与其他Broker协调工作。从Kafka2.8.0开始，可以配置不使用ZooKeeper，而使用Kafka内部的Quorum控制器代替ZooKeeper（建议使用独立安装的ZooKeeper）。

Kafka的集群架构如图3-13所示。生产者使用Push模式将消息发送到Broker，而消费者使用Pull模式从Broker订阅并消费消息。

由于Kafka依赖于ZooKeeper，因此使用Kafka之前需要先安装ZooKeeper。

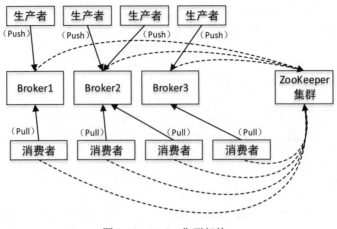

图 3-13　Kafka 集群架构

3.3.1　ZooKeeper 集群的搭建

ZooKeeper是一个分布式应用程序协调服务，主要用于解决分布式集群中应用系统的一致性问题。它能提供类似文件系统的目录节点树方式的数据存储，主要用途是维护和监控所存数据的状态变化，以实现对集群的管理。

由于在ZooKeeper集群中会有一个Leader服务器负责管理和协调其他集群服务器，因此服务器的数量通常都是单数，例如3、5、7等，这样数量为2n+1的服务器就可以允许最多n台服务器的失效。

本节仍然使用3个节点（centos01、centos02、centos03）搭建ZooKeeper集群，搭建步骤如下。

1. 上传并解压 ZooKeeper 安装包

在centos01节点中，上传ZooKeeper安装文件apache-zookeeper-3.6.3-bin.tar.gz到目录/opt/softwares/中，并进入该目录，将安装文件解压到目录/opt/modules/，相关命令如下：

```
$ cd /opt/softwares/
$ tar -zxvf apache-zookeeper-3.6.3-bin.tar.gz -C /opt/modules/
```

解压后，进入ZooKeeper安装目录查看安装后的相关文件，如图3-14所示。

```
[hadoop@centos01 apache-zookeeper-3.6.3-bin]$ cd /opt/modules/apache-zookeeper-3.6.3-bin/
[hadoop@centos01 apache-zookeeper-3.6.3-bin]$ ls
bin  conf  dataDir  docs  lib  LICENSE.txt  logs  NOTICE.txt  README.md  README_packaging.md
```

图 3-14　查看 ZooKeeper 安装后的文件

2. 编写 ZooKeeper 配置文件

1）创建文件夹 dataDir

在ZooKeeper安装目录下新建文件夹dataDir，用于存放ZooKeeper相关数据。

```
$ mkdir dataDir
```

2）创建配置文件 zoo.cfg

在ZooKeeper安装目录下的conf文件夹中新建配置文件zoo.cfg，加入以下内容：

```
tickTime=2000
initLimit=5
syncLimit=2
dataDir=/opt/modules/apache-zookeeper-3.6.3-bin/dataDir
clientPort=2181

server.1=centos01:2888:3888
server.2=centos02:2888:3888
server.3=centos03:2888:3888
```

上述配置属性解析如下：

- initLimit：集群中的 Follower 服务器初始化连接 Leader 服务器时能等待的最大心跳数（连接超时时长）。默认为 10，即如果经过 10 个心跳之后 Follower 服务器仍然没有收到 Leader 服务器的返回信息，则连接失败。本例中该参数值为 5，参数 tickTime 为 2000（毫秒），则连接超时时长为 5×2000=10（即 tickTime × initLimit=10 秒）。
- syncLimit：集群中的 Follower 服务器与 Leader 服务器之间发送消息以及请求/应答时所能等待的最多心跳数。本例中，最多心跳时长为 2×2000=4 秒。
- dataDir：ZooKeeper 存储数据的目录。
- clientPort：客户端连接 ZooKeeper 服务器的端口。ZooKeeper 会监听这个端口，接收客户端的请求。
- server.id=host:port1:port2：标识不同的 ZooKeeper 服务器。ZooKeeper 可以从"server.id=host:port1:port2"中读取相关信息。其中，id 值必须在整个集群中是唯一的，且大小为 1~255；host 是服务器的名称或 IP 地址；第一个端口（port1）是 Leader 端口，即该服务器作为 Leader 时供 Follower 连接的端口；第二个端口（port2）是选举端口，即选举 Leader 服务器时供其他 Follower 连接的端口。

3）创建 myid 文件

在配置文件 zoo.cfg 中的参数 dataDir 指定的目录下（此处为 ZooKeeper 安装目录下的 dataDir 文件夹）新建一个名为 myid 的文件，这个文件仅包含一行内容，即当前服务器的 id 值，与参数 server.id 中的 id 值相同。本例中，当前服务器（centos01）的 id 值为 1，则应该在 myid 文件中写入数字 1。ZooKeeper 启动时会读取该文件，将其中的数据与 zoo.cfg 里写入的配置信息进行对比，从而获取当前服务器的身份信息。

3. 复制 ZooKeeper 到其他节点

1）复制 ZooKeeper 安装信息到其他节点

centos01 节点安装完成后，需要复制整个 ZooKeeper 安装目录到 centos02 和 centos03 节点，命令如下：

```
$ scp -r /opt/modules/apache-zookeeper-3.6.3-bin/ hadoop@centos02:/opt/modules/
$ scp -r /opt/modules/apache-zookeeper-3.6.3-bin/ hadoop@centos03:/opt/modules/
```

2）修改其他节点配置

复制完成后，需要将 centos02 和 centos03 节点中的 myid 文件的值修改为对应的数字，即做出以下操作：

- 修改 centos02 节点中的 opt/modules/apache-zookeeper-3.6.3-bin/dataDir/myid 文件中的值为 2。

- 修改centos03节点中的opt/modules/apache-zookeeper-3.6.3-bin/dataDir/myid文件中的值为3。

到此，ZooKeeper集群搭建完毕。

3.3.2 ZooKeeper集群的启动与连接

1. 启动ZooKeeper集群

分别进入每个节点的ZooKeeper安装目录，执行以下命令启动ZooKeeper：

```
$ bin/zkServer.sh start
```

输出以下信息则代表启动成功：

```
ZooKeeper JMX enabled by default
Using config: /usr/local/apache-zookeeper-3.6.3-bin/bin/../conf/zoo.cfg
Starting zookeeper ... STARTED
```

启动过程如图3-15所示。

```
[hadoop@centos01 apache-zookeeper-3.6.3-bin]$ bin/zkServer.sh start
ZooKeeper JMX enabled by default
Using config: /opt/modules/apache-zookeeper-3.6.3-bin/bin/../conf/zoo.cfg
Starting zookeeper ... STARTED
```

图3-15 ZooKeeper启动过程

> **注意** ZooKeeper集群的启动与Hadoop不同，其需要在每台装有ZooKeeper的服务器上都执行一次启动命令，这样才能使得整个集群启动起来。

2. 查看启动状态

分别在各个节点上执行以下命令，查看ZooKeeper服务的状态：

```
$ bin/zkServer.sh status
```

在centos01节点上查看服务状态，输出了以下信息：

```
ZooKeeper JMX enabled by default
Using config: /usr/local/apache-zookeeper-3.6.3-bin/bin/../conf/zoo.cfg
Mode: follower
```

在centos02节点上查看服务状态，输出了以下信息：

```
ZooKeeper JMX enabled by default
Using config: /usr/local/apache-zookeeper-3.6.3-bin/bin/../conf/zoo.cfg
Mode: follower
```

在centos03节点上查看服务状态，输出了以下信息：

```
ZooKeeper JMX enabled by default
Using config: /usr/local/apache-zookeeper-3.6.3-bin/bin/../conf/zoo.cfg
Mode: leader
```

由此可见，本例中centos03节点上的ZooKeeper服务为Leader，其余两个节点上的ZooKeeper服务为Follower。

如果在查看启动状态时输出以下信息，则说明ZooKeeper集群启动不成功，出现错误。

`Error contacting service. It is probably not running.`

此时需要修改ZooKeeper安装目录下的bin/zkEvn.sh文件中的以下内容：

```
if [ "x${ZOO_LOG4J_PROP}" = "x" ]
then
    ZOO_LOG4J_PROP="INFO,CONSOLE"
fi
```

将上述内容中的CONSOLE修改为ROLLINGFILE，使它将错误信息输出到日志文件，修改后的内容如下：

```
if [ "x${ZOO_LOG4J_PROP}" = "x" ]
then
    ZOO_LOG4J_PROP="INFO,ROLLINGFILE"
fi
```

修改完成后重新启动ZooKeeper集群，查看在ZooKeeper安装目录下生成的日志文件zookeeper.log，发现出现以下错误：

`java.net.NoRouteToHostException.    # 没有到主机的路由`

产生上述错误的原因是，系统没有关闭防火墙，导致ZooKeeper集群间连接不成功。因此需要关闭系统防火墙（为了防止出错，在最初的集群环境配置的时候可以直接将防火墙关闭），CentOS 7关闭防火墙的命令如下：

```
systemctl stop firewalld.service
systemctl disable firewalld.service
```

关闭各节点的防火墙后，重新启动ZooKeeper，再一次查看启动状态，发现一切正常了。

3．测试客户端连接

在centos01节点上（其他节点也可以），进入ZooKeeper安装目录，执行以下命令，连接ZooKeeper：

`$ bin/zkCli.sh -server centos01:2181`

连接过程的部分信息如图3-16所示。

图3-16　客户端连接 ZooKeeper

连接成功后，系统会输出ZooKeeper的运行环境及配置信息，并在屏幕输出"Welcome to ZooKeeper"等欢迎信息，之后就可以使用ZooKeeper命令行工具进行操作了。

3.3.3　Kafka 集群的搭建

ZooKeeper集群搭建成功后，接下来搭建Kafka集群。

本例依然在3个节点（centos01、centos02和centos03）上搭建Kafka集群，集群各节点的角色分配如表3-5所示。

表 3-5 Kafka 集群角色分配

节　　点	IP	角　　色
centos01	192.168.170.133	QuorumPeerMain Kafka
centos02	192.168.170.134	QuorumPeerMain Kafka
centos03	192.168.170.135	QuorumPeerMain Kafka

表3-5中的角色指的是Kafka集群各节点所启动的守护进程，其中的QuorumPeerMain是ZooKeeper集群所启动的进程；Kafka是Kafka集群的守护进程。

由于Kafka集群的各个节点（Broker）是对等的，配置基本相同，因此只需要配置一个Broker，然后将这个Broker上的配置复制到其他Broker，并进行微调即可。

具体的搭建步骤如下。

1. 上传并解压 Kafka 安装包

从 Apache 官网 http://kafka.apache.org 下载 Kafka 的稳定版本，本书使用的是 3.1.0 版本 kafka_2.12-3.1.0.tgz（Kafka使用Scala和Java编写，其中2.12指的是Scala的版本号）。

然后将Kafka安装包上传到centos01节点的/opt/softwares目录，并解压到目录/opt/modules/下，解压命令如下：

```
$ tar -zxvf kafka_2.12-3.1.0.tgz -C /opt/modules/
```

解压后，进入Kafka安装目录查看安装后的相关文件，如图3-17所示。

```
[hadoop@centos01 ~]$ cd /opt/modules/kafka_2.12-3.1.0/
[hadoop@centos01 kafka_2.12-3.1.0]$ ls
bin  config  kafka-logs  libs  LICENSE  licenses  logs  NOTICE  site-docs
```

图 3-17 查看 Kafka 安装后的文件

2. 修改 Kafka 配置文件

修改Kafka安装目录下的config/server.properties文件。在分布式环境中建议至少修改以下配置项（若文件中无此配置项，则需要新增），其他配置项可以根据具体项目环境进行调优：

```
broker.id=1
num.partitions=2
default.replication.factor=2
listeners=PLAINTEXT://centos01:9092
log.dirs=/opt/modules/kafka_2.12-3.1.0/kafka-logs
zookeeper.connect=centos01:2181,centos02:2181,centos03:2181
```

上述代码中各参数的含义如下：

- broker.id：每一个 Broker 都需要有一个标识符，使用 broker.id 表示。它类似于 ZooKeeper 的 myid。broker.id 必须是一个全局（集群范围）唯一的整数值，即集群中每个 Kafka 服务器的 broker.id 的值不能相同。

- num.partitions：每个主题的分区数量，默认是 1。需要注意的是，可以增加分区的数量，但是不能减少分区的数量。
- default.replication.factor：消息备份副本数，默认为 1，即不进行备份。
- listeners：Socket 监听的地址，用于 Broker 监听生产者和消费者请求，格式为 listeners = security_protocol://host_name:port。如果没有配置该参数，则默认通过 Java 的 API（java.net.InetAddress.getCanonicalHostName()）来获取主机名，端口默认为 9092，建议进行显式配置，避免多网卡时解析有误。
- log.dirs：Kafka 消息数据的存储位置。可以指定多个目录，以逗号分隔。
- zookeeper.connect：ZooKeeper 的连接地址。该参数是用逗号分隔的一组格式为 hostname:port/path 的列表，其中 hostname 为 ZooKeeper 服务器的主机名或 IP 地址；port 是 ZooKeeper 客户端连接端口；/path 是可选的 ZooKeeper 路径，如果不指定，则默认使用 ZooKeeper 根路径。

3. 复制 Kafka 到其他节点

执行以下命令，将centos01节点配置好的Kafka安装文件复制到centos02和centos03节点：

```
scp -r kafka_2.12-3.1.0/ hadoop@centos02:/opt/modules/
scp -r kafka_2.12-3.1.0/ hadoop@centos03:/opt/modules/
```

复制完成后，修改centos02节点的Kafka安装目录下的config/server.properties文件，修改内容如下：

```
broker.id=2
listeners=PLAINTEXT://centos02:9092
```

同理，修改centos03节点的Kafka安装目录下的config/server.properties文件，修改内容如下：

```
broker.id=3
listeners=PLAINTEXT://centos03:9092
```

3.3.4 Kafka 集群的启动与查看

1. 启动 ZooKeeper 集群

分别在3个节点上执行以下命令，启动ZooKeeper集群（需进入ZooKeeper安装目录）：

```
bin/zkServer.sh start
```

2. 启动 Kafka 集群

分别在3个节点上执行以下命令，启动Kafka集群（需进入Kafka安装目录）：

```
bin/kafka-server-start.sh -daemon config/server.properties
```

集群启动后，分别在各个节点上执行jps命令，查看启动的Java进程，若能输出如下进程信息，则说明启动成功。

```
2848 Jps
2518 QuorumPeerMain
2795 Kafka
```

查看Kafka安装目录下的日志文件logs/server.log，确保运行稳定，没有抛出异常。至此，Kafka集群搭建完成。

3.3.5 Kafka 主题操作

每条发布到Kafka集群的消息都有一个类别，这个类别被称为主题。在物理上，不同主题的消息分开存储；在逻辑上，一个主题的消息虽然保存于一个或多个Broker上，但用户只需指定消息的主题即可生产或消费消息而不必关心消息存于何处。主题在逻辑上可以被认为是一个队列。每条消息都必须指定它的主题，可以简单理解为必须指明把这条消息放进哪个队列里。

Kafka通过主题对消息进行分类，一个主题可以分为多个分区，每个分区又可以存储于不同的Broker上。也就是说，一个主题可以横跨多个服务器。

假设读者对HBase的集群架构（见3.5.1节）比较了解，这里用HBase数据库做类比：可以将主题看作HBase数据库中的一张表，而分区则是将表数据拆分成了多个部分，即HRegion；不同的HRegion可以存储于不同的服务器上，而分区也是如此。主题与分区的关系如图3-18所示。

对主题进行分区的好处是：允许主题消息规模超出一台服务器的文件大小上限。因为一个主题可以有多个分区，且可以存储在不同的服务器上，当一个分区的文件大小超出所在服务器的文件大小上限时，可以动态添加其他分区，因此可以处理无限量的数据。

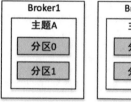

图 3-18　主题与分区的关系

生产者接收用户的标准输入并发送到Kafka，消费者则一直尝试从Kafka中拉取生产的数据，并打印到标准输出中。下面使用Kafka命令行客户端创建主题、生产者与消费者，以测试Kafka集群能否正常使用。（如无特殊说明，以下所有命令都是在Kafka安装目录下执行。）

1. 创建主题

创建主题可以使用Kafka提供的命令工具kafka-topics.sh，此处我们创建一个名为topictest的主题，分区数为2，每个分区的副本数为2，命令如下（在Kafka集群的任意节点执行即可）：

```
$ bin/kafka-topics.sh \
--create \
--bootstrap-server centos01:9092,centos02:9092,centos03:9092 \
--replication-factor 2 \
--partitions 2 \
--topic topictest
```

上述代码中各参数的含义如下：

- --create: 指定命令的动作是创建主题，使用该命令必须指定--topic 参数。
- --bootstrap-server: 指定 Kafka 集群的连接地址。
- --replication-factor: 所创建主题的分区副本数，其值必须小于或等于 Kafka 的节点数。
- --partitions: 所创建主题的分区数。
- --topic: 所创建的主题名称。

命令执行完毕后，若输出以下结果则表明主题创建成功：

```
Created Topic "topictest".
```

此时查看ZooKeeper中Kafka创建的/brokers节点，发现主题topictest的信息已记录在其中，如图3-19所示。

```
[zk: localhost:2181(CONNECTED) 8] ls /brokers
[ids, topics, seqid]
[zk: localhost:2181(CONNECTED) 9] ls /brokers/topics
[topictest]
[zk: localhost:2181(CONNECTED) 10] ls /brokers/topics/topictest
[partitions]
[zk: localhost:2181(CONNECTED) 11] ls /brokers/topics/topictest/partitions
[0, 1]
```

图 3-19　查看 Kafka 在 ZooKeeper 中创建的节点信息

2．查询主题

创建主题成功后，可以执行以下命令，查看当前Kafka集群中存在的所有主题：

```
$ bin/kafka-topics.sh \
--list \
--bootstrap-server centos01:9092
```

也可以使用--describe参数查询某一个主题的详细信息。例如，查询主题topictest的详细信息，命令如下：

```
$ bin/kafka-topics.sh \
--describe \
--bootstrap-server centos01:9092 \
--topic topictest
```

输出结果如下：

```
Topic:topictest    PartitionCount:2 ReplicationFactor:2  Configs:
Topic: topictest Partition: 0 Leader: 2    Replicas: 2,3    Isr: 2,3
Topic: topictest Partition: 1 Leader: 3    Replicas: 3,1    Isr: 3,1
```

上述结果中的参数解析如下：

- Topic：主题名称。
- PartitionCount：分区数量。
- ReplicationFactor：每个分区的副本数量。
- Partition：分区编号。
- Leader：领导者副本所在的 Broker，这里指安装 Kafka 集群时设置的 broker.id。
- Replicas：分区副本所在的 Broker（包括领导者副本），同样指安装 Kafka 集群时设置的 broker.id。
- Isr：ISR 列表中的副本所在的 Broker（包括领导者副本），同样指安装 Kafka 集群时设置的 broker.id。

可以看到，该主题有2个分区，每个分区有2个副本。分区编号为0的副本分布在broker.id为2和3的Broker上，其中broker.id为2的副本为领导者副本；分区编号为1的副本分布在broker.id为1和3的Broker上，其中broker.id为3的副本为领导者副本。

接下来就可以创建生产者向主题发送消息了。

3. 创建生产者

Kafka生产者作为消息生产角色，可以使用Kafka自带的命令工具创建一个最简单的生产者。例如，在主题topictest上创建一个生产者，命令如下：

```
$ bin/kafka-console-producer.sh \
--broker-list centos01:9092,centos02:9092,centos03:9092 \
--topic topictest
```

上述代码中各参数含义如下：

- --broker-list：指定 Kafka Broker 的访问地址，只要能访问到其中一个即可连接成功，多个访问地址之间则用逗号隔开。建议将所有的 Broker 都写上，如果只写其中一个，若该 Broker 失效，则连接将失败。注意此处的 Broker 访问端口为 9092，Broker 通过该端口接收生产者和消费者的请求，该端口在安装 Kafka 时已经指定。
- --topic：指定生产者发送消息的主题名称。

创建完成后，控制台进入等待键盘输入消息的状态。
接下来需要创建一个消费者来接收生产者发送的消息。

4. 创建消费者

新开启一个SSH连接窗口（可连接Kafka集群中的任何一个节点），在主题topictest上创建一个消费者，命令如下：

```
$ bin/kafka-console-consumer.sh \
--bootstrap-server centos01:9092,centos02:9092,centos03:9092 \
--topic topictest
```

上述代码中，参数--bootstrap-server用于指定Kafka Broker的访问地址。

消费者创建完成后，等待接收生产者的消息。此时，在生产者控制台输入消息"hello kafka"后按回车键（可以将文件或者标准输入的消息发送到Kafka集群中，默认一行作为一个消息），即可将消息发送到Kafka集群，如图3-20所示。

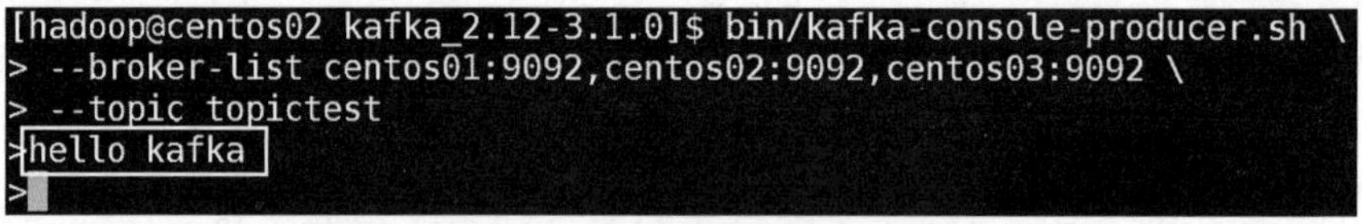

```
[hadoop@centos02 kafka_2.12-3.1.0]$ bin/kafka-console-producer.sh \
> --broker-list centos01:9092,centos02:9092,centos03:9092 \
> --topic topictest
>hello kafka
>
```

图3-20　生产者控制台生产消息

在消费者控制台，则可以看到输出相同的消息"hello kafka"，如图3-21所示。

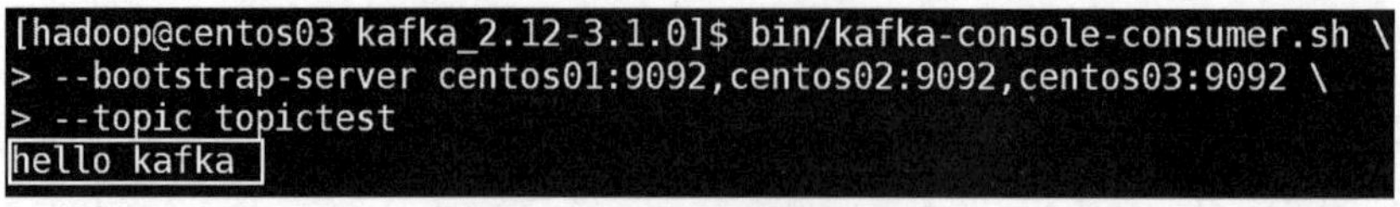

```
[hadoop@centos03 kafka_2.12-3.1.0]$ bin/kafka-console-consumer.sh \
> --bootstrap-server centos01:9092,centos02:9092,centos03:9092 \
> --topic topictest
hello kafka
```

图3-21　消费者控制台接收消息

到此，Kafka集群测试成功，能够正常运行。

3.4 Flume 数据实时写入 Kafka

Flume为什么要与Kafka集成？

- 我们已经知道，Kafka适合用于对数据存储、吞吐量、实时性要求比较高的场景，而对于数据的来源和流向比较多的情况则适合使用 Flume。
- Flume 不提供数据存储功能而是侧重于数据采集与传输。在实际开发中，常常将 Flume 与 Kafka 结合使用，从而提高系统的性能，使开发更加方便。

本节在3.2.4节的基础上继续进行完善，将centos03节点的Flume接收到的数据写入Kafka中。

3.4.1 数据流架构

根据1.2节的系统数据流设计，需要将Flume合并后的日志数据以副本的方式分成两路（两路数据相同）：一路进行实时计算，另一路进行离线计算。将需要实时计算的数据发送到实时消息系统Kafka进行中转，将需要离线计算的数据存储到HBase分布式数据库中。

整个实时计算过程的数据流架构如图3-22所示。

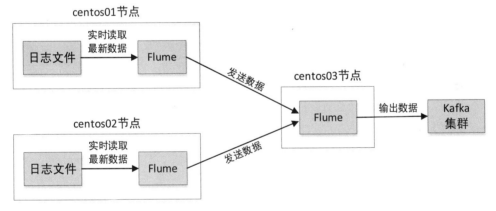

图 3-22 Flume 多节点数据流架构

下面介绍具体配置操作。

3.4.2 配置 centos03 节点的 Flume

Flume的Sink组件可以配置多个目的地，其中就包括Kafka，即可以将数据写入Kafka的主题中。
在centos03节点中创建Flume配置文件flume-kafka.properties，将Sink组件的输出目的地配置为Kafka，完整内容如下：

```
#---配置组件名称---
a1.sources = r1
a1.sinks = k1
```

```
a1.channels = c1

#---配置Source组件---
#指定Source类型为avro
a1.sources.r1.type = avro
#监听的主机名，主机名需要与centos01和centos02中Flume的Sink配置一致
a1.sources.r1.bind = centos03
#监听的端口，端口需要与centos01和centos02中Flume的Sink配置一致
a1.sources.r1.port = 5555

#---配置Channel组件---
#指定Channel类型为内存
a1.channels.c1.type = memory
#存储在Channel中的最大event数量
a1.channels.c1.capacity = 1000
#在每次事务中，Channel从Source接收或发送给Sink的最大event数量
a1.channels.c1.transactionCapacity = 100

#---配置Sink组件---
#指定Sink类型为KafkaSink
a1.sinks.k1.type = org.apache.flume.sink.kafka.KafkaSink
#指定Broker访问地址
a1.sinks.k1.kafka.bootstrap.servers=centos01:9092,centos02:9092,centos03:9092
#指定主题名称
a1.sinks.k1.kafka.topic=topictest
#指定序列化类
a1.sinks.k1.serializer.class=kafka.serializer.StringEncoder

#---将Source和Sink绑定到Channel---
a1.sources.r1.channels = c1
a1.sinks.k1.channel = c1
```

上述配置表示，Flume实时监听当前节点的5555端口的数据，将接收到的数据实时写入Kafka集群的主题"topictest"中。

3.4.3 启动 Flume

1. 启动 Kafka 集群

分别在3个节点上执行以下命令，启动ZooKeeper集群（需进入ZooKeeper安装目录）：

```
bin/zkServer.sh start
```

分别在3个节点上执行以下命令，启动Kafka集群（需进入Kafka安装目录）：

```
bin/kafka-server-start.sh -daemon config/server.properties
```

2. 创建 Kafka 消费者

为了验证日志信息是否成功写入Kafka，在主题topictest上创建一个消费者，命令如下：

```
$ bin/kafka-console-consumer.sh \
--bootstrap-server centos01:9092,centos02:9092,centos03:9092 \
--topic topictest
```

上述代码中，参数--bootstrap-server用于指定Kafka Broker的访问地址。

消费者创建完成后，等待接收生产者（centos03节点中的Flume）的消息。

3. 启动 Flume

首先在centos03节点上执行以下命令，启动Flume：

```
$ bin/flume-ng agent \
--conf conf \
--conf-file /opt/modules/apache-flume-1.9.0-bin/conf/flume-kafka.properties \
--name a1 \
-Dflume.root.logger=INFO,console
```

启动后将在当前节点的5555端口监听数据。

然后分别在centos01节点、centos02节点上执行以下命令，启动Flume：

```
$ bin/flume-ng agent \
--conf conf \
--conf-file /opt/modules/apache-flume-1.9.0-bin/conf/flume-conf.properties \
--name a1 \
-Dflume.root.logger=INFO,console
```

3.4.4 测试数据流转

向centos01节点的日志文件user_behavior_info写入测试数据"hello flume1"：

```
[hadoop@centos01 data]$ echo 'hello flume1'>>user_behavior_info
```

向centos02节点的日志文件user_behavior_info写入测试数据"hello flume2"：

```
[hadoop@centos02 data]$ echo 'hello flume2'>>user_behavior_info
```

此时Kafka消费者控制台的输出信息如图3-23所示。

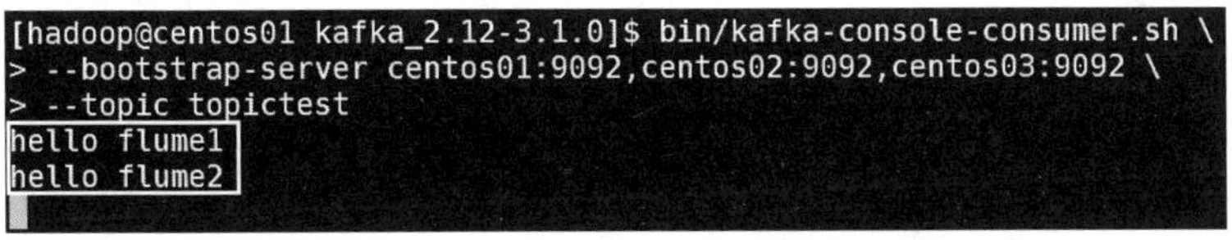

图 3-23　Kafka 消费者控制台的输出信息

发现Kafka成功接收到了centos01节点和centos02节点的日志文件数据。到此，Flume多节点数据采集并将数据写入Kafka配置成功。

3.5 使用 HBase 存储用户行为数据

为什么要使用HBase存储用户行为数据？

- Apache HBase 是大数据领域首选的一个开源的、分布式的、非关系型的列式数据库。
- HBase 位于 Hadoop 生态系统的结构化存储层，数据存储于分布式文件系统 HDFS 并且使用 ZooKeeper 作为协调服务。HDFS 为 HBase 提供了高可靠性的底层存储支持，MapReduce 为 HBase 提供了高性能的计算能力，ZooKeeper 则为 HBase 提供了稳定的服务和失效恢复机制。

- HBase 的设计目的是处理非常庞大的表，甚至可以使用普通计算机处理超过 10 亿行的、由数百万列组成的表的数据。由于 HBase 依赖于 Hadoop HDFS，因此它与 Hadoop 一样，主要依靠横向扩展并不断增加廉价的商用服务器来提高计算和存储能力。
- 使用 HBase 存储用户行为数据，便于后期进行数据的离线统计与分析。

HBase对表的处理具有如下特点：

- 一张表可以有上亿行、上百万列。
- 采用面向列的存储和权限控制。
- 为空（NULL）的列并不占用存储空间。

HBase与传统关系数据库（RDBMS）的区别如表3-6所示。

表 3-6 HBase 与 RDBMS 的区别

类别	HBase	RDBMS
硬件架构	分布式集群，硬件成本低廉	传统多核系统，硬件成本昂贵
数据库大小	PB	GB、TB
数据分布方式	稀疏的、多维的	以行和列组织
数据类型	只有简单的字符串类型，所有其他类型都由用户自定义	丰富的数据类型
存储模式	基于列存储	基于表格结构的行模式存储
数据修改	可以保留旧版本数据，插入对应的新版本数据	替换修改旧版本数据
事务支持	只支持单个行级别	对行和表全面支持
查询语言	可使用 Java API；若结合其他框架，如 Hive，则可以使用 HiveQL	SQL
吞吐量	百万查询每秒	数千查询每秒
索引	只支持行键，除非结合其他技术，如 Hive	支持

3.5.1 HBase 集群的架构

HBase架构采用主从（master/slave）方式，由3种类型的节点组成——HMaster节点、HRegionServer节点和ZooKeeper集群。HMaster节点作为主节点，HRegionServer节点作为从节点，这种主从模式类似于HDFS的NameNode与DataNode。

HBase集群中所有的节点都是通过ZooKeeper来进行协调的。HBase底层通过HRegionServer将数据存储于HDFS中。HBase集群部署架构如图3-24所示。

HBase客户端通过RPC（Remote Procedure Call Protocol，远程过程调用协议）方式与HMaster节点和HRegionServer节点通信，HMaster节点连接ZooKeeper获得HRegionServer节点的状态并对它进行管理。HBase的系统架构如图3-25所示。

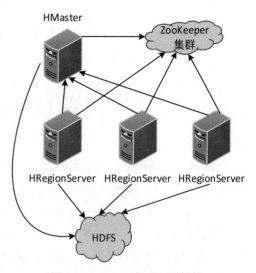

图 3-24 HBase 集群部署架构

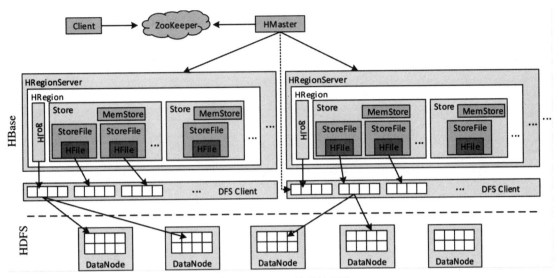

图 3-25　HBase 的系统架构

由于HBase将底层数据存储于HDFS中，因此也涉及NameNode节点和DataNode节点等。HRegionServer经常与HDFS的DataNode在同一节点上，有利于数据的本地化访问，节省网络传输时间。

1. HMaster

HMaster节点并不是只有一个，用户可以启动多个HMaster节点，并通过ZooKeeper的选举机制保持同一时刻只有一个HMaster节点处于活动状态，其他HMaster节点处于备用状态（一般情况下只会启动两个HMaster）。

HMaster节点的主要作用如下：

- HMaster 节点本身并不存储 HBase 的任何数据。它主要用于管理 HRegionServer 节点，指定 HRegionServer 节点可以管理哪些 HRegion，以实现负载均衡。
- 当某个 HRegionServer 节点宕机时，HMaster 会将其中的 HRegion 迁移到其他的 HRegionServer 节点上。
- 管理用户对表的增、删、改、查等操作。
- 管理表的元数据（每个 HRegion 都有一个唯一标识符，元数据主要保存 HRegion 的唯一标识符和 HRegionServer 的映射关系）。
- 权限控制。

2. HRegion 与 HRegionServer

HBase使用rowkey自动把表水平切分成多个区域，这个区域称为HRegion。每个HRegion由表中的多行数据组成。最初一张表只有一个HRegion，随着数据的增多，当数据大到一定的值后，便会在某行的边界上将表分割成两个大小基本相同的HRegion。然后由HMaster节点将HRegion分配到不同的HRegionServer节点中（同一张表的多个HRegion可以分配到不同的HRegionServer中），由HRegionServer对它进行管理以及响应客户端的读、写请求。分布在集群中的所有HRegion按序排列就组成了一张完整的表。

每一个HRegion都记录了rowkey的起始行键（startkey）和结束行键（endkey），第一个HRegion

的startkey为空，最后一个HRegion的endkey为空。客户端可以通过HMaster节点快速定位到每个rowkey所在的HRegion。

HRegion与HRegionServer的关系如图3-26所示。

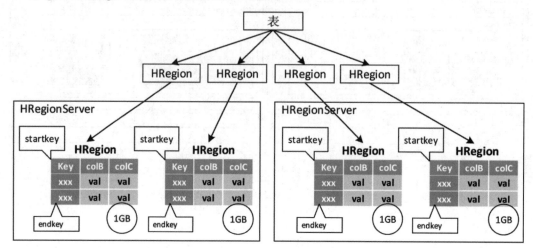

图 3-26　HRegion 与 HRegionServer 的关系

3. Store

一个Store存储HBase表的一个列族的数据。由于表被水平分割成多个HRegion，因此一个HRegion中包含一个或多个Store。Store中包含一个MemStore和多个HFile文件。MemStore相当于一个内存缓冲区，数据存入磁盘之前会先存入MemStore中，当MemStore中的数据大小达到一定的值后，会生成一个HFile文件，MemStore中的数据会转移到HFile文件中（也可以手动执行HBase命令，将MemStore中的数据转移到HFile文件），StoreFile是对HFile文件的封装，HFile是HBase底层的数据存储格式，最终数据以HFile的格式存储在HDFS中。

需要注意的是，一个HFile文件只存放某个时刻MemStore中的所有数据，一个完整的行数据可能存放在多个HFile里。

4. HLog

HLog是HBase的日志文件，用于记录数据的更新操作。与RDBMS数据库类似，为了保证数据的一致性和实现回滚等操作，HBase在写入数据时会先进行WAL（预写日志）操作，即将更新操作写入HLog文件中，然后才会将数据写入Store的MemStore中，只有这两个地方都写入并确认后，才认为数据写入成功。由于MemStore是将数据存入内存中，且数据大小没有达到一定值时不会写入HDFS，因此若在数据写入HDFS之前服务器崩溃，则MemStore中的数据将丢失，此时可以利用HLog来恢复丢失的数据。HLog日志文件存储于HDFS中，因此即使服务器崩溃，HLog仍然可用。

5. ZooKeeper

每个HRegionServer节点会在ZooKeeper中注册一个自己的临时节点，HMaster通过这些临时节点发现可用的HRegionServer节点，跟踪HRegionServer节点的故障等。

HBase利用ZooKeeper来确保只有一个活动的HMaster在运行。

HRegion应该分配到哪个HRegionServer节点上，也是通过ZooKeeper得知的。

3.5.2 HBase 集群的搭建

HBase集群建立在Hadoop集群的基础上，而且依赖于ZooKeeper，因此在搭建HBase集群之前，需要将Hadoop集群（本例使用的Hadoop集群为非HA模式，即一个NameNode）和ZooKeeper集群搭建好。Hadoop和ZooKeeper集群的搭建可以参考第2.7节和3.3.1节的内容，此处不再赘述。

本例仍然使用3个节点（centos01、centos02和centos03）搭建部署HBase集群，集群各节点的角色分配如表3-7所示。

表 3-7 HBase 集群角色分配

集　群	centos01 节点	centos02 节点	centos03 节点
HDFS	NameNode SecondaryNameNode DataNode	DataNode	DataNode
ZooKeeper	QuorumPeerMain	QuorumPeerMain	QuorumPeerMain
HBase	HMaster HRegionServer	HRegionServer	HRegionServer

表3-7中的各个角色指的是相应集群在各个节点所启动的守护进程。

总体搭建思路是，在centos01节点中安装HBase并修改配置文件，然后将配置好的HBase安装文件远程复制到集群中的其他节点。具体搭建步骤如下：

1. 上传并解压 HBase 安装包

将 hbase-2.4.9-bin.tar.gz 上传到 centos01 节点的 /opt/softwares 目录并将它解压到目录 /opt/modules/，命令如下：

```
$ cd /opt/softwares/
$ tar -zxf hbase-2.4.9-bin.tar.gz -C /opt/modules/
```

解压后，进入HBase安装目录查看安装后的相关文件，如图3-27所示。

图 3-27 查看 HBase 安装后的文件

2. 修改 HBase 配置文件

1）hbase-env.sh 文件配置

修改HBase安装目录下的conf/hbase-env.sh，加入以下代码，配置HBase关联的JDK，并禁用HBase自带的ZooKeeper：

```
export JAVA_HOME=/opt/modules/jdk1.8.0_144
#禁用HBase自带的ZooKeeper，使用外部独立的ZooKeeper
export HBASE_MANAGES_ZK=false
```

如果需要使用HBase自带的ZooKeeper，则向该文件添加export HBASE_MANAGES_ZK=true即可，本例使用外部单独的ZooKeeper。

2）hbase-site.xml 文件配置

修改HBase安装目录下的conf/hbase-site.xml，完整配置内容如下：

```xml
<configuration>
  <!--HBase数据存储目录。需要与HDFS NameNode端口一致-->
  <property>
    <name>hbase.rootdir</name>
    <value>hdfs://centos01:9000/hbase</value>
  </property>
  <!--开启分布式-->
  <property>
    <name>hbase.cluster.distributed</name>
    <value>true</value>
  </property>
  <!--ZooKeeper节点列表 -->
  <property>
    <name>hbase.zookeeper.quorum</name>
    <value>centos01:2181,centos02:2181,centos03:2181</value>
  </property>
  <!--ZooKeeper配置、日志等数据存放目录-->
  <property>
    <name>hbase.zookeeper.property.dataDir</name>
    <value>/opt/modules/hbase-2.4.9/zkData</value>
  </property>
  <!--在分布式环境下设置为false，解决启动HMaster无法初始化WAL的问题-->
<property>
    <name>hbase.unsafe.stream.capability.enforce</name>
    <value>false</value>
  </property>
  <property>
    <name>hbase.wal.provider</name>
    <value>filesystem</value>
  </property>
</configuration>
```

上述配置属性解析如下。

- hbase.rootdir：HBase 的数据存储目录，配置好后，HBase 数据就会写入这个目录中，且目录不需要手动创建，HBase 启动的时候会自动创建。由于 HBase 数据存储在 HDFS 中，因此该目录要写 HDFS 的目录，注意地址 hdfs://centos01:9000 应与 Hadoop 的 fs.defaultFS 一致。若 HDFS 使用的是 HA 模式，则还需要将 HDFS HA 集群的 core-site.xml 和 hdfs-site.xml 复制到 HBase 的 conf 目录中（不建议初学者将 HBase 与 HDFS HA 结合，使用单一 NameNode 即可）。
- hbase.cluster.distributed：设置为 true 代表开启分布式。
- hbase.zookeeper.quorum：设置依赖的 ZooKeeper 节点，此处加入所有 ZooKeeper 集群即可。
- hbase.zookeeper.property.dataDir：设置 ZooKeeper 的配置、日志等数据存放目录。

另外，还有一个属性hbase.tmp.dir用于设置HBase临时文件存放目录；不设置的话，默认存放在/tmp目录，该目录重启就会清空。

3）regionservers 文件配置

regionservers文件列出了所有运行HRegionServer进程的服务器。对该文件的配置与Hadoop中

workers文件的配置相似,需要在文件中的每一行指定一台服务器,当HBase启动时会读取该文件,为文件中指定的所有服务器启动HRegionServer进程。当HBase停止的时候,也会同时停止它们。

本例中,我们将3个节点都作为运行HRegionServer的服务器,因此需要做出如下修改:

修改HBase安装目录下的/conf/regionservers文件,去掉默认的localhost,加入如下内容(注意,主机名前后不要包含空格):

```
centos01
centos02
centos03
```

3. 复制HBase到其他节点

centos01节点配置完成后,需要复制整个HBase安装目录文件到集群的其他节点,复制到centos02节点的命令如下:

```
$ scp -r hbase-2.4.9/ hadoop@centos02:/opt/modules/
```

复制到centos03节点的命令如下:

```
$ scp -r hbase-2.4.9/ hadoop@centos03:/opt/modules/
```

3.5.3 HBase集群的启动、查看与停止

1. 启动HBase集群

启动HBase集群之前,需要先启动Hadoop集群和ZooKeeper集群。由于HBase不依赖YARN,因此只启动HDFS即可。

在centos01节点上执行以下命令,启动HDFS:

```
$ sbin/start-dfs.sh
```

分别在3个节点上执行以下命令,启动ZooKeeper集群(需进入ZooKeeper安装目录):

```
bin/zkServer.sh start
```

在centos01节点上执行以下命令,启动HBase集群。启动HBase集群的同时,会启动ZooKeeper集群。

```
$ bin/start-hbase.sh
```

HBase启动的部分日志如下:

```
[hadoop@centos01 hbase-2.4.9]$ bin/start-hbase.sh
    centos03: running zookeeper, logging to /opt/modules/hbase-2.4.9/bin/../logs/hbase-hadoop-zookeeper-centos03.out
    centos02: running zookeeper, logging to /opt/modules/hbase-2.4.9/bin/../logs/hbase-hadoop-zookeeper-centos02.out
    centos01: running zookeeper, logging to /opt/modules/hbase-2.4.9/bin/../logs/hbase-hadoop-zookeeper-centos01.out
running master, logging to /opt/modules/hbase-2.4.9/bin/../logs/hbase-hadoop-master-centos01.out
    centos02: running regionserver, logging to /opt/modules/hbase-2.4.9/bin/../logs/hbase-hadoop-regionserver-centos02.out
    centos03: running regionserver, logging to /opt/modules/hbase-2.4.9/bin/../logs/hbase-hadoop-regionserver-centos03.out
```

```
centos01: running regionserver, logging to /opt/modules/hbase-2.4.9/bin/../logs
/hbase-hadoop-regionserver-centos01.out
```

2. 查看 HBase 进程与 Web 界面

HBase启动完成后，查看各节点Java进程：

```
[hadoop@centos01 hbase-2.4.9]$ jps
7760 HQuorumPeer
8096 HRegionServer
2935 NameNode
3255 SecondaryNameNode
3065 DataNode
8394 Jps
7871 HMaster

[hadoop@centos02 ~]$ jps
2740 DataNode
3349 HQuorumPeer
3485 HRegionServer
3663 Jps

[hadoop@centos03 ~]$ jps
3347 HQuorumPeer
2756 DataNode
3655 Jps
3466 HRegionServer
```

从上述查看结果中可以看出，centos01节点上出现了HMaster、HQuorumPeer和HRegionServer进程，centos02和centos03节点上出现了HQuorumPeer和HRegionServer进程，说明集群启动成功。

HBase 提供了 Web 端 UI 界面，在浏览器中访问 HMaster 所在节点的 16010 端口（http://centos01:16010）即可查看HBase集群的运行状态，如图3-28所示。

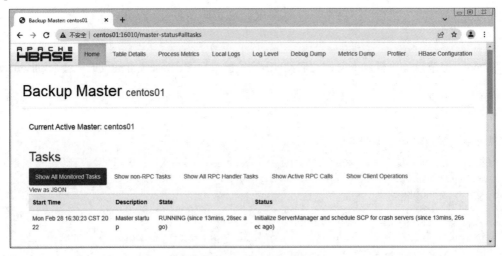

图 3-28　HBase Web 界面

3. 停止 HBase 集群

可以使用以下命令停止HBase集群：

```
$ bin/stop-hbase.sh
```

如果上述命令停止不了，那么可以分别执行以下命令停止HBase的各个守护进程：

```
$ bin/hbase-daemons.sh stop master
$ bin/hbase-daemons.sh stop reginserver
```

3.5.4 测试 HBase 数据表操作

HBase为用户提供了一个非常方便的命令行操作方式，我们称之为HBase Shell。HBase Shell提供了大多数的HBase命令，通过HBase Shell用户可以方便地创建、删除及修改表，还可以向表中添加数据、列出表中的相关信息等。

在启动HBase之后，我们可以通过执行以下命令启动HBase Shell：

```
$ bin/hbase shell
```

下面通过实际操作来介绍HBase Shell的使用。

1．创建表

使用create命令可从创建表。例如，在HBase中创建一张表名为t1、列族名为f1的表，命令及返回信息如下：

```
hbase:004:0> create 't1','f1'
Created table t1
Took 2.2764 seconds=> Hbase::Table - t1
```

创建表的时候需要指定表名与列族名，列名在添加数据的时候动态指定。

> **注意** 在HBase Shell命令行模式下，当输入错误需要删除时，直接按Backspace键将不起作用，可以按Ctrl+Backspace组合键进行删除。

2．添加数据

使用put命令可以向表中添加数据。例如，向表t1中添加一条数据，rowkey为row1，name列的值为zhangsan，命令如下：

```
hbase:005:0> put 't1','row1','f1:name','zhangsan'
Took 0.5044 seconds
```

再向表t1中添加一条数据，rowkey为row2，age列的值为18，命令如下：

```
hbase:006:0> put 't1','row2','f1:age','18'
Took 0.0600 seconds
```

3．全表扫描

使用scan命令可以通过对表的扫描来获取表中所有数据。例如，扫描表t1，命令如下：

```
hbase:007:0> scan 't1'
ROW        COLUMN+CELL
 row1      column=f1:name, timestamp=2022-02-28T19:33:25.044, value=zhangsan
 row2      column=f1:age, timestamp=2022-02-28T19:33:40.962, value=18
2 row(s)
Took 0.1650 seconds
```

可以看到，表t1中已经存在两条已添加的数据了。

4. 查询一行数据

使用get命令可以查询表中一整行数据。例如，查询表t1中rowkey为row1的一整行数据，命令如下：

```
hbase:020:0> get 't1','row1'
COLUMN                    CELL
 f1:name                  timestamp=2022-02-28T19:33:25.044, value=zhangsan
Took 1.1610 seconds
```

5. 修改表

修改表也同样使用put命令。例如，修改表t1中行键row1对应的name值，将zhangsan改为lisi，命令如下：

```
hbase:008:0> put 't1','row1','f1:name','lisi'
Took 0.0974 seconds
```

然后扫描表t1，此时row1中name的值已经变为了lisi：

```
hbase:009:0> scan 't1'
ROW          COLUMN+CELL
 row1        column=f1:name, timestamp=2022-02-28T19:40:32.088, value=lisi
 row2        column=f1:age, timestamp=2022-02-28T19:33:40.962, value=18
2 row(s)
Took 0.0205 seconds
```

6. 删除特定单元格

使用delete命令可以删除特定单元格。例如，删除表t1中rowkey为row1的行的name单元格，命令如下：

```
hbase:010:0> delete 't1','row1','f1:name'
Took 0.0515 seconds
```

然后扫描表t1，发现rowkey为row1的行不存在了，因为row1只有一个name单元格，name被删除了，row1一整行数据也就不存在了。

```
hbase:011:0> scan 't1'
ROW          COLUMN+CELL
 row2        column=f1:age, timestamp=2022-02-28T19:33:40.962, value=18
1 row(s)
Took 0.0172 seconds
```

7. 删除一整行数据

使用deleteall命令可以删除一整行数据。例如，删除rowkey为row2的一整行数据，命令如下：

```
hbase:012:0> deleteall 't1','row2'
Took 0.0153 seconds
```

然后扫描表t1，发现rowkey为row2的行也不存在了，此时表中数据为空。

```
hbase:013:0> scan 't1'
ROW          COLUMN+CELL
```

```
0 row(s)
Took 0.0345 seconds
```

8. 删除整张表

disable命令可以禁用表，使表无效。drop命令可以删除表。若需要完全删除一张表，需要先执行disable命令，再执行drop命令。示例如下：

```
hbase:014:0> disable 't1'
Took 1.3573 seconds

hbase:015:0> drop 't1'
Took 0.4114 seconds
```

如果只执行drop命令，将提示以下错误：

```
ERROR: Table t1 is enabled. Disable it first.
```

9. 列出所有表

使用list命令可以列出HBase数据库中的所有表。示例如下：

```
hbase:024:0> list
TABLE
t1
1 row(s)
Took 0.0084 seconds
=> ["t1"]
```

从上述返回信息中可以看出，目前HBase中只有一张表t1。

10. 查询表中的记录数

使用count命令可以查询表中的记录数。例如，查询表t1的记录数，命令如下：

```
hbase:025:0> count 't1'
2 row(s)
Took 0.0924 seconds
=> 2
```

11. 查询表是否存在

使用exists命令查询表是否存在。例如，查询表t1是否存在，命令如下：

```
hbase:026:0> exists 't1'
Table t1 does exist
Took 0.0139 seconds
=> true
```

12. 批量执行命令

HBase还支持将多个Shell命令放入一个文件中，每行一个命令，然后读取文件中的命令批量执行。例如，在HBase安装目录下新建一个文件sample_commands.txt，在其中加入以下命令：

```
create 'test', 'cf'
list
put 'test', 'row1', 'cf:a', 'value1'
put 'test', 'row2', 'cf:b', 'value2'
```

```
put 'test', 'row3', 'cf:c', 'value3'
put 'test', 'row4', 'cf:d', 'value4'
scan 'test'
get 'test', 'row1'
disable 'test'
enable 'test'
```

然后在启动HBase Shell时，将该文件的路径作为一个参数传入。这样文本文件中的每一个命令都会被执行，且每个命令的执行结果会显示在控制台上，结果如下：

```
$ bin/hbase shell ./sample_commands.txt
Created table test
Took 2.2481 seconds
Hbase::Table - test

2 row(s)
Took 0.0326 seconds
t1
test

Took 0.3819 seconds
Took 0.0272 seconds
Took 0.0357 seconds
Took 0.0351 seconds
ROW              COLUMN+CELL
 row1            column=cf:a, timestamp=2022-02-28T19:59:57.582, value=value1
 row2            column=cf:b, timestamp=2022-02-28T19:59:57.626, value=value2
 row3            column=cf:c, timestamp=2022-02-28T19:59:57.655, value=value3
 row4            column=cf:d, timestamp=2022-02-28T19:59:57.700, value=value4
4 row(s)
Took 0.1155 seconds
COLUMN                    CELL
 cf:a                     timestamp=2022-02-28T19:59:57.582, value=value1
1 row(s)
Took 0.0634 seconds

Took 0.7002 seconds
Took 1.2225 seconds
```

3.5.5　创建HBase用户行为表结构

回顾1.2节的系统数据流设计，我们知道HBase用于存储用户行为数据，便于进行离线分析。本节在HBase集群中创建用户行为信息表user_behavior_info，用于存储用户行为数据，具体操作步骤如下：

01 启动HDFS集群。

02 启动ZooKeeper集群。

03 启动HBase集群。

04 启动HBase Shell：

```
$ bin/hbase shell
```

05 在HBase中创建一张表名为user_behavior_info、列族名为cf的表，命令及返回信息如下：

```
hbase:004:0> create 'user_behavior_info','cf'
Created table user_behavior_info
Took 2.2764 seconds=> Hbase::Table - user_behavior_info
```

06 使用scan命令扫描表user_behavior_info，命令如下：

```
hbase:007:0> scan 'user_behavior_info'
ROW         COLUMN+CELL
0 row(s)
Took 0.1650 seconds
```

可以看到，目前表user_behavior_info中没有数据。后面将使用Flume实时采集用户行为数据添加到该表中。

3.6 Flume 数据实时写入 HBase

我们已经知道，Flume采集的数据可以实时写入Kafka中，便于后续进行实时分析。当然也可以实时写入HBase数据库中，便于后续对HBase中的大量数据进行离线分析。

本节在3.4节的基础上继续进行完善，将Flume采集的用户行为数据实时写入HBase中。

3.6.1 数据流架构

整个过程的数据流架构如图3-29所示。

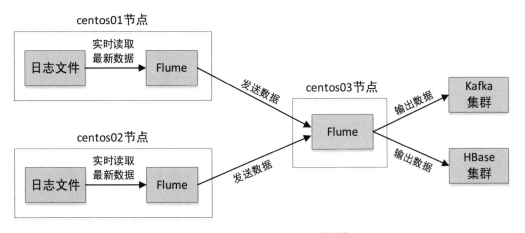

图 3-29　Flume 多节点数据流架构

3.6.2 配置 centos03 节点的 Flume

Flume的Sink组件可以配置多个目的地，其中就包括Kafka和HBase，即可以将数据同时写入Kafka的主题和HBase的表中。

首先在centos03节点的Flume中重命名flume-evn.sh.template为flume-evn.sh。然后在flume-evn.sh文件中添加以下内容，关联Flume与Hadoop、HBase，否则Flume将找不到HBase相关的依赖库。

```
export JAVA_HOME=/opt/modules/jdk1.8.0_144
export HADOOP_HOME=/opt/modules/hadoop-3.3.1/
export HBASE_HOME=/opt/modules/hbase-2.4.9/
```

接下来在centos03节点创建Flume配置文件flume-kafka-hbase.properties，配置将数据同时写入Kafka和HBase，完整内容如下：

```
#---配置组件名称---
a1.sources = r1
#指定两个Sink
a1.sinks = k1 k2
#指定两个Channel
a1.channels = c1 c2

#---配置Source组件---
#指定Source类型为avro
a1.sources.r1.type = avro
#监听的主机名，主机名需要与centos01和centos02中Flume的Sink配置一致
a1.sources.r1.bind = centos03
#监听的端口，端口需要与centos01和centos02中Flume的Sink配置一致
a1.sources.r1.port = 5555

#---配置第一个Channel组件---
#指定Channel类型为内存
a1.channels.c1.type = memory
#存储在Channel中的最大event数量
a1.channels.c1.capacity = 1000
#在每次事务中，Channel从Source接收或发送给Sink的最大event数量
a1.channels.c1.transactionCapacity = 100

#---配置第二个Channel组件---
#指定Channel类型为内存
a1.channels.c2.type = memory
#存储在Channel中的最大event数量
a1.channels.c2.capacity = 1000
#在每次事务中，Channel从Source接收或发送给Sink的最大event数量
a1.channels.c2.transactionCapacity = 100

#---配置第一个Sink组件---
#指定Sink类型为KafkaSink
a1.sinks.k1.type = org.apache.flume.sink.kafka.KafkaSink
#指定Broker访问地址
a1.sinks.k1.kafka.bootstrap.servers=centos01:9092,centos02:9092,centos03:9092
#指定主题名称
a1.sinks.k1.kafka.topic=topictest
#指定序列化类
a1.sinks.k1.serializer.class=kafka.serializer.StringEncoder

#---配置第二个Sink组件---
#指定Sink类型为hbase2（针对HBase2.X版本）
a1.sinks.k2.type = hbase2
#指定要写入数据的HBase表名
a1.sinks.k2.table = user_behavior_info
#指定要写入数据的HBase列族名
a1.sinks.k2.columnFamily = cf
#指定ZooKeeper集群的Broker地址
a1.sinks.k2.zookeeperQuorum = centos01:2181,centos02:2181,centos03:2181
```

```
#指定序列化类
a1.sinks.k2.serializer = org.apache.flume.sink.hbase2.RegexHBase2EventSerializer
#指定匹配的正则表达式,使用分组匹配,分为6个组,每个组匹配一列数据
a1.sinks.k2.serializer.regex = (.*),(.*),(.*),(.*),(.*),(.*)
#指定上面正则表达式匹配到的数据对应的hbase的6个列名。注意顺序从左到右对应
a1.sinks.k2.serializer.colNames = time,user_id,keyword,page_rank,click_order,url

#---将Source和Sink绑定到Channel---
a1.sources.r1.channels = c1 c2
a1.sinks.k1.channel = c1
a1.sinks.k2.channel = c2
```

上述配置内容对应的详细数据流架构如图3-30所示。

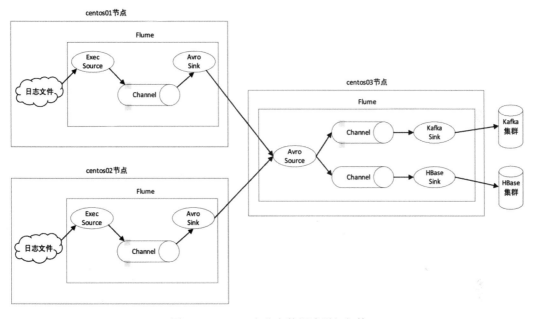

图 3-30　Flume 多节点数据流详细架构

3.6.3　Flume 写入 HBase 原理分析

上一小节的配置内容,针对Sink组件使用了序列化类RegexHBase2EventSerializer和正则表达式将Flume事件写入HBase中。

Flume1.9.0提供了集成HBase2.X的依赖包flume-ng-hbase2-sink-1.9.0.jar,使用该JAR包中的SimpleHBase2EventSerializer类或RegexHBase2EventSerializer类可以将Flume中的事件写入HBase指定的表中。这两个类的作用如下:

1. SimpleHBase2EventSerializer 类

该类是针对HBase2.X的一个简单的序列化器。它使用HBase客户端API创建一个Put对象,将Flume事件的头(header)丢弃,将事件体(body)写入Put对象中,并返回Put对象(一个Put对象代表一条HBase数据)。

使用该类,Flume的事件只能写入HBase表的一个列(默认列名为pCol),无法将Flume的事件进行拆分并写入多个列。如果要写入多个列,则需要修改依赖包flume-ng-hbase2-sink-1.9.0.jar的源码。

源码的修改方式为，在Flume官网下载源码包apache-flume-1.9.0-src.tar.gz并解压到本地，然后在IDEA中单击菜单栏中的【File】|【Open】命令，在弹出窗口中选择源码中的flume-ng-hbase2-sink项目，如图3-31所示。

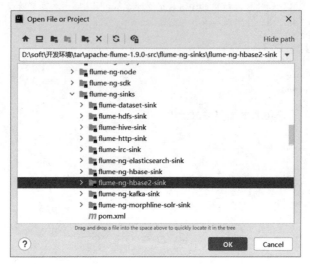

图 3-31　选择 flume-ng-hbase2-sink 项目导入 IDEA

导入IDEA后，可以新建一个自定义类继承SimpleHBase2EventSerializer类，自定义类的编写此处不做讲解。修改完成后，将源码打包上传到Flume安装目录的lib文件夹中即可。

2．RegexHBase2EventSerializer 类

该类是针对HBase2.X的使用正则表达式匹配Flume事件的序列化器。它实现了HBase2EventSerializer接口，根据提供的正则表达式和列名列表解析Flume事件中的列。如果正则表达式没有为特定事件匹配到正确的组数（列的数量），或者它没有正确匹配某个事件，那么该事件将被静默删除。每个事件在HBase中的行键默认由一个时间戳和一个标识符组成。

3.6.2 节中的配置内容正是使用了RegexHBase2EventSerializer序列化器和正则表达式(.*),(.*),(.*),(.*),(.*),(.*)。该正则表达式的含义是，将Flume事件按照逗号分隔为6个组，每个组匹配一列数据，一对小括号代表一个组。其中的".*"在正则表达式中非常常见，表示匹配任意字符任意次数。

组是使用括号划分的正则表达式，使用时可以根据组的编号来引用某个组。例如组号0表示整个表达式，组号1表示从左到右被第一个括号扩起的组，以此类推。以下正则表达式表示有3个组：组0是ABCDE，组1是BCD，组2是CD。

```
A(B(CD))E
```

3.6.4　用户行为日志匹配测试

我们可以编写一个Java测试类，使用正则表达式(.*),(.*),(.*),(.*),(.*),(.*)对用户行为日志进行匹配测试，代码如下：

```
import java.util.regex.Matcher;
import java.util.regex.Pattern;
```

```java
/**
 * Java正则表达式测试类
 */
public class MyRegexTest {
    public static void main(String[] args) {
        //一条用户行为日志数据
        String userBehivorInfo="00:00:00,4625224675315291,[搜索词],2,6,
        zhidao.baidu.com/question/1280";
        //使用正则表达式分组匹配，Pattern.MULTILINE表示多行模式，可以同时匹配多行
        Matcher m = Pattern.compile("(.*),(.*),(.*),(.*),(.*),(.*)",
        Pattern.MULTILINE).matcher(userBehivorInfo);
        //输出匹配到的每一组数据
        while (m.find()) {
            for (int i = 0; i <= m.groupCount(); i++) {
                System.out.println("第" + i + "组是: " + "[" + m.group(i) + "]");
            }
        }
    }
}
```

运行上述代码，输出结果如下：

```
第0组是: [00:00:00,4625224675315291,[搜索词],2,6,zhidao.baidu.com/question/1280]
第1组是: [00:00:00]
第2组是: [4625224675315291]
第3组是: [[搜索词]]
第4组是: [2]
第5组是: [6]
第6组是: [zhidao.baidu.com/question/1280]
```

可以看到，成功匹配到了每一组数据。

> **注意** 正则表达式(.*),(.*),(.*),(.*),(.*),(.*)中组的数量（一对小括号代表一个组）应与用户行为日志中列的数量一致。

若不指定正则表达式，则默认使用(.*)，会将一整个Flume事件数据写入HBase的一个列中，列名默认为payload。

3.6.5 启动 Flume

1）启动 HDFS 集群

在centos01节点执行以下命令，启动HDFS：

```
$ sbin/start-dfs.sh
```

2）启动 ZooKeeper 集群

分别在3个节点上执行以下命令，启动ZooKeeper集群（需进入ZooKeeper安装目录）：

```
bin/zkServer.sh start
```

3）启动 Kafka 集群

分别在3个节点上执行以下命令，启动Kafka集群（需进入Kafka安装目录）：

```
bin/kafka-server-start.sh -daemon config/server.properties
```

4）启动 HBase 集群

在centos01节点执行以下命令，启动HBase集群：

```
$ bin/start-hbase.sh
```

5）创建 Kafka 消费者

为了验证日志信息是否成功写入Kafka，在主题topictest上创建一个消费者，命令如下：

```
$ bin/kafka-console-consumer.sh \
--bootstrap-server centos01:9092,centos02:9092,centos03:9092 \
--topic topictest
```

上述代码中，参数--bootstrap-server用于指定Kafka Broker的访问地址。

消费者创建完成后，等待接收生产者（centos03节点中的Flume）的消息。

6）启动 Flume

首先在centos03节点上执行以下命令，启动Flume：

```
$ bin/flume-ng agent \
--conf conf \
--conf-file /opt/modules/apache-flume-1.9.0-bin/conf/flume-kafka-hbase.properties \
--name a1 \
-Dflume.root.logger=INFO,console
```

启动后将在当前节点的5555端口监听数据。

然后分别在centos01节点、centos02节点上执行以下命令，启动Flume：

```
$ bin/flume-ng agent \
--conf conf \
--conf-file /opt/modules/apache-flume-1.9.0-bin/conf/flume-conf.properties \
--name a1 \
-Dflume.root.logger=INFO,console
```

3.6.6 测试数据流转

向centos01节点的日志文件user_behavior_info中写入一条用户行为日志数据：

```
$ echo '00:00:00,4625224675315291,[搜索词],2,6,zhidao.baidu.com/question/1280'>>user_behavior_info
```

向centos02节点的日志文件user_behavior_info中写入一条用户行为日志数据：

```
$ echo '00:00:01,4625224675315291,[搜索词2],3,8,zhidao.baidu.com/question/1283'>>user_behavior_info
```

此时观察Kafka消费者控制台的输出信息，发现Kafka成功接收到了centos01节点和centos02节点的两条日志数据，如图3-32所示。

```
[hadoop@centos02 kafka_2.12-3.1.0]$ bin/kafka-console-consumer.sh \
> --bootstrap-server centos01:9092,centos02:9092,centos03:9092 \
> --topic topictest
00:00:00,4625224675315291,[搜索词],2,6,zhidao.baidu.com/question/1280
00:00:01,4625224675315291,[搜索词2],3,8,zhidao.baidu.com/question/1283
```

图 3-32　Kafka 消费者控制台的输出信息

扫描HBase表user_behavior_info的所有数据，发现HBase表中也多了centos01节点和centos02节点的两条日志数据，并且将数据按照预先设置的字段进行了存储，如图3-33所示。

```
hbase:026:0> scan 'user_behavior_info'
ROW                                 COLUMN+CELL
 1658469951961-fGgBFzx4l8-0         column=cf:click_order, timestamp=2022-07-22T14:05:55.245, value=6
 1658469951961-fGgBFzx4l8-0         column=cf:keyword, timestamp=2022-07-22T14:05:55.245, value=[\xE6\x90\x9C\xE7\xB4\xA2\xE8\xAF\x8D]
 1658469951961-fGgBFzx4l8-0         column=cf:page_rank, timestamp=2022-07-22T14:05:55.245, value=2
 1658469951961-fGgBFzx4l8-0         column=cf:time, timestamp=2022-07-22T14:05:55.245, value=00:00:00
 1658469951961-fGgBFzx4l8-0         column=cf:url, timestamp=2022-07-22T14:05:55.245, value=zhidao.baidu.com/question/1280
 1658469951961-fGgBFzx4l8-0         column=cf:user_id, timestamp=2022-07-22T14:05:55.245, value=4625224675315291
 1658469955276-fGgBFzx4l8-1         column=cf:click_order, timestamp=2022-07-22T14:05:58.279, value=8
 1658469955276-fGgBFzx4l8-1         column=cf:keyword, timestamp=2022-07-22T14:05:58.279, value=[\xE6\x90\x9C\xE7\xB4\xA2\xE8\xAF\x8D2]
 1658469955276-fGgBFzx4l8-1         column=cf:page_rank, timestamp=2022-07-22T14:05:58.279, value=3
 1658469955276-fGgBFzx4l8-1         column=cf:time, timestamp=2022-07-22T14:05:58.279, value=00:00:01
 1658469955276-fGgBFzx4l8-1         column=cf:url, timestamp=2022-07-22T14:05:58.279, value=zhidao.baidu.com/question/1283
 1658469955276-fGgBFzx4l8-1         column=cf:user_id, timestamp=2022-07-22T14:05:58.279, value=4625224675315291
2 row(s)
Took 0.0342 seconds
```

图 3-33　扫描 HBase 表的数据

到此，Flume多节点实时数据采集并将数据同时写入Kafka和HBase配置成功。

3.7　动手练习

1. 集群操作。

（1）依照本章操作步骤，搭建一个Kafka分布式集群。

（2）使用Kafka命令行客户端创建主题mytopic，并创建生产者与消费者，测试Kafka集群能否正常进行消息通信。

（3）在分布式集群中的每个节点上都安装一个Flume，使用Flume实时采集各个节点指定的日志文件数据，然后传输给Kafka的主题mytopic。

2. 根据下表所示的student学生成绩表格，使用HBase Shell终端设计一张student表，并进行以下操作：

info（基本信息）		score（成绩）		
name	age	English	Math	Chinese
zhangsan	20	95	90	87
lisi	22	88	80	79

（1）向student表中添加两条数据。

（2）使用scan命令扫描表的所有数据。

（3）将学生zhangsan的English成绩修改为98。

（4）编写Java程序，使用单列值过滤器组合筛选出English成绩为60～90的所有学生数据。

第 4 章
用户行为数据离线分析模块开发

在上一章的用户行为数据采集模块开发完毕后,接下来需要对采集的数据进行分析,即开发数据分析模块。回顾 1.2 节的系统数据流设计可知,数据分析模块又分为离线数据分析模块和实时数据分析模块两种方式。接下来的章节将分别对这两种方式进行详细讲解。

本章通过实操讲解用户行为数据离线分析模块的开发。重点详解使用 Hive 进行离线数据分析的操作;讲解使用 Hive 分析搜索引擎用户行为数据以及与 HBase 的整合分析操作;讲解使用 SparkSQL 进行离线数据分析的操作以及与 Hive 的整合分析操作。最终将分析结果写入 MySQL 数据库中,完成数据的流转与输出。

本章目标:

- 掌握 Hive 三种模式的安装与测试
- 掌握 Hive 数据库的基本操作
- 掌握 Hive 表的基本操作
- 掌握使用 Hive 分析搜索引擎用户行为数据
- 掌握 Hive 与 HBase 的整合操作
- 掌握 Spark 集群的搭建
- 掌握 IDEA 中 Spark 项目的创建操作
- 掌握 SparkSQL 的数据离线分析操作
- 掌握 SparkSQL 与 Hive 的整合操作
- 掌握 SparkSQL 整合 MySQL 存储分析结果的操作

4.1 Hive 安装

为什么要安装Hive?

- Hive 是一个基于 Hadoop 的数据仓库架构，使用 SQL 语句读、写和管理大型分布式数据集。Hive 可以将 SQL 语句转换为 MapReduce（或 Apache Spark 和 Apache Tez）任务执行，大大降低了 Hadoop 的使用门槛，减少了开发 MapReduce 程序的时间成本。
- 我们可以将 Hive 理解为一个客户端工具，它提供了一种类 SQL 查询语言，称为 HiveQL。这使得 Hive 十分适合数据仓库的统计分析，能够轻松使用 HiveQL 开启数据仓库任务，如提取/转换/加载（ETL）、分析报告和数据分析。Hive 不仅可以分析 HDFS 文件系统中的数据，也可以分析其他存储系统（例如 HBase）中的数据。
- 安装 Hive 以后，我们可以轻松地使用 Hive 对存储在 Hadoop 或 HBase 中的用户行为数据以 SQL 的方式进行离线分析。

由于Hive基于Hadoop，因此在安装Hive之前需要先安装Hadoop。Hadoop的安装可参考本书2.7节的内容，此处不再赘述。Hive只需要在Hadoop集群的其中一个节点上安装即可，而不需要搭建Hive集群。

Hive有3种运行模式：内嵌模式、本地模式和远程模式。下面分别进行介绍。

4.1.1 Hive 内嵌模式安装

首先从 Apache 官网下载一个 Hive 的稳定版本，下载地址为：http://www.apache.org/dyn/closer.cgi/hive/，本书使用2.3.3版本。

然后将下载的安装包apache-hive-2.3.3-bin.tar.gz上传到centos01节点的/opt/softwares目录，并将它解压到目录/opt/modules中，解压命令如下：

```
$ tar -zxvf apache-hive-2.3.3-bin.tar.gz -C /opt/modules/
```

解压后，进入Hive安装目录查看安装后的相关文件，如图4-1所示。

```
[hadoop@centos01 softwares]$ cd /opt/modules/apache-hive-2.3.3-bin/
[hadoop@centos01 apache-hive-2.3.3-bin]$ ls
bin  binary-package-licenses  conf  examples  hcatalog  jdbc  lib  LICENSE  NOTICE  RELEASE_NOTES.txt  scripts
```

图 4-1 查看 Hive 安装后的文件

1. 配置 Hive 环境变量

1）配置 Hive 系统变量

为了后续能在任意目录下执行Hive相关命令，需要配置Hive环境变量。

修改系统环境变量文件/etc/profile：

```
$ sudo vi /etc/profile
```

在末尾加入以下内容：

```
export HIVE_HOME=/opt/modules/apache-hive-2.3.3-bin
export PATH=$HIVE_HOME/bin:$PATH
```

修改完毕后，刷新profile文件使修改生效：

```
$ source /etc/profile
```

环境变量配置完成后，执行以下命令，若能成功输出当前Hive版本信息，则说明Hive环境变量配置成功。

```
$ hive --version
```

屏幕显示如图4-2所示。

```
[hadoop@centos01 apache-hive-2.3.3-bin]$ hive --version
Hive 2.3.3
Git git://daijymacpro-2.local/Users/daijy/commit/hive -r 8a511e3f79b43d4be41cd231cf5c99e43b248383
```

图4-2 显示Hive版本信息

2）关联Hadoop

Hive依赖Hadoop，因此需要在Hive中指定Hadoop的安装目录。

复制Hive安装目录下的conf/hive-env.sh.template文件为hive-env.sh：

```
$ cp conf/hive-env.sh.template hive-env.sh
```

然后修改hive-env.sh，添加以下内容指定Hadoop的安装目录：

```
export HADOOP_HOME=/opt/modules/hadoop-3.3.1
```

2. 创建Hive数据仓库目录

执行以下HDFS命令，在HDFS中创建两个目录，并设置同组用户具有可写权限，便于同组其他用户进行访问：

```
$ hadoop fs -mkdir       /tmp
$ hadoop fs -mkdir -p /user/hive/warehouse
$ hadoop fs -chmod g+w /tmp
$ hadoop fs -chmod g+w /user/hive/warehouse
```

上述创建的两个目录的作用如下：

- /tmp：Hive任务在HDFS中的缓存目录。
- /user/hive/warehouse：Hive数据仓库目录，用于存储Hive创建的数据库。

Hive默认会向这两个目录写入数据，当然也可以在配置文件中更改为其他目录。如果希望任意用户对这两个目录拥有可写权限，只需要将上述命令中的g+w改为a+w即可。

3. 初始化元数据信息

从Hive 2.1开始，需要运行schematool命令对Hive数据库的元数据进行初始化。默认Hive使用内嵌的Derby数据库来存储元数据信息。初始化命令如下：

```
$ schematool -dbType derby -initSchema
```

部分输出日志信息如下：

```
SLF4J: Actual binding is of type [org.apache.logging.slf4j.Log4jLoggerFactory]
Metastore connection URL:        jdbc:derby:;databaseName=metastore_db;create=true
Metastore Connection Driver :    org.apache.derby.jdbc.EmbeddedDriver
Metastore connection User:       APP
Starting metastore schema initialization to 2.3.0
Initialization script hive-schema-2.3.0.derby.sql
```

从上述日志信息可以看出，执行初始化命令后，Hive创建了一个名为metastore_db的Derby数据库。

需要注意的是，metastore_db数据库的位置默认在初始化命令的执行目录下，即初始化命令在哪一个目录下执行，metastore_db数据库就在哪一个目录下生成。例如，在Hive安装目录下执行上述初始化命令，则会在Hive安装目录下生成一个metastore_db文件夹，该文件夹则是metastore_db数据库文件的存储目录。进入metastore_db文件夹，查看其中生成的初始化文件列表：

```
[hadoop@centos01 metastore_db]$ ll
总用量 20
-rw-rw-r--. 1 hadoop hadoop    4 8月  15 16:21 dbex.lck
-rw-rw-r--. 1 hadoop hadoop   38 8月  15 16:21 db.lck
drwxrwxr-x. 2 hadoop hadoop   97 8月  15 15:28 log
-rw-rw-r--. 1 hadoop hadoop  608 8月  15 15:28 README_DO_NOT_TOUCH_FILES.txt
drwxrwxr-x. 2 hadoop hadoop 4096 8月  15 15:28 seg0
-rw-rw-r--. 1 hadoop hadoop  931 8月  15 15:28 service.properties
drwxrwxr-x. 2 hadoop hadoop    6 8月  15 16:21 tmp
```

4．启动 Hive CLI

在Derby数据库metastore_db所在的目录（即初始化命令的执行目录）下执行hive命令，即可进入Hive CLI（Hive命令行界面）：

```
$ hive
hive>
```

需要注意的是，上述命令必须在metastore_db数据库所在的目录中执行，如果切换到其他目录，也可以启动Hive，但当执行查询等命令时将报错，因为Hive找不到元数据库。

在Hive CLI中查看当前Hive中存在的所有数据库列表，命令及返回信息如下：

```
hive> SHOW DATABASES;
OK
default
Time taken: 8.913 seconds, Fetched: 1 row(s)
```

可以看出，Hive默认创建了一个名为default的数据库，Hive默认使用default数据库进行操作；也可以新建其他数据库，并使用use命令切换到其他数据库进行建表等操作。Hive命令行操作将在后续章节进行详细讲解。

5．验证多用户同时访问

由于本例将Hive安装在了centos01节点，因此新开一个SSH窗口连接centos01。以与上述相同的方式启动Hive命令行，然后执行show databases;命令查看Hive中存在的数据库列表，以验证是否允许多个会话同时访问，如图4-3所示。

从图4-3中的执行结果可以看出，右侧新开的SSH窗口执行Hive命令报HiveException异常。此时，在左侧窗口执行exit;命令退出Hive命令行，而右侧窗口再次执行show databases;命令则执行成功，如图4-4所示。

上述验证充分说明了Hive内嵌模式不支持多个会话同时对数据进行操作。

> **注意** 由于Hive的数据存储在HDFS中，而向Hive中添加数据实际上是执行了一个MapReduce任务，因此若需要向Hive中添加数据，则需要先启动Hadoop的HDFS集群和YARN集群。

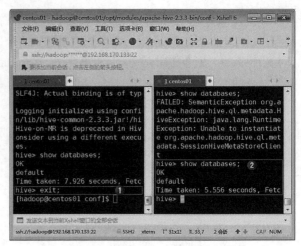

图 4-3　内嵌模式验证多用户同时访问 Hive　　　图 4-4　内嵌模式单用户访问 Hive

4.1.2　Hive 本地模式安装

本地模式的安装与内嵌模式的不同之处在于需要修改配置文件，设置MySQL数据库的连接信息。此处默认已经安装好MySQL（本例使用MySQL 8.0.18）。

下面在内嵌模式的基础上继续进行修改，搭建本地模式。

1. 配置 MySQL

使用root身份登录MySQL，创建名为hive_db的数据库，用于存放Hive元数据信息。然后创建用户hive（密码同为hive），并赋予它全局外部访问权限。整个过程使用的SQL命令如下：

```
create database hive_db;
create user hive IDENTIFIED by 'hive';
grant all privileges on hive_db.* to hive@'%';
flush privileges;
```

2. 配置 Hive

1）上传 MySQL 驱动包

上传Java连接MySQL的驱动包mysql-connector-java-8.0.11.jar（需要根据MySQL的版本使用对应的Java驱动包版本）到$HIVE_HOME/lib中。

2）修改配置文件

复制配置文件 $HIVE_HOME/conf/hive-default.xml.template 为 hive-site.xml，然后修改hive-site.xml中的如下属性（或者将hive-site.xml中的默认配置信息清空，添加以下配置属性）：

```
<configuration>
<!--MySQL数据库连接信息 -->
<property><!--连接MySQL的驱动类 -->
 <name>javax.jdo.option.ConnectionDriverName</name>
 <value>com.mysql.cj.jdbc.Driver</value>
</property>
<property><!--MySQL连接地址，此处连接远程数据库，可根据实际情况进行修改 -->
 <name>javax.jdo.option.ConnectionURL</name>
```

```xml
    <value>jdbc:mysql://192.168.1.69:3306/hive_db?createDatabaseIfNotExist=true</value>
 </property>
 <property><!--MySQL用户名 -->
  <name>javax.jdo.option.ConnectionUserName</name>
  <value>hive</value>
 </property>
 <property><!--MySQL密码 -->
  <name>javax.jdo.option.ConnectionPassword</name>
  <value>hive</value>
 </property>
</configuration>
```

若需要配置其他日志等存储目录，可以添加以下配置属性：

```xml
<property> <!--Hive数据库在HDFS中的存放地址-->
  <name>hive.metastore.warehouse.dir</name>
  <value>/user/hive/warehouse</value>
</property>
<property><!--Hive本地缓存目录-->
  <name>hive.exec.local.scratchdir</name>
  <value>/tmp/hive</value>
</property>
<property><!--Hive在HDFS中的缓存目录-->
  <name>hive.exec.scratchdir</name>
  <value>/tmp/hive</value>
</property>
<property><!--从远程文件系统中添加资源的本地临时目录-->
  <name>hive.downloaded.resources.dir</name>
  <value>/tmp/hive</value>
</property>
<property><!--Hive运行时的结构化日志目录-->
  <name>hive.querylog.location</name>
  <value>/tmp/hive</value>
</property>
<property><!--日志功能开启时，存储操作日志的最高级目录-->
  <name>hive.server2.logging.operation.log.location</name>
  <value>/tmp/hive</value>
</property>
```

Hive日志存储的默认目录为/tmp/${username}，${username}为当前系统用户名。

> **注意** hive-site.xml文件必不可缺，因为Hive启动时将读取文件hive-site.xml中的配置属性，且hive-site.xml中的配置将覆盖Hive的默认配置文件hive-default.xml.template中的相同配置。

3．初始化元数据

执行以下命令，初始化Hive在MySQL中的元数据信息：

```
$ schematool -dbType mysql -initSchema
```

输出以下信息表示初始化完成：

```
SLF4J: Actual binding is of type [org.apache.logging.slf4j.Log4jLoggerFactory]
Metastore connection URL:         jdbc:mysql://192.168.1.69:3306/hive_db?createDatabaseIfNotExist=true
```

```
Metastore Connection Driver :      com.mysql.cj.jdbc.Driver
Metastore connection User:         hive
Starting metastore schema initialization to 2.3.0
Initialization script hive-schema-2.3.0.mysql.sql
Initialization script completed
schemaTool completed
```

初始化完成后,可以看到在MySQL中的hive_db数据库里生成了很多存放元数据的表,部分表展示如图4-5所示。

需要注意的是,若要重新初始化,则重新初始化之前需要删除元数据库hive_db中的所有表,否则初始化将失败。

4. 启动 Hive CLI

在任意目录执行hive命令,进入Hive CLI命令行模式:

```
$ hive
hive>
```

上述命令会启动Hive的CLI服务,因此也可以使用以下命令代替(执行成功后同样会进入Hive命令行模式):

```
$ hive --service cli
```

5. 验证多用户同时访问

图 4-5 MySQL 部分元数据表

验证方式与内嵌模式一样,使用两个SSH窗口连接Hive,分别执行show databases;命令,查看输出信息,如图4-6所示。

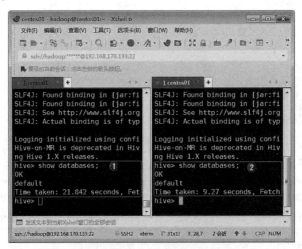

图 4-6 本地模式验证多用户同时访问 Hive

从图4-6中的执行结果可以看出,两个会话都可以执行成功,从而说明使用MySQL存储Hive元数据允许同一时间内多个会话对数据进行操作。

4.1.3　Hive 远程模式安装

远程模式分为服务端与客户端两部分,服务端的配置与本地模式相同,客户端则需要单独配置。

本例将centos01节点作为Hive的服务端，将centos02节点作为Hive的客户端。在本地模式的基础上继续进行远程模式的配置。

1. 安装 Hive 客户端

在centos01节点中执行以下命令，将Hive安装文件复制到centos02节点：

```
$ scp -r apache-hive-2.3.3-bin/ hadoop@centos02:/opt/modules/
```

然后修改centos02节点的Hive配置文件hive-site.xml，清除之前的配置属性，添加以下配置：

```xml
<!--Hive数据仓库在HDFS中的存储目录-->
<property>
  <name>hive.metastore.warehouse.dir</name>
  <value>/user/hive/warehouse</value>
</property>
<!--是否启用本地服务器连接Hive，false为非本地模式，即远程模式-->
<property>
  <name>hive.metastore.local</name>
  <value>false</value>
</property>
<!--Hive服务端Metastore Server连接地址，默认监听端口9083-->
<property>
  <name>hive.metastore.uris</name>
  <value>thrift://192.168.170.133:9083</value>
</property>
```

2. 启动 Metastore Server

在centos01节点中执行以下命令，启动Metastore Server并使它在后台运行：

```
$ hive --service metastore &
```

控制台输出的部分启动日志信息如下：

```
16:58:15: Starting Hive Metastore Server
```

Hive日志文件中的部分启动日志如下：

```
INFO [main] metastore.HiveMetaStore: Starting hive metastore on port 9083
INFO [main] metastore.MetaStoreDirectSql: Using direct SQL, underlying DB is MYSQL
INFO [main] metastore.HiveMetaStore: Started the new metaserver on port [9083]...
INFO [main] metastore.HiveMetaStore: Options.minWorkerThreads = 200
INFO [main] metastore.HiveMetaStore: Options.maxWorkerThreads = 1000
INFO [main] metastore.HiveMetaStore: TCP keepalive = true
```

3. 查看 Hive 相关进程

启动成功后，在centos01节点中执行jps命令查看启动的Java进程。输出信息如下：

```
$ jps
3169 NameNode
8615 Jps
7561 NodeManager
7450 ResourceManager
7916 RunJar
3501 SecondaryNameNode
```

从输出信息中可以看到，除了Hadoop的进程外还多了一个名为RunJar的进程，该进程则是Metastore Server的独立进程。

若此时在centos01节点中执行hive命令，启动Hive命令行模式，则会再次产生一个RunJar进程，该进程为Hive的服务进程（也是Hive CLI的服务进程）。如下所示：

```
$ jps
3169 NameNode
8339 RunJar
8615 Jps
7561 NodeManager
7450 ResourceManager
7916 RunJar
3501 SecondaryNameNode
```

4．测试 Hive 远程访问

1）启动 Hive CLI

在centos02节点中进入Hive安装目录执行以下命令，启动远程Hive CLI命令行模式：

```
$ bin/hive
```

2）测试 Hive 远程访问

在centos01节点（Hive服务端）中进入Hive命令行模式，执行以下命令，创建表student（Hive默认将表创建在default数据库中）：

```
hive> create table student(id int,name string);
OK
Time taken: 1.185 seconds
```

然后在centos02节点（Hive客户端）中执行以下命令，查看Hive中的所有表：

```
hive> show tables;
OK
student
Time taken: 0.349 seconds, Fetched: 1 row(s)
```

上述输出信息显示，在Hive客户端中成功查询到了服务端创建的表student。这说明Hive远程模式配置成功。

> **注意**
>
> ① 在Hive内嵌模式与本地模式中，当启动Hive CLI时，Hive会在后台自动启动Hive服务与Metastore Server，且这两个服务运行于同一个进程中。Hive远程模式需要手动启动Metastore Server独立进程。
>
> ② 无论是内嵌模式、本地模式还是远程模式，当启动Hive CLI时都需要注意YARN集群ResourceManager的位置，因为大部分HiveQL需要转换成MapReduce任务在YARN中运行，而MapReduce任务首先需要提交到ResourceManager中。由于执行HiveQL时默认会寻找本地的ResourceManager，因此需要在ResourceManager所在的节点中启动Hive CLI。

4.2　Hive 数据库操作

本节主要介绍Hive数据库的相关操作。

4.2.1　创建数据库

创建数据库的操作语法如下：

```
CREATE (DATABASE|SCHEMA) [IF NOT EXISTS] database_name
  [COMMENT database_comment]
  [LOCATION hdfs_path]
  [WITH DBPROPERTIES (property_name=property_value, ...)];
```

关键字解析如下：

- DATABASE 和 SCHEMA 都代表数据库，关键字功能一样且可以互换。
- IF NOT EXISTS：当数据库不存在时进行创建，存在时则忽略本次操作。
- COMMENT：添加注释。
- LOCATION：指定数据库在 HDFS 中的地址。不指定则默认使用数据库地址。
- WITH DBPROPERTIES：指定数据库的属性信息，属性名与属性值均可自定义。

例如，创建数据库db_hive，若数据库已存在则会抛出异常：

```
hive> create database db_hive;
```

创建数据库db_hive，若数据库已存在则不创建（不会抛出异常）：

```
hive> create database if not exists db_hive;
```

创建数据库db_hive2，并指定在HDFS上的存储位置：

```
hive> create database db_hive2 location '/input/db_hive.db';
```

上述命令执行成功后，若HDFS目录/input中不存在文件夹db_hive.db，则会自动创建。

创建数据库db_hive，并添加注释"hive database"：

```
hive> create database if not exists db_hive comment 'hive database';
```

创建数据库db_hive，并定义相关属性：

```
hive> create database if not exists db_hive
    > with dbproperties('creator'='hadoop','date'='2018-08-24');
```

4.2.2　修改数据库

1. 修改自定义属性

修改数据库的自定义属性的操作语法如下：

```
ALTER (DATABASE|SCHEMA) database_name SET DBPROPERTIES
(property_name=property_value, ...);
```

关键字SET DBPROPERTIES表示添加自定义属性。

例如，创建数据库testdb，然后使用desc命令查看testdb的数据库默认描述信息（为了使操作结果的显示更加直观，此处在Beeline CLI中查看），如图4-7所示。

```
0: jdbc:hive2://centos01:10000> desc database extended testdb;
OK
+---------+---------+------------------------------------------------+-------------+-------------+-------------+
| db_name | comment |                    location                    | owner_name  | owner_type  | parameters  |
+---------+---------+------------------------------------------------+-------------+-------------+-------------+
| testdb  |         | hdfs://centos01:9000/user/hive/warehouse/testdb.db | hadoop  | USER        |             |
+---------+---------+------------------------------------------------+-------------+-------------+-------------+
```

图4-7　查看数据库默认描述信息

执行以下命令，给数据库testdb添加自定义属性createtime：

hive> alter database testdb set dbproperties('createtime'='20180825');

此时查看数据库testdb的描述信息，发现parameters一列出现了自定义属性值createtime，如图4-8所示。

```
0: jdbc:hive2://centos01:10000> desc database extended testdb;
OK
+---------+---------+------------------------------------------------+-------------+-------------+--------------------------+
| db_name | comment |                    location                    | owner_name  | owner_type  |        parameters        |
+---------+---------+------------------------------------------------+-------------+-------------+--------------------------+
| testdb  |         | hdfs://centos01:9000/user/hive/warehouse/testdb.db | hadoop  | USER    | {createtime=20180825}    |
+---------+---------+------------------------------------------------+-------------+-------------+--------------------------+
```

图4-8　数据库添加自定义属性后的描述信息

2．修改数据库所有者

修改数据库的所有者的操作语法如下：

ALTER (DATABASE|SCHEMA) database_name SET OWNER [USER|ROLE] user_or_role;

例如，修改数据库testdb的所有者为用户root，命令如下：

hive> alter database testdb set owner user root;

此时查看数据库testdb的描述信息，发现owner_name一列的值变为了root，如图4-9所示。

图4-9　数据库修改所有者后的描述信息

3．修改数据库存储位置

在Hive 2.4.0之后，支持修改数据库的存储位置，操作语法如下：

ALTER (DATABASE|SCHEMA) database_name SET LOCATION hdfs_path;

SET LOCATION语句不会将数据库当前目录的内容移动到新指定的位置。它不会更改与指定数据库下的任何表/分区相关联的位置，当创建新表时，只更改新表所属的父目录。

数据库的其他元数据则不允许更改。

4.2.3 选择数据库

选择某一个数据库作为后续HiveQL的执行数据库，操作语法如下：

```
USE database_name;
```

例如，选择数据库testdb作为后续HiveQL的执行数据库，命令如下：

```
hive> use testdb;
```

Hive中存在一个默认数据库default，切换为默认数据库的命令如下：

```
hive>use default;
```

4.2.4 删除数据库

删除数据库的操作语法如下：

```
DROP (DATABASE|SCHEMA) [IF EXISTS] database_name [RESTRICT|CASCADE];
```

关键字解析如下：

- IF EXISTS：当数据库不存在时，忽略本次操作，不抛出异常。
- RESTRICT|CASCADE：约束|级联。默认为约束，即如果被删除的数据库中有表数据，则删除失败。如果指定为级联，则无论数据库中是否有表数据，都将被强制删除。

例如，删除数据库testdb，若数据库不存在则忽略本次操作（不会抛出异常）：

```
hive> drop database if exists testdb;
```

删除数据库testdb，若数据库中无表数据则删除成功，若数据库中有表数据则抛出异常：

```
hive> drop database testdb;
```

删除数据库testdb，无论数据库中是否有表数据都将被强制删除：

```
hive> drop database testdb cascade;
```

4.2.5 显示数据库

显示当前Hive中的所有数据库，命令如下：

```
hive> show databases;
OK
db_hive
db_hive2
default
test_db
testdb
```

可以看到，Hive除了自己创建的数据库外，还存在一个名为default的默认数据库。若不指定数据库，将默认使用default数据库进行操作。

过滤显示数据库前缀为db_hive的所有数据库,命令如下:

```
hive> show databases like 'db_hive*';
OK
db_hive
db_hive2
Time taken: 0.043 seconds, Fetched: 3 row(s)
```

查看当前所使用的数据库,命令如下:

```
hive> SELECT current_database();
```

显示数据库的属性描述信息,命令如下:

```
hive> desc database extended testdb;
OK
testdb  hdfs://centos01:9000/user/hive/warehouse/testdb.db root    USER
{createtime=20180825}
```

4.3 Hive 表操作

Hive的表由实际存储的数据和元数据组成。实际数据一般存储于HDFS中,元数据一般存储于关系数据库中。

Hive中创建表的语法如下:

```
CREATE [TEMPORARY] [EXTERNAL] TABLE [IF NOT EXISTS] [db_name.]table_name
  [(col_name data_type [COMMENT col_comment], ... [constraint_specification])]
  [COMMENT table_comment]
  [PARTITIONED BY (col_name data_type [COMMENT col_comment], ...)]
  [CLUSTERED BY (col_name, col_name, ...) [SORTED BY (col_name [ASC|DESC], ...)]
  INTO num_buckets BUCKETS]
  [SKEWED BY (col_name, col_name, ...)
    ON ((col_value, col_value, ...), (col_value, col_value, ...), ...)
    [STORED AS DIRECTORIES]
  [
   [ROW FORMAT row_format]
   [STORED AS file_format]
    | STORED BY 'storage.handler.class.name' [WITH SERDEPROPERTIES (...)]
  ]
  [LOCATION hdfs_path]
  [TBLPROPERTIES (property_name=property_value, ...)]
  [AS select_statement];
```

常用关键字解析如下:

- CREATE TABLE:创建表,后面跟上指定的表名。
- TEMPORARY:声明临时表。
- EXTERNAL:声明外部表。
- IF NOT EXISTS:如果存在表则忽略本次操作,且不抛出异常。
- COMMENT:为表和列添加注释。
- PARTITIONED BY:创建分区。

- CLUSTERED BY：创建分桶。
- SORTED BY：在桶中按照某个字段排序。
- SKEWED BY ON：将特定字段的特定值标记为倾斜数据。
- ROW FORMAT：自定义 SerDe（Serializer/Deserializer 的简称，序列化/反序列化）格式或使用默认的 SerDe 格式。若不指定或设置为 DELIMITED，则将使用默认的 SerDe 格式。在指定表的列的同时也可以指定自定义的 SerDe。
- STORED AS：数据文件存储格式。Hive 支持内置的和定制开发的文件格式，常用的内置文件格式有 TEXTFILE（文本文件，默认为此格式）、SEQUENCEFILE（压缩序列文件）、ORC（ORC 文件）、AVRO（Avro 文件）、JSONFILE（JSON 文件）。
- STORED BY：用户自己指定的非原生数据格式。
- WITH SERDEPROPERTIES：设置 SerDe 的属性。
- LOCATION：指定表在 HDFS 上的存储位置。
- TBLPROPERTIES：自定义表的属性。

也可以使用LIKE关键字复制另一张表的表结构到新表中，但不复制数据，语法如下：

```
CREATE [TEMPORARY] [EXTERNAL] TABLE [IF NOT EXISTS] [db_name.]table_name
  LIKE existing_table_or_view_name
  [LOCATION hdfs_path];
```

> **注意** 在创建表时，若要指定表所在的数据库有两种方法：第一，在创建表之前使用USE命令指定当前使用的数据库；第二，在表名前添加数据库声明，例如database_name.table_name。

4.3.1 内部表操作

Hive中默认创建的普通表被称为管理表或内部表。内部表的数据由Hive进行管理，默认存储于数据仓库目录/user/hive/warehouse中，可在Hive配置文件hive-site.xml中对数据仓库目录进行更改（配置属性hive.metastore.warehouse.dir）。内部表的操作示例如下所示。

1. 创建表

执行以下命令使用数据库test_db：

```
hive> use test_db;
OK
Time taken: 0.174 seconds
```

执行以下命令创建表student，其中字段id为整型，字段name为字符串：

```
hive> create table student(id int,name string);
OK
Time taken: 4.015 seconds
```

然后查看数据仓库目录生成的文件，可以看到，在数据仓库目录中的test_db.db文件夹下生成了一个名为student的文件夹，该文件夹正是表student的数据存储目录，如图4-10所示。

```
[hadoop@centos01 ~]$ hadoop fs -ls -R /user/hive/warehouse
drwxrwxr-x   - hadoop supergroup          0 2018-08-22 16:45 /user/hive/warehouse/test_db.db
drwxrwxr-x   - hadoop supergroup          0 2018-08-22 16:49 /user/hive/warehouse/test_db.db/student
```

图4-10 查看数据仓库目录下的子目录

2. 查看表结构

执行以下命令查看新创建的表student的表结构：

```
hive> desc student;
OK
id                      int
name                    string
Time taken: 1.465 seconds, Fetched: 2 row(s)
```

执行以下命令显示详细表结构，包括表的类型以及在数据仓库的位置等信息：

```
hive> desc formatted student;
OK
id                      int
name                    string

# 详细表信息
Database:               test_db
Owner:                  hadoop
CreateTime:             Wed Aug 22 17:11:11 CST 2018
LastAccessTime:         UNKNOWN
Retention:              0
Location:               hdfs://centos01:9000/user/hive/warehouse/test_db.db/score
Table Type:             MANAGED_TABLE
```

3. 向表中插入数据

执行以下命令向表student中插入一条数据，命令及输出信息如下：

```
hive> insert into student values(1000,'xiaoming');
WARNING: Hive-on-MR is deprecated in Hive 2 and may not be available in the future versions. Consider using a different execution engine (i.e. spark, tez) or using Hive 1.X releases.
    Query ID = hadoop_20180507162339_a8cc9834-46c9-442f-a73a-2caa25b1671f
    Total jobs = 3
    Launching Job 1 out of 3
    Number of reduce tasks is set to 0 since there's no reduce operator
    Starting Job = job_1525661172383_0001, Tracking URL = http://centos01:8088/proxy/application_1525661172383_0001/
    Kill Command = /opt/modules/hadoop-3.3.1/bin/hadoop job  -kill job_1525661172383_0001
    Hadoop job information for Stage-1: number of mappers: 1; number of reducers: 0
    2018-05-07 16:25:50,917 Stage-1 map = 0%,  reduce = 0%
    2018-05-07 16:26:32,980 Stage-1 map = 100%,  reduce = 0%, Cumulative CPU 3.63 sec
    MapReduce Total cumulative CPU time: 3 seconds 840 msec
    Ended Job = job_1525661172383_0001
    Stage-4 is selected by condition resolver.
    Stage-3 is filtered out by condition resolver.
    Stage-5 is filtered out by condition resolver.
    Moving data to directory hdfs://centos01:9000/hive/warehouse/test_db.db/student/.hive-staging_hive_2018-05-07_16-23-39_376_6674392701472391235-1/-ext-10000
    Loading data to table test_db.student
    MapReduce Jobs Launched:
    Stage-Stage-1: Map: 1   Cumulative CPU: 3.84 sec   HDFS Read: 4117 HDFS Write: 85 SUCCESS
```

```
Total MapReduce CPU Time Spent: 3 seconds 840 msec
OK
Time taken: 196.952 seconds
```

从上述输出信息可以看出，Hive将insert插入语句转成了MapReduce任务执行。

查看数据仓库目录生成的文件，可以看到，在数据仓库目录中的表student对应的文件夹下生成了一个名为000000_0的文件，如图4-11所示。

```
[hadoop@centos01 ~]$ hadoop fs -ls -R /user/hive/warehouse
drwxrwxr-x   - hadoop supergroup          0 2018-08-22 16:45 /user/hive/warehouse/test_db.db
drwxrwxr-x   - hadoop supergroup          0 2018-08-22 16:49 /user/hive/warehouse/test_db.db/student
-rwxrwxr-x   2 hadoop supergroup         14 2018-08-22 16:49 /user/hive/warehouse/test_db.db/student/000000_0
```

图 4-11　查看数据仓库目录下生成的数据文件

然后执行以下命令查看文件000000_0中的内容：

```
$ hadoop fs -cat /user/hive/warehouse/test_db.db/student/000000_0
1000xiaoming
```

从输出信息中可以看到，文件000000_0中以文本的形式存储着表student的一条数据。

4．查询表中数据

执行以下命令查询表student中的所有数据：

```
hive> select * from student;
OK
1000    xiaoming
Time taken: 1.948 seconds, Fetched: 1 row(s)
```

5．将本地文件导入 Hive

我们可以将本地文件的数据直接导入Hive表中，但是本地文件中数据的格式需要在创建表的时候指定。

（1）新建学生成绩表score，其中sno（学号）为整型，name（姓名）为字符串，score（得分）为整型，并指定以Tab制表符作为字段分隔符：

```
hive> create table score(
    > sno int,
    > name string,
    > score int)
    > row format delimited fields terminated by '\t';

OK
Time taken: 2.012 seconds
```

（2）在本地目录/home/hadoop中新建score.txt文件，并写入以下内容，列之间用Tab制表符隔开：

```
1001    zhangsan    98
1002    lisi        92
1003    wangwu      87
```

（3）执行以下命令，将score.txt中的数据导入表score中：

```
hive> load data local inpath '/home/hadoop/score.txt' into table score;
Loading data to table test_db.score
OK
Time taken: 0.492 seconds
```

> **注意** hive load命令只是将数据复制或移动到数据仓库中Hive表对应的位置，不会在加载数据的时候做任何转换工作，因此手动将数据复制到表的相应位置与执行LOAD加载操作所产生的效果是一样的。

（4）查询表score的所有数据：

```
hive> select * from score;
OK
1001    zhangsan        98
1002    lisi    92
1003    wangwu  87
Time taken: 0.174 seconds, Fetched: 3 row(s)
```

可以看到，score.txt中的数据已成功导入表score。

（5）查看HDFS数据仓库中对应的数据文件，可以看到score.txt已被上传到了文件夹score中，如图4-12所示。

```
[hadoop@centos01 ~]$ hadoop fs -ls -R /user/hive/warehouse
drwxrwxr-x   - hadoop supergroup          0 2018-08-22 17:11 /user/hive/warehouse/test_db.db
drwxrwxr-x   - hadoop supergroup          0 2018-08-22 17:11 /user/hive/warehouse/test_db.db/score
-rwxrwxr-x   2 hadoop supergroup         45 2018-08-22 17:11 /user/hive/warehouse/test_db.db/score/score.txt
drwxrwxr-x   - hadoop supergroup          0 2018-08-22 16:49 /user/hive/warehouse/test_db.db/student
-rwxrwxr-x   2 hadoop supergroup         14 2018-08-22 16:49 /user/hive/warehouse/test_db.db/student/000000_0
```

图4-12　查看上传到数据仓库中的文件

执行以下命令，查看score.txt的内容：

```
$ hadoop fs -cat /user/hive/warehouse/test_db.db/score/score.txt
1001zhangsan98
1002lisi92
1003wangwu   87
```

从输出信息中可以看到，score.txt的内容与导入表score的内容一致。

6．删除表

执行以下命令，删除test_db数据库中的表student：

```
hive> drop table if exists test_db.student;
OK
Time taken: 2.953 seconds
```

此时查看数据仓库目录中的表student的数据，发现目录student已被删除，如图4-13所示。

```
[hadoop@centos01 ~]$ hadoop fs -ls -R /user/hive/warehouse
drwxrwxr-x   - hadoop supergroup          0 2018-08-25 11:06 /user/hive/warehouse/test_db.db
drwxrwxr-x   - hadoop supergroup          0 2018-08-22 17:11 /user/hive/warehouse/test_db.db/score
-rwxrwxr-x   2 hadoop supergroup         45 2018-08-22 17:11 /user/hive/warehouse/test_db.db/score/score.txt
```

图4-13　查看数据仓库目录的所有子目录

删除内部表时，表数据和元数据将一起被删除。

4.3.2 外部表操作

除了默认的内部表以外,Hive也可以使用关键字EXTERNAL创建外部表。外部表的数据可以存储于数据仓库以外的位置,因此不认为Hive完全拥有这份数据。

外部表在创建的时候可以关联HDFS中已经存在的数据,也可以手动添加数据。删除外部表不会删除表数据,但是元数据将被删除。外部表的操作示例如下所示。

(1) 创建外部表时,如果不指定LOCATION关键字,则默认将表创建于数据仓库目录中。

例如,执行以下命令在数据库test_db中创建外部表emp:

```
hive> create external table test_db.emp(id int,name string);
OK
Time taken: 0.299 seconds
```

然后查看数据仓库目录中的文件,发现生成了一个文件夹emp,表emp的数据将存储于该目录中,如图4-14所示。

```
[hadoop@centos01 ~]$ hadoop fs -ls -R /user/hive/warehouse
drwxrwxr-x   - hadoop supergroup          0 2018-08-25 11:41 /user/hive/warehouse/test_db.db
drwxrwxr-x   - hadoop supergroup          0 2018-08-25 11:41 /user/hive/warehouse/test_db.db/emp
drwxrwxr-x   - hadoop supergroup          0 2018-08-22 17:11 /user/hive/warehouse/test_db.db/score
-rwxrwxr-x   2 hadoop supergroup         45 2018-08-22 17:11 /user/hive/warehouse/test_db.db/score/score.txt
```

图4-14 查看数据仓库生成的目录

(2) 创建外部表时,如果指定LOCATION关键字,则将表创建于指定的HDFS位置。

例如,执行以下命令,在数据库test_db中创建外部表emp2,并指定在HDFS中的存储目录为/input/hive,表字段分隔符为Tab制表符:

```
hive> create external table test_db.emp2(
    > id int,
    > name string)
    > row format delimited fields
    > terminated by '\t' location '/input/hive';
OK
Time taken: 0.165 seconds
```

然后在本地目录/home/hadoop下创建文件emp.txt,并将该文件导入表emp2。emp.txt的内容如下(字段之间以Tab制表符隔开):

```
1    xiaoming
2    zhangsan
3    wangqiang
```

导入命令如下:

```
hive> load data local inpath '/home/hadoop/emp.txt' into table test_db.emp2;
Loading data to table test_db.emp2
OK
Time taken: 5.119 seconds
```

导入成功后,查看HDFS目录/input/hive中生成的文件,发现emp.txt已导入该目录,如图4-15所示。

```
[hadoop@centos01 ~]$ hadoop fs -ls -R /input/hive
-rwxr-xr-x   2 hadoop supergroup         40 2018-08-25 12:03 /input/hive/emp.txt
```

图 4-15　查看已导入的数据文件

查看导入的emp.txt的文件内容，命令及输出信息如下：

```
$ hadoop fs -cat /input/hive/emp.txt
1    xiaoming
2    zhangsan
3    wangqiang
```

查看表emp2的数据，命令及输出信息如下：

```
hive> select * from test_db.emp2;
OK
1    xiaoming
2    zhangsan
3    wangqiang
Time taken: 0.331 seconds, Fetched: 3 row(s)
```

（3）删除外部表时，不会删除实际数据，但元数据会被删除。

例如，执行以下命令，删除在目录/input/hive中创建的表emp2：

```
hive> drop table test_db.emp2;
OK
Time taken: 0.491 seconds
```

然后查看HDFS目录/input/hive中的数据，发现数据仍然存在，如图4-16所示。

```
[hadoop@centos01 ~]$ hadoop fs -ls -R /input/hive
-rwxr-xr-x   2 hadoop supergroup         40 2018-08-25 12:03 /input/hive/emp.txt
```

图 4-16　查看删除表数据后的 HDFS 文件数据

（4）创建外部表时，使用LOCATION关键字，可以将表与HDFS中已经存在的数据相关联。

例如，执行以下命令，在数据库test_db中创建外部表emp3，并指定表数据所在的HDFS中的存储目录为/input/hive（该目录已经存在数据文件emp.txt）：

```
hive> create external table test_db.emp3(
    > id int,
    > name string)
    > row format delimited fields
    > terminated by '\t' location '/input/hive';

OK
Time taken: 0.165 seconds
```

然后执行以下命令，查询表emp3的所有数据，发现该表已与数据文件emp.txt相关联：

```
hive> select * from test_db.emp3;
OK
1    xiaoming
2    zhangsan
3    wangqiang
Time taken: 0.373 seconds, Fetched: 3 row(s)
```

内部表与外部表的区别总结如表4-1所示。

表 4-1　Hive 内部表与外部表的区别

操　　作	管理表（内部表）	外　部　表
CREATE/LOAD	将数据复制或移动到数据仓库目录	创建表时关联外部数据或将数据存储于外部目录（也可以存储于数据仓库目录，但不常用）
DROP	元数据和实际数据一起被删除	只删除元数据

> **注意**　在实际开发中，外部表一般创建于数据仓库路径之外，因此创建外部表时常常指定LOCATION关键字。在多数情况下，内部表与外部表没有太大的区别（删除表除外）。一般来说，如果所有数据处理都由Hive完成，则应该使用内部表；如果同一个数据集既要用Hive处理又要用其他工具处理，则应该使用外部表。

4.4　Hive 离线分析用户行为数据

本节讲解使用Hive对搜索引擎用户行为日志进行分析。

4.4.1　创建用户行为表并导入数据

1．创建用户行为表

在Hive中创建表activelog，用于存储用户行为日志数据。表activelog的字段及其含义如表4-2所示。

表 4-2　Hive 表 activelog 的字段及其含义

字　　段	含　　义
time	访问时间
user_id	用户 ID
keyword	搜索关键词
page_rank	链接排名
click_order	用户单击的顺序号
url	用户单击的 URL

创建表的语句如下：

```
hive> CREATE TABLE activelog(
    > time STRING,
    > user_id STRING,
    > keyword STRING,
    > page_rank INT,
    > click_order INT,
    > url STRING)
    > ROW FORMAT DELIMITED
    > FIELDS TERMINATED BY ',';
```

2. 导入数据到 Hive

创建成功后，将处理好的数据文件 SogouQ.reduced（文件的处理见3.1节）中的数据导入表 activelog 中：

```
hive> LOAD DATA LOCAL INPATH '/home/hadoop/SogouQ.reduced' INTO TABLE activelog;
```

4.4.2 统计前 10 个访问量最高的用户 ID 及访问数量

（1）查询前10条数据，查询语句如下：

```
hive> SELECT * FROM activelog LIMIT 10;
```

查询结果如图4-17所示。

```
hive (test_db)> select * from activelog limit 10;
OK
activelog.time  activelog.user_id       activelog.keyword       activelog.page_rank     activelog.click_order   activelog.url
00:00:00        2982199073774412        [360安全卫士]   8       3       download.it.com.cn/softweb/software/firewall/antivirus/20067/17938.html
00:00:00        07594220010824798       [哄抢救灾物资]   1       1       news.21cn.com/social/daqian/2008/05/29/4777194_1.shtml
00:00:00        5228056822071097        [75180部队]     14      5       www.greatoo.com/greatoo_cn/list.asp?link_id=276&title=%BE%DE%C2%D6%D0%C2%CE%C5
00:00:00        6140463203615646        [绳艺]  62      36      www.jd-cd.com/jd_opus/xx/200607/706.html
00:00:00        8561366108033201        [汶川地震原因]   3       2       www.big38.net/
00:00:00        23908140386148713       [真棘一是的意思]       1       2       www.chinabaike.com/article/81/82/110/2007/2007020724490.html
00:00:00        1797943298449139        [星梦缘全集在线观看]   8       5       www.6wei.net/dianshiju/????\xa1\xe9|????do=index
00:00:00        00717725924582846       [闪字吧]       1       2       www.shanziba.com/
00:00:00        41416219018952116       [霍思燕与朱玲玲照片]   1       6       bbs.gouzai.cn/thread-698736.html
00:00:00        9975666857142764        [电脑创业]     2       2       ks.cn.yahoo.com/question/1307120203719.html
Time taken: 2.544 seconds, Fetched: 10 row(s)
```

图 4-17 前 10 条数据查询结果

上述查询语句使用了 LIMIT 关键字获取表中前10条数据。

（2）查询前10个访问量最高的用户 ID 及访问数量，并按照访问量降序排列。查询语句及结果如下：

```
hive> SELECT user_id, COUNT(*) AS num
    > FROM activelog
    > GROUP BY user_id
    > ORDER BY num DESC
    > LIMIT 10;

OK
user_id                 num
11579135515147154       431
6383499980790535        385
7822241147182134        370
900755558064074         335
12385969593715146       226
519493440787543         223
787615177142486         214
502949445189088         210
2501320721983056        208
9165829432475153        201
```

上述查询语句使用了 GROUP BY 关键字按照用户 ID 分组，使用 ORDER BY 关键字按照每一组的访问数量降序排列，使用 LIMIT 关键字获取最终结果的前10条数据。

4.4.3 分析链接排名与用户点击的相关性

下面的语句以链接排名（page_rank）进行分组并排除分组后的不规范数据（排名为空或0），查询链接排名及其点击数量，然后将结果按照链接排名升序显示，最终取前10条数据。

```
hive> SELECT page_rank, COUNT(*) AS num FROM activelog
    > GROUP BY page_rank
    > HAVING page_rank IS NOT NULL
    > AND page_rank <> 0
    > ORDER BY page_rank
    > LIMIT 10;
OK
page_rank    num
1            532665
2            272585
3            183349
4            122899
5            92346
6            74243
7            63351
8            55643
9            51549
10           54554
```

从上述输出结果可以看出，链接排名越靠前，用户点击的数量越多；随着链接排名的靠后，点击数量逐渐降低。

4.4.4 分析一天中上网用户最多的时间段

下面的语句以时间字段（time）中的小时进行分组，查询同一小时内用户的点击数量，并按数量降序排列，最终取前10条数据。

```
hive> SELECT substr(time,1,2) AS h, COUNT(*) AS num FROM activelog
    > GROUP BY substr(time, 1, 2)
    > ORDER BY num DESC
    > LIMIT 10;
OK
h     num
16    116679
21    115283
20    111022
15    109255
10    104872
17    104756
14    101455
22    100122
11    98135
19    97247
```

上述查询语句使用方法substr()截取了时间字段的前两个字符。substr(time,1,2)与substr(time,0,2)的效果一样，都是指从第1位截取，截取字符长度为2。

从上述查询结果可以看出，一天中用户上网集中时间段排名前三的小时为下午四点、晚上九点和晚上八点。

4.4.5　查询用户访问最多的前 10 个网站域名

下面的语句以用户单击的链接URL中的域名进行分组，查询同一个域名用户的单击数量，并按数量降序排列，最终取前10条数据。

```
hive> SELECT substr(url,1,instr(url, "/")-1) AS host, COUNT(*) AS num
    > FROM activelog
    > GROUP BY substr(url,1,instr(url, "/")-1)
    > ORDER BY num DESC
    > LIMIT 10;

OK
host                    num
zhidao.baidu.com        102881
news.21cn.com           50594
ks.cn.yahoo.com         30646
www.tudou.com           28704
click.cpc.sogou.com     27319
wenwen.soso.com         24510
www.17tech.com          24070
baike.baidu.com         19456
pic.news.mop.com        16641
iask.sina.com.cn        14788
```

上述查询语句中使用了instr()方法，instr(url, "/")-1的含义为从url中取得字符串"/"第一次出现的位置然后减1。substr(url,1,instr(url, "/")-1)的含义为截取字段url中的域名。

从上述查询结果中可以看出，用户访问次数最多的网站域名为zhidao.baidu.com，其次是news.21cn.com。

4.5　Hive 集成 HBase 分析用户行为数据

Hive为什么要集成HBase？

- 我们已经知道，HBase 数据库没有类 SQL 的查询方式，因此在实际的业务中操作和计算数据非常不方便。
- Hive 支持标准的 SQL 语法（HiveQL），若将 Hive 与 HBase 集成，则可以通过 HiveQL 直接对 HBase 的表进行读和写操作，让 HBase 支持 JOIN、GROUP 等 SQL 查询语法，完成复杂的数据分析，甚至可以通过连接和联合将对 HBase 表的访问与对 Hive 表的访问结合起来进行统计与分析。

本节讲解如何将Hive与HBase集成，以便能够使用Hive更加方便地分析HBase中的用户行为数据。

4.5.1 Hive 集成 HBase 的原理

Hive与HBase集成的实现是利用两者本身对外的API接口互相通信来完成的，具体工作由Hive安装主目录下的lib文件夹中的hive-hbase-handler-x.y.z.jar工具类来实现。

Hive与HBase集成的核心是将Hive中的表与HBase中的表进行绑定，绑定的关键是HBase中的表与Hive中的表在列级别上建立映射关系。例如，HBase中有一张表hbase_table，该表的数据模型如图4-18所示。则对应Hive表的数据模型如图4-19所示。

rowkey	column family1		column family2
	column1	column2	column3

图 4-18　HBase 表数据模型

rowkey	column1	column2	column3

图 4-19　Hive 表数据模型

4.5.2 Hive 集成 HBase 的配置

下面具体讲解Hive如何与HBase进行集成，本例中Hive的版本为2.3.3，HBase的版本为2.4.9。

1）前提条件

在集成之前，应先安装好Hive，并确保Hive能正常使用。Hive可安装于HBase集群的任意一个节点上。

2）修改 Hive 配置文件 hive-site.xml

修改$HIVE_HOME/conf下的配置文件hive-site.xml，添加Hive的HBase和ZooKeeper依赖包，内容如下：

```
<!--配置ZooKeeper集群的访问地址 -->
<property>
    <name>hive.zookeeper.quorum</name>
    <value>centos01:2181,centos02:2181,centos03:2181</value>
</property>
<!--配置依赖的HBase、ZooKeeper的JAR文件 -->
<property>
    <name>hive.aux.jars.path</name>
    <value>
        file:///opt/modules/hbase-2.4.9/lib/hbase-common-2.4.9.jar,
        file:///opt/modules/hbase-2.4.9/lib/hbase-client-2.4.9.jar,
        file:///opt/modules/hbase-2.4.9/lib/hbase-server-2.4.9.jar,
        file:///opt/modules/hbase-2.4.9/lib/hbase-hadoop2-compat-2.4.9.jar,
        file:///opt/modules/hbase-2.4.9/lib/netty-buffer-4.1.45.Final.jar,
        file:///opt/modules/hbase-2.4.9/lib/netty-codec-4.1.45.Final.jar,
        file:///opt/modules/hbase-2.4.9/lib/netty-common-4.1.45.Final.jar,
        file:///opt/modules/hbase-2.4.9/lib/netty-handler-4.1.45.Final.jar,
        file:///opt/modules/hbase-2.4.9/lib/netty-resolver-4.1.45.Final.jar,
        file:///opt/modules/hbase-2.4.9/lib/netty-transport-4.1.45.Final.jar,
```

```
            file:///opt/modules/hbase-2.4.9/lib/netty-transport-native-epoll-4.1.45.
Final.jar,
            file:///opt/modules/hbase-2.4.9/lib/netty-transport-native-unix-common-
4.1.45.Final.jar,
            file:///opt/modules/hbase-2.4.9/lib/hbase-protocol-2.4.9.jar,
             file:///opt/modules/apache-zookeeper-3.6.3-bin/lib/zookeeper-3.6.3.jar
        </value>
    </property>
```

上述配置中首先指定了ZooKeeper集群的访问地址，若ZooKeeper集群端口统一为2181，则此配置项可以省略，因为Hive默认将本地节点的2181端口作为ZooKeeper集群的访问地址。

然后指定了HBase、Hive和ZooKeeper安装目录下的lib文件夹中的相关JAR文件，Hive在启动的时候会将上述配置的本地JAR文件加入ClassPath中。

在Hive2.3中，Hive安装主目录下的lib文件夹中实际上已经存在了上述JAR文件，但是版本不同，为了防止产生兼容性问题，需要引用HBase与ZooKeeper中的JAR文件。

到此，Hive与HBase集成完毕。

4.5.3　Hive 分析 HBase 用户行为表数据

想要在Hive中操作HBase表数据，需要将Hive表与HBase表关联，主要有以下两种关联方式。

1. Hive 创建表的同时创建 HBase 表

如果HBase中不存在相应的表，则可以在Hive中直接创建，创建成功后，表结构会同步到HBase。例如，在Hive中创建用户行为表user_behavior_info，命令如下：

```
hive> CREATE TABLE user_behavior_info(id INT,time STRING,user_id STRING, keyword
STRING,page_rank INT,click_order INT,url STRING)
    > STORED BY 'org.apache.hadoop.hive.hbase.HBaseStorageHandler'
    > WITH SERDEPROPERTIES ("hbase.columns.mapping" = ":key,cf:time,cf:
user_id,cf:keyword,cf:page_rank,cf:click_order,cf:url")
    > TBLPROPERTIES ("hbase.table.name" = "user_behavior_info");
```

上述创建命令中的参数解析如下：

- STORED BY：指定用于 Hive 与 HBase 通信的工具类 HBaseStorageHandler。
- WITH SERDEPROPERTIES：指定 HBase 表与 Hive 表对应的列。此处":key,cf:time"中的 key 指的是 HBase 表的 rowkey 列，对应 Hive 表的 id 列；cf:time 指的是 HBase 表中的列族 cf 和 cf 中的列 time，对应 Hive 表的 time 列。Hive 列与 HBase 列的对应不是通过列名称对应的，而是通过列的顺序。
- TBLPROPERTIES：指定 HBase 表的属性信息。参数值"user_behavior_info"代表 HBase 的表名。

创建成功后，新开一个XShell窗口，在HBase Shell中查看创建的表：

```
hbase:001:0> list
TABLE
user_behavior_info

1 row(s)
```

```
Took 0.8352 seconds
=> ["user_behavior_info"]
```

可以看到，在HBase中成功创建了表user_behavior_info。

此时在Hive中向表user_behavior_info添加一条数据（底层将开启MapReduce任务执行）这一操作：

```
hive> INSERT INTO user_behavior_info VALUES(1, '00:00:00','4625224675315291','[搜索词]',2,6,'zhidao.baidu.com/question/1280');
```

若执行过程中报以下错误：

```
Error: tried to access method com.google.common.base.Stopwatch.<init>()V from class org.apache.hadoop.hbase.zookeeper.MetaTableLocator

FAILED: Execution Error, return code 2 from org.apache.hadoop.hive.ql.exec.mr.MapRedTask
```

可以先在Hive CLI中执行以下命令，开启Hive的本地模式：

```
hive> SET hive.exec.mode.local.auto=true;
```

然后再执行添加数据操作。

添加成功后，执行以下命令查看Hive数据仓库对应HDFS目录的表数据，发现数据为空：

```
$ hadoop fs -ls -R /user/hive/warehouse/test_db.db/user_behavior_info
```

然后查看HBase中的表user_behavior_info的数据：

```
hbase:003:0> scan 'user_behavior_info'
ROW        COLUMN+CELL
 1          column=cf1:name, timestamp=2022-03-19T11:35:45.078, value=zhangsan
 1 row(s)
Took 0.3233 seconds
```

从上述查询信息可以看到，在Hive中成功地将一条数据添加到了HBase表中。

若使用HBase Shell修改表user_behavior_info的数据，在Hive中也可以同步查询到最新数据。

Hive与HBase集成后，实际上是将HBase作为Hive的数据源，数据存储在HBase中（实际上存储在由HRegionServer管理的HDFS中）而不是Hive的数据仓库中。

2. Hive 创建外部表关联已存在的 HBase 表

如果HBase中已经存在了相应的表，则可以在Hive中直接创建一张外部表，关联已经存在的HBase表。

例如，3.5.5节已经在HBase中创建了用户行为表user_behavior_info，此时不需要在Hive中重新创建了，只需创建外部表即可。

首先在Hive中创建外部表hive_user_behavior_info，并关联HBase表user_behavior_info：

```
hive> CREATE EXTERNAL TABLE hive_user_behavior_info(id INT,time STRING,user_id STRING, keyword STRING,page_rank INT,click_order INT,url STRING)
    > STORED BY 'org.apache.hadoop.hive.hbase.HBaseStorageHandler'
    > WITH SERDEPROPERTIES (
    > "hbase.columns.mapping" = ":key,cf:time,cf:user_id,cf:keyword,cf:page_rank,cf:click_order,cf:url"
```

```
> )
> TBLPROPERTIES("hbase.table.name" = "user_behavior_info");
```

创建成功后，在Hive中可以使用SQL查询分析表hive_user_behavior_info的数据，例如：

```
hive> SELECT count(*) FROM hive_user_behavior_info;
```

Hive外部表hive_user_behavior_info与HBase表user_behavior_info实际上是同一张表。

从上述两种操作方式可以得出以下结论：

- 在 Hive 中创建的 HBase 映射表的数据都只存在于 HBase 中，Hive 的数据仓库中不存在数据，Hive 只维护元数据。
- HBase 是 Hive 的数据源，Hive 相当于 HBase 的一个客户端工具，可以对 HBase 数据进行查询与统计。
- 若 HBase 集群停止，则 Hive 将查询不到 HBase 中的数据。
- 通过 HBase 的 put 语句添加一条数据比 Hive 的 insert 语句效率要高，因为 Hive 的 insert 语句需要开启 MapReduce 任务执行数据添加操作。

Hive与HBase中的用户行为表数据关联成功后，就可以使用Hive进行相关数据分析了。具体分析的SQL编写与4.4节的写法一致，此处不再单独赘述。

4.6　Spark 集群的搭建

为什么要搭建Spark集群？

- 在本书的"用户搜索行为分析系统"项目中，Spark 充当的是实时和离线的计算框架。
- Spark 可以对 HBase 和 Hive 中的用户行为数据进行离线计算，也可以对 Kafka 中的用户行为数据进行实时计算，因此具有非常重要的作用。

Spark集群有两种运行模式：Spark Standalone模式和Spark On YARN模式。Spark Standalone模式需要启动Spark集群，而Spark On YARN模式不需要启动Spark集群，只需要启动YARN集群即可。本书中的项目讲解使用的都是Spark Standalone模式。

4.6.1　应用提交方式

Spark Standalone模式为经典的Master/Slave（主/从）架构，资源调度是Spark自己实现的。在Standalone模式中，根据应用程序提交的方式不同，Driver（主控进程）在集群中的位置也有所不同。应用程序的提交方式主要有两种：client和cluster，默认是client。可以在向Spark集群提交应用程序时使用--deploy-mode参数指定提交方式。

1. client 提交方式

当提交方式为client时，运行架构如图4-20所示。

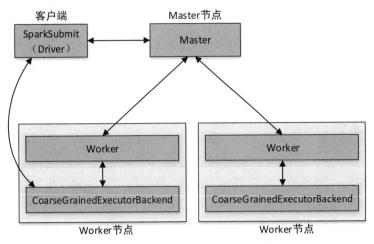

图 4-20　Standalone 模式架构（client 提交方式）

集群的主节点称为Master节点，在集群启动时会在主节点启动一个名为Master的守护进程，类似YARN集群的ResourceManager；从节点称为Worker节点，在集群启动时会在各个从节点上启动一个名为Worker的守护进程，类似YARN集群的NodeManager。

Spark在执行应用程序的过程中会启动Driver和Executor两种JVM进程。

Driver为主控进程，负责执行应用程序的main()方法，创建SparkContext对象（负责与Spark集群进行交互），提交Spark作业，并将作业转换为Task（一个作业由多个Task任务组成），然后在各个Executor进程间对Task进行调度和监控。通常用SparkContext代表Driver。在图4-20的架构中，Spark会在客户端启动一个名为SparkSubmit的进程，Driver程序则运行于该进程上。

Executor为应用程序运行在Worker节点上的一个进程，由Worker进程启动，负责执行具体的Task，并存储数据在内存或磁盘上。每个应用程序都有各自独立的一个或多个Executor进程。在Spark Standalone模式和Spark on YARN模式中，Executor进程的名称为CoarseGrainedExecutorBackend，类似运行MapReduce程序所产生的YarnChild进程，并且同时与Worker、Driver都有通信。

2. cluster 提交方式

当提交方式为cluster时，运行架构如图4-21所示。

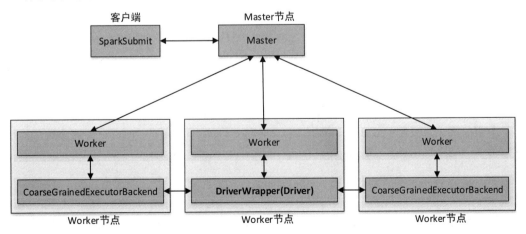

图 4-21　Standalone 模式架构（cluster 提交方式）

Standalone cluster提交方式提交应用程序后，客户端仍然会产生一个名为SparkSubmit的进程，但是该进程会在应用程序提交给集群之后就立即退出。当应用程序运行时，Master会在集群中选择一个Worker进程启动一个名为DriverWrapper的子进程，该子进程即为Driver进程，所起的作用相当于YARN集群的ApplicationMaster角色，类似MapReduce程序运行时所产生的MRAppMaster进程。

4.6.2 搭建集群

本节继续使用3个节点centos01、centos02和centos03讲解Spark Standalone模式的集群搭建。由于Spark本身是用Scala语言写的，运行在Java虚拟机（JVM）上，因此在搭建Spark集群环境之前需要先安装JDK，建议JDK版本在1.8以上。JDK的安装此处不做讲解。

Spark Standalone模式的集群搭建需要在集群的每个节点上都安装Spark，集群角色分配如表4-3所示。

表4-3 Spark 集群角色分配

节点	角色
centos01	Master
centos02	Worker
centos03	Worker

集群搭建的操作步骤如下。

1．下载解压安装包

访问Spark官网（http://spark.apache.org/downloads.html）下载预编译的Spark安装包，选择Spark版本为3.2.1，包类型为Pre-built for Apache Hadoop 3.3 and later（Hadoop 3.3及之后版本的预编译版本）。

将下载的安装包spark-3.2.1-bin-hadoop3.2.tgz上传到centos01节点的目录/opt/softwares，然后进入该目录，执行以下命令，将它解压到目录/opt/modules中：

```
$ tar -zxvf spark-3.2.1-bin-hadoop3.2.tgz -C /opt/modules/
```

进入目录/opt/modules/中，重命名Spark安装目录：

```
$ mv spark-3.2.1-bin-hadoop3.2/ spark
```

2．修改配置文件

Spark的配置文件都存放于安装目录下的conf目录，进入该目录，执行以下操作：

1）修改 workers 文件

workers文件必须包含所有需要启动的Worker节点的主机名，且每个主机名占一行。
执行以下命令，复制workers.template文件为workers文件：

```
$ cp workers.template workers
```

然后修改workers文件，将其中默认的localhost改为以下内容：

```
centos02
centos03
```

上述配置表示将centos02和centos03节点设置为集群的从节点（Worker节点）。

2）修改 spark-env.sh 文件

执行以下命令，复制spark-env.sh.template文件为spark-env.sh文件：

```
$ cp spark-env.sh.template spark-env.sh
```

然后修改spark-env.sh文件，添加以下内容：

```
export JAVA_HOME=/opt/modules/jdk1.8.0_144
export SPARK_MASTER_HOST=centos01
export SPARK_MASTER_PORT=7077
```

上述配置属性解析如下：

- JAVA_HOME：指定 JAVA_HOME 的路径。若集群中每个节点在/etc/profile 文件中都配置了 JAVA_HOME，则该选项可以省略，Spark 集群启动时会自动读取。为了防止出错，建议此处将该选项配置上。
- SPARK_MASTER_HOST：指定集群主节点（Master）的主机名，此处为 centos01。
- SPARK_MASTER_PORT：指定 Master 节点的访问端口，默认为 7077。

3. 复制 Spark 安装文件到其他节点

在centos01节点中执行以下命令，将Spark安装文件复制到其他节点：

```
$ scp -r /opt/modules/spark/ hadoop@centos02:/opt/modules/
$ scp -r /opt/modules/spark/ hadoop@centos03:/opt/modules/
```

4. 启动 Spark 集群

在centos01节点上进入Spark安装目录，执行以下命令，启动Spark集群：

```
$ sbin/start-all.sh
```

查看start-all.sh的源码，其中有以下两条命令：

```
# Start Master
"${SPARK_HOME}/sbin"/start-master.sh

# Start Worker
"${SPARK_HOME}/sbin"/start-workers.sh
```

可以看到，当执行start-all.sh命令时，会分别执行start-master.sh命令启动Master，执行start-workers.sh命令启动Worker。

注意，若spark-evn.sh中配置了SPARK_MASTER_HOST属性，则必须在该属性指定的主机上启动Spark集群，否则会启动不成功；若没有配置SPARK_MASTER_HOST属性，则可以在任意节点上启动Spark集群，当前执行启动命令的节点即为Master节点。

启动完毕后，分别在各节点执行jps命令，查看启动的Java进程。若在centos01节点存在Master进程，centos02节点存在Worker进程，centos03节点存在Worker进程，则说明集群启动成功。

此时可以在浏览器中访问网址http://centos01:8080，查看Spark WebUI，如图4-22所示。

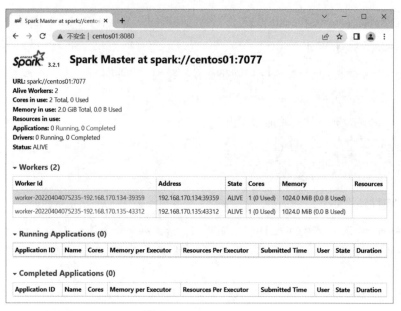

图 4-22　Spark WebUI

4.7　Spark 应用程序的提交

4.7.1　spark-submit 工具的使用

Spark提供了一个客户端应用程序提交工具spark-submit，使用该工具可以将编写好的Spark应用程序提交到Spark集群。

spark-submit的使用格式如下：

```
$ bin/spark-submit [options] <app jar> [app options]
```

格式中的options表示传递给spark-submit的控制参数；app jar表示提交的程序JAR包（或Python脚本文件）所在位置；app options表示JAR程序需要传递的参数，例如main()方法中需要传递的参数。

例如，在Standalone模式下，将Spark自带的求圆周率的程序提交到集群。进入Spark安装目录，执行以下命令：

```
$ bin/spark-submit \
--master spark://centos01:7077 \
--class org.apache.spark.examples.SparkPi \
./examples/jars/spark-examples_2.12-3.2.1.jar
```

上述命令中的--master参数指定了Master节点的连接地址。该参数根据不同的Spark集群模式，其取值也有所不同，常用取值如表4-4所示。

表 4-4　spark-submit 的--master 参数取值

取　　值	描　　述
spark://host:port	Standalone 模式下的 Master 节点的连接地址，默认端口为 7077

(续表)

取 值	描 述
Yarn	连接到 YARN 集群。若 YARN 中没有指定 ResourceManager 的启动地址，则需要在 ResourceManager 所在的节点上进行应用程序的提交，否则将因找不到 ResourceManager 而提交失败
Local	运行本地模式，使用 1 个 CPU 核心
local[N]	运行本地模式，使用 N 个 CPU 核心。例如，local[2]表示使用两个 CPU 核心运行程序
local[*]	运行本地模式，尽可能使用最多的 CPU 核心

若不添加--master参数，则默认使用本地模式local[*]运行。

除了--master参数外，spark-submit还提供了一些控制资源使用和运行时环境的参数。在Spark安装目录中执行以下命令，列出所有可以使用的参数：

```
$ bin/spark-submit --help
```

spark-submit常用参数解析如表4-5所示。

表 4-5 spark-submit 的常用参数

参 数	描 述
--master	Master 节点的连接地址，取值为 spark://host:port、mesos://host:port、yarn、k8s://https://host:port 或 local（默认为 local[*]）
--deploy-mode	提交方式，取值为 client 或 cluster。client 表示在本地客户端启动 Driver 程序，cluster 表示在集群内部的 Worker 节点上启动 Driver 程序，默认为 client
--class	应用程序的主类（Java 或 Scala 程序）
--name	应用程序名称，会在 Spark WebUI 中显示
--jars	应用依赖的第三方 JAR 包列表，以逗号分隔
--files	需要放到应用工作目录中的文件列表，以逗号分隔。此参数一般用来存放需要分发到各节点的数据文件
--conf	设置任意的 SparkConf 配置属性，格式为"属性名=属性值"
--properties-file	加载外部包含键－值对的属性文件。如果不指定，就默认读取 Spark 安装目录下的 conf/spark-defaults.conf 文件中的配置
--driver-memory	Driver 进程使用的内存，例如 512 MB 或 1 GB，单位不区分大小写，默认为 1024 MB
--executor-memory	每个 Executor 进程所使用的内存量，例如 512 MB 或 1 GB，单位不区分大小写，默认为 1 GB
--driver-cores	Driver 进程使用的 CPU 核心数，仅在集群模式中使用，默认为 1
--executor-cores	每个 Executor 进程所使用的 CPU 核心数，默认为 1
--num-executors	Executor 进程数量，默认为 2。如果开启动态分配，那么初始 Executor 的数量至少是此参数配置的数量。需要注意的是，此参数仅在 Spark On YARN 模式中使用

4.7.2 执行 Spark 圆周率程序

例如，在Standalone模式下，将Spark自带的求圆周率的程序提交到集群，并且设置Driver进程使用内存为512 MB，每个Executor进程使用内存为1 GB，每个Executor进程所使用的CPU核心数为2，提交方式为cluster（Driver进程运行在集群的Worker节点中），执行命令如下：

```
$ bin/spark-submit \
--master spark://centos01:7077 \
--deploy-mode cluster \
--class org.apache.spark.examples.SparkPi \
--driver-memory 512m \
--executor-memory 1g \
--executor-cores 2 \
./examples/jars/spark-examples_2.12-3.2.1.jar
```

在Spark On YARN模式下，以同样的应用配置运行上述例子，只需将参数--master的值改为yarn即可，命令如下：

```
$ bin/spark-submit \
--master yarn \
--deploy-mode cluster \
--class org.apache.spark.examples.SparkPi \
--driver-memory 512m \
--executor-memory 1g \
--executor-cores 2 \
./examples/jars/spark-examples_2.12-3.2.1.jar
```

> 注意 Spark不同集群模式下提交应用程序，提交命令的区别主要是参数--master的取值不同，其他参数的取值一样。

4.7.3 Spark Shell 的启动

Spark带有交互式的Shell，可在Spark Shell中直接编写Spark任务，然后提交到集群与分布式数据进行交互，并且可以立即查看输出结果。Spark Shell提供了一种学习Spark API的简单方式，可以使用Scala或Python语言进行程序的编写（本书使用Scala语言进行讲解）。

进入Spark安装目录，执行以下命令查看Spark Shell的相关使用参数：

```
$ bin/spark-shell --help
```

在任意节点进入Spark安装目录，执行以下命令启动Spark Shell终端：

```
$ bin/spark-shell --master spark://centos01:7077
```

上述命令中的--master参数指定了Master节点的访问地址，其中的centos01为Master所在节点的主机名。

Spark Shell的启动过程如图4-23所示。

图 4-23　Spark Shell 启动过程

从启动过程的输出信息可以看出，Spark Shell启动时创建了一个名为sc的变量，该变量为SparkContext类的实例，可以在Spark Shell中直接使用。SparkContext存储Spark上下文环境，是提交Spark应用程序的入口，负责与Spark集群进行交互。除了创建sc变量外，还创建了一个spark变量，该变量是SparkSession类的实例，也可以在Spark Shell中直接使用（spark变量的使用见"4.12.2 Spark SQL的基本使用"）。

若启动命令不添加--master参数，则默认是以本地（单机）模式启动的，即所有操作任务只是在当前节点上进行，而不会分发到整个集群。

启动完成后，在浏览器中访问Spark WebUI地址http://centos01:8080/，查看运行的Spark应用程序，如图4-24所示。

Application ID		Name	Cores	Memory per Executor	Resources Per Executor	Submitted Time	User	State	Duration
app-20220404151929-0004	(kill)	Spark shell	2	1024.0 MiB		2022/04/04 15:19:29	hadoop	RUNNING	16 min

图 4-24　查看 Spark Shell 启动的应用程序

可以看到，Spark启动了一个名为Spark shell的应用程序（如果Spark Shell不退出，那么该应用程序就一直存在）。这说明Spark Shell实际上在底层调用了spark-submit进行应用程序的提交。与spark-submit不同的是，Spark Shell在运行时会先进行一些初始参数的设置，并且Spark Shell是交互式的。

启动Spark Shell后，就可以执行相应的Spark算子了。Spark算子的相关内容将在4.8节详细讲解。若需退出Spark Shell，则可以执行以下命令：

```
scala>:quit
```

4.8　Spark RDD 算子运算

Spark提供了一种对数据的核心抽象，称为弹性分布式数据集（Resilient Distributed Dataset，RDD）。这个数据集的全部或部分可以缓存在内存中，并且可以在多次计算时重用。RDD其实就是一个分布在多个节点上的数据集合。

RDD被创建后是只读的，不允许修改。Spark提供了丰富的用于操作RDD的方法，这些方法被称为算子。一个创建完成的RDD只支持两种算子：转换（Transformation）算子和行动（Action）算子。

4.8.1　Spark RDD 特性

RDD的弹性主要是指当内存不够时，数据可以持久化到磁盘，并且RDD具有高效的容错能力。分布式数据集是指一个数据集存储在不同的节点上，每个节点存储数据集的一部分。例如，将数据集（hello,world,scala,spark,love,spark,happy）存储在3个节点上，节点1存储（hello,world），节点2存储（scala,spark,love），节点3存储（spark,happy），这样可以对3个节点的数据并行计算，并且3个节点的数据共同组成了一个RDD，如图4-25所示。

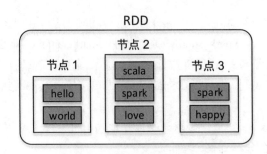

图 4-25 RDD 分布式数据集

分布式数据集类似于HDFS中的文件分块，不同的块存储在不同的节点上；而并行计算类似于使用MapReduce读取HDFS中的数据并进行Map和Reduce操作。Spark则包含这两种功能，并且计算更加灵活。

RDD的主要特征如下：

（1）RDD是不可变的，但可以将RDD转换成新的RDD进行操作。

（2）RDD是可分区的。RDD由很多分区组成，每个分区对应一个Task任务。

（3）对RDD进行操作，相当于对RDD的每个分区进行操作。

（4）RDD拥有一系列对分区进行计算的函数，称为算子。

（5）RDD之间存在依赖关系，可以实现管道化，避免了中间数据的存储。

在编程时，可以把RDD看作一个数据操作的基本单位，而不必关心数据的分布式特性，Spark会自动将RDD的数据分发到集群的各个节点。

Spark中对数据的操作主要是对RDD的操作（创建、转换、求值）。对RDD的每一次转换操作都会生成一个新的RDD，由于RDD的懒加载特性，新的RDD会依赖原有RDD，因此RDD之间存在类似流水线的前后依赖关系，如图4-26所示。

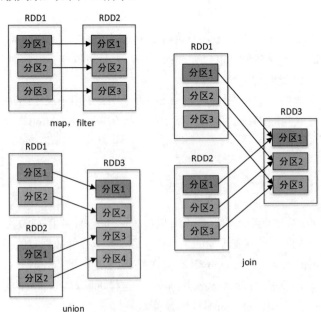

图 4-26 Spark RDD 依赖关系

4.8.2 创建 RDD

RDD中的数据来源可以是程序中的对象集合，也可以是外部存储系统中的数据集，例如共享文件系统、HDFS、HBase或任何提供Hadoop InputFormat的数据源。

下面使用Spark Shell讲解创建RDD常用的两种方式。

1. 从对象集合创建 RDD

Spark可以通过parallelize()或makeRDD()方法将一个对象集合转换为RDD。

例如，将一个List集合转换为RDD，代码如下：

```
scala> val rdd=sc.parallelize(List(1,2,3,4,5,6))
rdd: org.apache.spark.rdd.RDD[Int] = ParallelCollectionRDD[0]
```

或

```
scala> val rdd=sc.makeRDD(List(1,2,3,4,5,6))
rdd: org.apache.spark.rdd.RDD[Int] = ParallelCollectionRDD[1]
```

从返回信息可以看出，上述创建的RDD中存储的是Int类型的数据。实际上，RDD也是一个集合，与常用的List集合不同的是，RDD集合的数据分布于多台机器上。

2. 从外部存储系统创建 RDD

Spark的textFile()方法可以读取本地文件系统或外部其他系统中的数据来创建RDD，它们的不同之处是数据的来源路径不同。

1）读取本地系统文件

读取本地系统文件需要以本地模式启动Spark。以本地模式启动Spark Shell的命令如下：

```
$ bin/spark-shell --master local
```

例如，本地CentOS系统中有一个文件/home /words.txt，该文件的内容如下：

```
hello hadoop
hello java
scala
```

使用textFile()方法将上述文件内容转换为一个RDD，并使用collect()方法（该方法是RDD的一个行动算子）查看RDD中的内容，代码如下：

```
scala> val rdd=sc.textFile("/home/words.txt")
rdd: org.apache.spark.rdd.RDD[String] = /home/words.txt MapPartitionsRDD[1]

scala> rdd.collect
res1: Array[String] = Array("hello hadoop ", "hello java ", "scala ")
```

从上述rdd.collect的输出内容可以看出，textFile()方法将源文件中的内容按行拆分成了RDD集合中的多个元素。

2）读取 HDFS 系统文件

将本地系统文件/home/words.txt上传到HDFS系统的/input目录，然后读取文件/input/words.txt中的数据，代码如下：

```
scala> val rdd=sc.textFile("hdfs://centos01:9000/input/words.txt")
rdd: org.apache.spark.rdd.RDD[String] = hdfs://centos01:9000/input/words.txt
MapPartitionsRDD[2]

scala> rdd.collect
res2: Array[String] = Array("hello hadoop ", "hello java ", "scala ")
```

4.8.3 转换算子运算

转换算子负责对RDD中的数据进行计算并转换为新的RDD。Spark中的所有转换算子都是惰性的，因为它们不会立即计算结果，而只是记住对某个RDD的具体操作过程，直到遇到行动算子才会与行动算子一起执行。

1. map()算子

它接收一个函数作为参数，并把这个函数应用于RDD的每个元素，最后将函数的返回结果作为结果RDD中对应元素的值。

例如，对rdd1应用map()算子，将rdd1中的每个元素加1并返回一个名为rdd2的新RDD，代码如下：

```
scala> val rdd1=sc.parallelize(List(1,2,3,4,5,6))
scala> val rdd2=rdd1.map(x => x+1)
```

上述代码中，向算子map()传入了一个函数x=>x+1。其中，x为函数的参数名称，也可以使用其他字符，例如a=>a+1。Spark会将RDD中的每个元素传入该函数的参数中。当然，也可以将参数使用下划线（_）代替。例如以下代码：

```
scala> val rdd1=sc.parallelize(List(1,2,3,4,5,6))
scala> val rdd2=rdd1.map(_+1)
```

上述代码中的下划线代表rdd1中的每个元素。实际上rdd1和rdd2中没有任何数据，因为parallelize()和map()都为转换算子，调用转换算子不会立即计算结果。

若需要查看计算结果，则可使用行动算子collect()。例如以下代码中的rdd2.collect表示执行计算，并将结果以数组的形式收集到当前Driver。因为RDD的元素是分布式的，因此计算结果可能分布在不同的节点上。

```
scala> rdd2.collect
res1: Array[Int] = Array(2, 3, 4, 5, 6, 7)
```

上述使用map()算子的运行过程如图4-27所示。

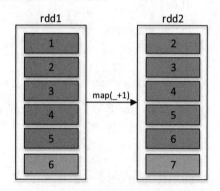

图4-27　map()算子的运行过程

2. filter(func)算子

通过函数func对源RDD的每个元素进行过滤，并返回一个新的RDD。

例如，过滤出rdd1中大于3的所有元素并输出结果，代码如下：

```
scala> val rdd1=sc.parallelize(List(1,2,3,4,5,6))
scala> val rdd2=rdd1.filter(_>3)
scala> rdd2.collect
res1: Array[Int] = Array(4, 5, 6)
```

上述代码中的下划线（_）代表rdd1中的每个元素。

3. flatMap(func)算子

与map()算子类似，但是每个传入给函数func的RDD元素会返回0到多个元素，最终会将返回的所有元素合并到一个RDD。

例如，将集合List转换为rdd1，然后调用rdd1的flatMap()算子将rdd1的每个元素按照空格分割成多个元素，最终合并所有元素到一个新的RDD，代码如下：

```
scala> val rdd1=sc.parallelize(List("hadoop hello scala","spark hello"))
scala> val rdd2=rdd1.flatMap(_.split(" "))
scala> rdd2.collect
res3: Array[String] = Array(hadoop, hello, scala, spark, hello)
```

上述使用flatMap()算子的运行过程如图4-28所示。

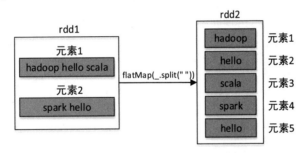

图4-28　flatMap()算子的运行过程

4. reduceByKey()算子

reduceByKey()算子的作用对象是元素为(key,value)形式（Scala元组）的RDD，使用该算子可以将相同key的元素聚集到一起，最终把所有相同key的元素合并成一个元素。该元素的key不变，value可以聚合成一张列表或者进行求和等操作。最终返回的RDD的元素类型和原有类型保持一致。

例如，有两个同学zhangsan和lisi，zhangsan的语文和数学成绩分别为98、78，lisi的语文和数学成绩分别为88、79，现需要分别求zhangsan和lisi的总成绩，代码如下：

```
scala> val list=List(("zhangsan",98),("zhangsan",78),("lisi",88),("lisi",79))

scala> val rdd1=sc.parallelize(list)
rdd1: org.apache.spark.rdd.RDD[(String, Int)] = ParallelCollectionRDD[1]

scala> val rdd2=rdd1.reduceByKey((x,y)=>x+y)
rdd2: org.apache.spark.rdd.RDD[(String, Int)] = ShuffledRDD[2]

scala> rdd2.collect
res5: Array[(String, Int)] = Array((zhangsan,176), (lisi,167))
```

上述代码使用了reduceByKey()算子,并传入了函数(x,y)=>x+y,x和y代表key相同的两个value。该算子会寻找相同key的元素,当找到这样的元素时会对其value执行(x,y)=>x+y操作,即只保留求和后的数据作为value。

此外,上述代码中的rdd1.reduceByKey((x,y)=>x+y)可以简化为以下代码:

```
rdd1.reduceByKey(_+_)
```

整个运行过程如图4-29所示。

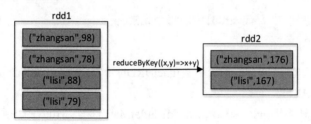

图 4-29　reduceByKey ()算子的运行过程

5. groupByKey()算子

groupByKey()算子的作用对象是元素为(key,value)形式（Scala元组）的RDD,使用该算子可以将相同key的元素聚集到一起,最终把所有相同key的元素合并成为一个元素。该元素的key不变,value则聚集到一个集合中。

仍然以上述求学生zhangsan和lisi的总成绩为例,使用groupByKey()算子的代码如下:

```
scala> val list=List(("zhangsan",98),("zhangsan",78),("lisi",88),("lisi",79))
scala> val rdd1=sc.parallelize(list)
scala> val rdd2=rdd1.groupByKey()
rdd2: org.apache.spark.rdd.RDD[(String, Iterable[Int])] = ShuffledRDD[1]
scala> rdd2.map(x => (x._1,x._2.sum)).collect
res0: Array[(String, Int)] = Array((zhangsan,176), (lisi,167))
```

从上述代码可以看出,groupByKey()相当于reduceByKey()算子的一部分。首先使用groupByKey()算子对RDD数据进行分组,返回的元素类型为(String, Iterable[Int])的RDD,然后对该RDD使用map()算子进行函数操作,对成绩集合进行求和。

整个运行过程如图4-30所示。

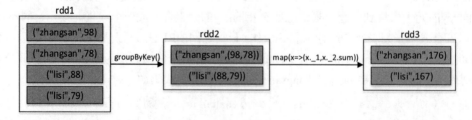

图 4-30　groupByKey ()算子的运行过程

6. union()算子

union()算子将两个RDD合并为一个新的RDD,主要用于对不同的数据来源进行合并,两个RDD中的数据类型要保持一致。

例如，通过集合创建两个RDD，然后将两个RDD合并成一个RDD，代码如下：

```
scala> val rdd1=sc.parallelize(Array(1,2,3))
rdd1: org.apache.spark.rdd.RDD[Int] = ParallelCollectionRDD[1]

scala> val rdd2=sc.parallelize(Array(4,5,6))
rdd2: org.apache.spark.rdd.RDD[Int] = ParallelCollectionRDD[2]

scala> val rdd3=rdd1.union(rdd2)
rdd3: org.apache.spark.rdd.RDD[Int] = UnionRDD[3]

scala> rdd3.collect
res8: Array[Int] = Array(1, 2, 3, 4, 5, 6)
```

7. sortBy()算子

sortBy()算子将RDD中的元素按照某个规则进行排序。该算子的第一个参数为排序函数，第二个参数是一个布尔值，指定排序方式为升序（默认）或降序。若需要降序排列，则需将第二个参数设置为false。

例如，一个数组中存放了三个元组，将该数组转换为RDD集合，然后对该RDD按照每个元素中的第二个值进行降序排列，代码如下：

```
scala> val rdd1=sc.parallelize(Array(("hadoop",12),("java",32),("spark",22)))
scala> val rdd2=rdd1.sortBy(x=>x._2,false)
scala> rdd2.collect
res2: Array[(String, Int)] = Array((java,32),(spark,22),(hadoop,12))
```

上述代码sortBy(x=>x._2,false)中的x代表rdd1中的每个元素。由于rdd1的每个元素是一个元组，因此使用x._2取得每个元素的第二个值。当然，sortBy(x=>x._2,false)也可以直接简化为sortBy(_._2,false)。

8. sortByKey()算子

sortByKey()算子将(key,value)形式的RDD按照key进行排序。默认升序，若需降序排列，则可以传入参数false，代码如下：

```
rdd.sortByKey(false)
```

9. join()算子

join()算子将两个(key,value)形式的RDD根据key进行连接操作，相当于数据库的内连接（Inner Join），只返回两个RDD都匹配的内容。

例如，将rdd1和rdd2进行内连接，代码如下：

```
scala> val arr1=
Array(("A","a1"),("B","b1"),("C","c1"),("D","d1"),("E","e1"))
scala> val rdd1 = sc.parallelize(arr1)
rdd1: org.apache.spark.rdd.RDD[(String, String)] = ParallelCollectionRDD[0]

scala> val arr2=
Array(("A","A1"),("B","B1"),("C","C1"),("C","C2"),("C","C3"),("E","E1"))
scala> val rdd2 = sc.parallelize(arr2)
rdd2: org.apache.spark.rdd.RDD[(String, String)] = ParallelCollectionRDD[1]

scala> rdd1.join(rdd2).collect
```

```
    res0: Array[(String, (String, String))] = Array((B,(b1,B1)), (A,(a1,A1)),
(C,(c1,C1)), (C,(c1,C2)), (C,(c1,C3)), (E,(e1,E1)))
    scala> rdd2.join(rdd1).collect
    res1: Array[(String, (String, String))] = Array((B,(B1,b1)), (A,(A1,a1)),
(C,(C1,c1)), (C,(C2,c1)), (C,(C3,c1)), (E,(E1,e1)))
```

上述代码的运行过程如图4-31所示。

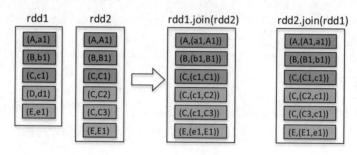

图 4-31　join()算子的运行过程

除了内连接join()算子外，RDD也支持左外连接leftOuterJoin()算子、右外连接rightOuterJoin()算子、全外连接fullOuterJoin()算子。

leftOuterJoin()算子与数据库的左外连接类似，以左边的RDD为基准（例如rdd1.leftOuterJoin(rdd2)，以rdd1为基准），左边RDD的记录一定会存在。例如，rdd1的元素以(k, v)表示，rdd2的元素以(k, w)表示，进行左外连接时将以rdd1为基准，rdd2中的k与rdd1中的k相同的元素将连接到一起，生成的结果形式为(k,(v,Some(w)))。rdd1中其余的元素仍然是结果的一部分，元素形式为(k,(v,None))。Some和None都属于Option类型，Option类型用于表示一个值是可选的（有值或无值）。若确定有值，则使用Some（值）表示该值；若确定无值，则使用None表示该值。

对上述rdd1和rdd2进行左外连接，代码如下：

```
    scala> rdd1.leftOuterJoin(rdd2).collect
    res2: Array[(String, (String, Option[String]))] = Array((B,(b1,Some(B1))),
(D,(d1,None)), (A,(a1,Some(A1))), (C,(c1,Some(C1))), (C,(c1,Some(C2))),
(C,(c1,Some(C3))), (E,(e1,Some(E1))))

    scala> rdd2.leftOuterJoin(rdd1).collect
    res3: Array[(String, (String, Option[String]))] = Array((B,(B1,Some(b1))),
(A,(A1,Some(a1))), (C,(C1,Some(c1))), (C,(C2,Some(c1))), (C,(C3,Some(c1))),
(E,(E1,Some(e1))))
```

上述代码的运行过程如图4-32所示。

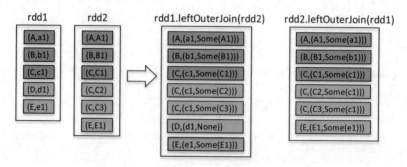

图 4-32　leftOuterJoin()算子的运行过程

rightOuterJoin()算子的使用方法与leftOuterJoin()算子相反，它与数据库的右外连接类似，以右边的RDD为基准（例如rdd1.rightOuterJoin(rdd2)，以rdd2为基准），右边RDD的记录一定会存在。

fullOuterJoin()算子与数据库的全外连接类似，相当于对两个RDD取并集，两个RDD的记录都会存在。

对上述rdd1和rdd2进行全外连接，代码如下：

```
scala> rdd1.fullOuterJoin(rdd2).collect
res4: Array[(String, (Option[String], Option[String]))] =
Array((B,(Some(b1),Some(B1))), (D,(Some(d1),None)), (A,(Some(a1),Some(A1))),
(C,(Some(c1),Some(C1))), (C,(Some(c1),Some(C2))), (C,(Some(c1),Some(C3))),
(E,(Some(e1),Some(E1))))

scala> rdd2.fullOuterJoin(rdd1).collect
res5: Array[(String, (Option[String], Option[String]))] =
Array((B,(Some(B1),Some(b1))), (D,(None,Some(d1))), (A,(Some(A1),Some(a1))),
(C,(Some(C2),Some(c1))), (C,(Some(C3),Some(c1))), (C,(Some(C1),Some(c1))),
(E,(Some(E1),Some(e1))))
```

上述代码的运行过程如图4-33所示。

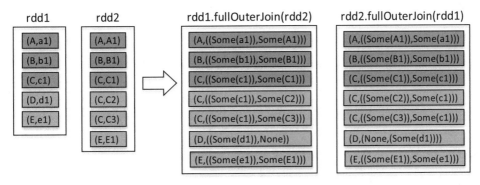

图4-33　fullOuterJoin()算子的运行过程

10. intersection()算子

intersection()算子对两个RDD进行交集操作，返回一个新的RDD。例如以下代码：

```
scala> val rdd1 = sc.parallelize(1 to 5)
rdd1: org.apache.spark.rdd.RDD[Int] = ParallelCollectionRDD[20]

scala> val rdd2 = sc.parallelize(3 to 7)
rdd2: org.apache.spark.rdd.RDD[Int] = ParallelCollectionRDD[21]

scala> rdd1.intersection(rdd2).collect
res6: Array[Int] = Array(4, 3, 5)
```

11. distinct()算子

distinct()算子对RDD中的数据进行去重操作，返回一个新的RDD。例如以下代码：

```
scala> val rdd = sc.parallelize(List(1,2,3,3,4,2,1))
rdd: org.apache.spark.rdd.RDD[Int] = ParallelCollectionRDD[28]

scala> rdd.distinct.collect
res7: Array[Int] = Array(4, 2, 1, 3)
```

12. cogroup()算子

cogroup()算子对两个(key,value)形式的RDD根据key进行组合，相当于根据key进行并集操作。例如，rdd1的元素以(k, v)表示，rdd2的元素以(k, w)表示，执行rdd1.cogroup(rdd2)，生成的结果形式为(k, (Iterable<v>, Iterable<w>))，代码如下：

```
scala> val rdd1 = sc.parallelize(Array((1,"a"),(1,"b"),(3,"c")))
rdd1: org.apache.spark.rdd.RDD[(Int, String)] = ParallelCollectionRDD[32]

scala> val rdd2 = sc.parallelize(Array((2,"d"),(3,"e"),(3,"f")))
rdd2: org.apache.spark.rdd.RDD[(Int, String)] = ParallelCollectionRDD[33]

scala> rdd1.cogroup(rdd2).collect
res8: Array[(Int, (Iterable[String], Iterable[String]))] = Array((2,
(CompactBuffer(),CompactBuffer(d))), (1,(CompactBuffer(b, a),CompactBuffer())),
(3,(CompactBuffer(c),CompactBuffer(e, f))))
```

4.8.4 行动算子运算

Spark中的转换算子并不会马上进行运算，而是在遇到行动算子时才会执行相应的语句，触发Spark的任务调度。Spark常用的行动算子及其介绍如表4-6所示。

表4-6 Spark 行动算子及其介绍

行动算子	介绍
reduce(func)	将 RDD 中的元素进行聚合计算，func 为传入的聚合函数
collect()	向 Driver 以数组形式返回数据集的所有元素。通常对于过滤操作或其他返回足够小的数据子集的操作非常有用
count()	返回数据集中元素的数量
first()	返回数据集中第一个元素
take(n)	返回由数据集前 n 个元素组成的数组
takeOrdered(n, [ordering])	返回 RDD 中的前 n 个元素，并以自然顺序或自定义的比较器顺序进行排序
saveAsTextFile(path)	将数据集中的元素持久化为一个或一组文本文件，并将文件存储在本地文件系统、HDFS 或其他 Hadoop 支持的文件系统的指定目录中。Spark 会对每个元素调用 toString()方法，将每个元素转换为文本文件中的一行
saveAsSequenceFile(path)	将数据集中的元素持久化为一个 Hadoop SequenceFile 文件，并将文件存储在本地文件系统、HDFS 或其他 Hadoop 支持的文件系统的指定目录中。实现了 Hadoop Writable 接口的键-值对形式的 RDD 可以使用该操作
saveAsObjectFile(path)	将数据集中的元素序列化为对象，存储到文件中，然后可以使用 SparkContext.objectFile()对该文件进行加载
countByKey()	统计 RDD 中 key 相同的元素的数量，仅元素类型为键-值对的 RDD 可用，返回的结果类型为 Map
foreach(func)	对 RDD 中的每一个元素运行给定的函数 func

下面对其中的几个行动算子进行实例讲解。

1. reduce()算子

将由数字1~100组成的集合转为RDD，然后对该RDD进行reduce()算子计算，统计RDD中所有元素值的总和，代码如下：

```
scala> val rdd1 = sc.parallelize(1 to 100)
rdd1: org.apache.spark.rdd.RDD[Int] = ParallelCollectionRDD[1]

scala> rdd1.reduce(_+_)
res2: Int = 5050
```

上述代码中的下划线（_）代表RDD中的元素。

2. count()算子

统计RDD集合中元素的数量，代码如下：

```
scala> val rdd1 = sc.parallelize(1 to 100)
scala> rdd1.count
res3: Long = 100
```

3. countByKey()算子

List集合中存储的是键-值对形式的元组，使用该List集合创建一个RDD，然后对它进行countByKey()算子计算，代码如下：

```
scala> val rdd1 = sc.parallelize(List(("zhang",87),("zhang",79),("li",90)))
rdd1: org.apache.spark.rdd.RDD[(String, Int)] = ParallelCollectionRDD[1]

scala> rdd1.countByKey
res1: scala.collection.Map[String,Long] = Map(zhang -> 2, li -> 1)
```

4. take(n)算子

返回集合中由前5个元素组成的数组，代码如下：

```
scala> val rdd1 = sc.parallelize(1 to 100)
scala> rdd1.take(5)
res4: Array[Int] = Array(1, 2, 3, 4, 5)
```

4.9 使用 IntelliJ IDEA 创建 Scala 项目

为什么要创建Scala项目？

- 由于 Spark 的内核主要是由 Scala 语言编写的，因此为了后续更好地学习 Spark 以及使用 Scala 编写 Spark 应用程序，需要搭建 Scala 运行环境（对于 Scala 语言的语法使用，读者可阅读笔者的《Spark 3.x 大数据分析实战（视频教学版）》，本书不做讲解）。

为什么要使用IntelliJ IDEA？

- IntelliJ IDEA（简称 IDEA）是一款支持 Java、Scala 和 Groovy 等语言的开发工具，主要用于企业应用、移动应用和 Web 应用的开发。IDEA 在业界被公认为是很好的 Java 开发工具，尤其是智能代码助手、代码自动提示、重构、J2EE 支持等功能非常强大。

4.9.1 在 IDEA 中安装 Scala 插件

在IDEA中安装Scala插件的操作步骤如下。

1. 下载安装 IDEA

访问IDEA官网（https://www.jetbrains.com/idea/download），选择开源免费的Windows版进行下载，如图4-34所示（本例版本为2021.3.3）。

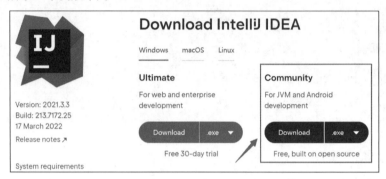

图 4-34　下载 IDEA

下载完成后，双击下载的安装文件进行安装，安装过程与一般Windows软件安装过程相同，根据提示安装到指定的路径即可。

2. 安装 Scala 插件

Scala插件的安装有两种方式：在线和离线。此处讲解在线安装方式。

启动IDEA，在欢迎界面左侧单击【Plugins】选项，在右侧出现的插件列表中选择【Scala】插件（或者在上方的搜索框中搜索"Scala"关键字，然后选择搜索结果中的【Scala】插件），然后单击【Install】按钮进行安装，如图4-35所示。

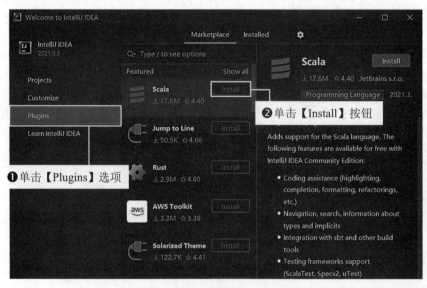

图 4-35　IDEA 在线安装 Scala 插件

安装成功后，重启IDEA使它生效。

4.9.2 创建 Scala 项目

1. 创建 Scala 项目

首先，在IDEA的欢迎界面中单击【New Project】按钮，在弹出的【New Project】窗口左侧选择【Scala】选项，然后在窗口右侧选择【IDEA】选项，单击【Next】按钮，如图4-36所示。

图 4-36　创建 Scala 项目

然后在弹出的窗口中填写项目名称，选择项目存放路径。若【Scala SDK】选项显示为"No library selected"，则需要单击其右侧的【Create】按钮，选择本地安装的Scala SDK。确保JDK、Scala SDK都关联成功后，单击【Finish】按钮，如图4-37所示。

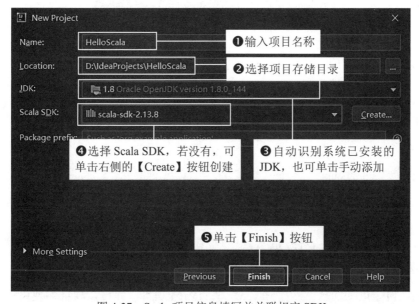

图 4-37　Scala 项目信息填写并关联相应 SDK

到此，Scala项目"HelloScala"创建成功。

2. 创建 Scala 类

首先，在项目的src目录上右击，在弹出的快捷菜单上单击【New】|【Package】命令，创建一个scala.demo包，如图4-38所示。

图 4-38　给项目创建一个包

然后，在scala.demo包上右击，在弹出的快捷菜单上单击【New】|【Scala Class】命令，创建一个Scala类MyScala.scala，如图4-39所示。

图 4-39　在包上创建一个 Scala 类

创建完成后的项目结构如图4-40所示。

图 4-40　Scala 项目结构

Scala类创建成功后，即可编写Scala程序了。

4.10　Spark WordCount 项目的创建与运行

为什么要学习WordCount？

- WordCount（单词计数）是学习分布式计算的入门程序，它有很多种实现方式，例如MapReduce。使用 Spark 提供的 RDD 算子可以更加轻松地实现单词计数。
- 本书讲解的"用户搜索行为分析系统"项目的核心也是单词计数，因此学会单词计数对于后续项目的应用程序开发非常有必要。

本节讲解在IntelliJ IDEA中新建Maven管理的Spark项目，并在该项目中使用Scala语言编写Spark的WordCount程序，最后将项目打包提交到Spark集群（Standalone模式）中运行。

4.10.1 创建 Maven 管理的 Spark 项目

在IDEA的菜单栏中单击【File】|【new】|【Project】命令，在弹出的窗口左侧选择【Maven】选项，然后在右侧勾选【Create from archetype】复选框并选择下方出现的【ory.scala-tools.archetypes: scala-archetype-simple】选项（表示使用scala-archetype-simple模板构建Maven项目）。注意上方的【Project SDK】应为默认的JDK1.8，若不存在，则需要下拉选择相应的JDK。最后单击【Next】按钮，如图4-41所示。

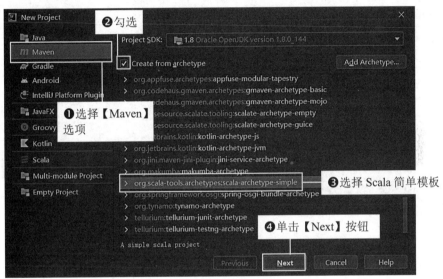

图 4-41　选择 Maven 项目

在弹出的窗口中填写项目名称、GroupId和ArtifactId，版本号默认即可，然后单击【Next】按钮，如图4-42所示。

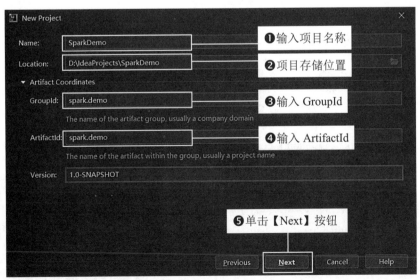

图 4-42　填写项目信息

在弹出的窗口中从本地系统选择Maven安装的主目录路径、Maven的配置文件settings.xml的路径以及Maven仓库的路径，然后单击【Finish】按钮，如图4-43所示。

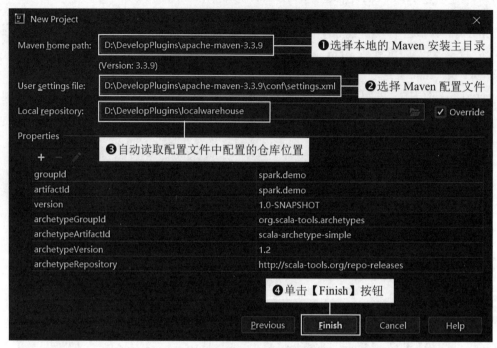

图4-43　选择Maven主目录、配置文件以及仓库的路径

接下来在生成的Maven项目的pom.xml文件中添加以下内容，引入Scala和Spark的依赖库。若该文件中默认引用了Scala库，则将它修改为需要使用的版本（本例使用的Scala版本为2.12）。

```
<!--引入Scala依赖库-->
<dependency>
    <groupId>org.scala-lang</groupId>
    <artifactId>scala-library</artifactId>
    <version>2.12.8</version>
</dependency>
<!--引入Spark核心库-->
<dependency>
    <groupId>org.apache.spark</groupId>
    <artifactId>spark-core_2.12</artifactId>
    <version>3.2.1</version>
</dependency>
```

需要注意的是，Spark核心库spark-core_2.12中的2.12代表使用的Scala版本，必须与引入的Scala库的版本一致。

至此，基于Maven管理的Spark项目就搭建完成了。项目默认结构如图4-44所示。

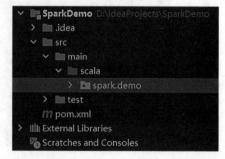

图4-44　基于Maven管理的Spark项目的结构

4.10.2 编写 WordCount 程序

在项目的spark.demo包中新建一个WordCount.scala类,然后向它写入单词计数的程序。程序完整代码如下:

```scala
import org.apache.spark.rdd.RDD
import org.apache.spark.{SparkConf, SparkContext}
/**
  * Spark RDD单词计数程序
  */
object WordCount {

  def main(args: Array[String]): Unit = {
    //创建SparkConf对象,存储应用程序的配置信息
    val conf = new SparkConf()
    //设置应用程序名称,可以在Spark WebUI中显示
    conf.setAppName("Spark-WordCount")
    //设置集群Master节点的访问地址
    conf.setMaster("spark://centos01:7077");❶

    //创建SparkContext对象,该对象是提交Spark应用程序的入口
    val sc = new SparkContext(conf);❷

    //读取指定路径(取程序执行时传入的第一个参数)中的文件内容,生成一个RDD集合
    val linesRDD:RDD[String] = sc.textFile(args(0))❸
    //将RDD的每个元素按照空格进行拆分并将结果合并为一个新的RDD
    val wordsRDD:RDD[String] = linesRDD.flatMap(_.split(" "))
    //将RDD中的每个单词和数字1放到一个元组里,即(word,1)
    val paresRDD:RDD[(String, Int)] = wordsRDD.map((_,1))
    //对单词根据key进行聚合,对相同的key进行value的累加
    val wordCountsRDD:RDD[(String, Int)] = paresRDD.reduceByKey(_+_)
    //按照单词数量降序排列
    val wordCountsSortRDD:RDD[(String, Int)] = wordCountsRDD.sortBy(_._2,false)
    //保存结果到指定的路径(取程序执行时传入的第二个参数)
    wordCountsSortRDD.saveAsTextFile(args(1))
    //停止SparkContext,结束该任务
    sc.stop();
  }
}
```

上述代码解析如下:

❶ SparkConf对象的setMaster()方法用于设置Spark应用程序提交的URL地址。若是Standalone集群模式,则指Master节点的访问地址;若是本地(单机)模式,则需要将地址改为local或local[N]或local[*],分别指使用1个、N个和多个CPU核心数,具体取值与4.7.1节讲解的Spark任务提交时的--master参数的取值相同。本地模式可以直接在IDE中运行程序,不需要Spark集群。此处也可以不进行设置,若将它省略,则使用spark-submit提交该程序到集群时必须使用--master参数进行指定。

❷ SparkContext对象用于初始化Spark应用程序运行所需要的核心组件,是整个Spark应用程序中很重要的一个对象。启动Spark Shell后默认创建的名为sc的对象即为该对象。

❸ textFile()方法需要传入数据来源的路径。数据来源可以是外部的数据源（HDFS、S3等），也可以是本地文件系统（Windows或Linux系统），路径可以使用以下3种方式：

- 文件路径。例如 textFile("/input/data.txt ")，此时将只读取指定的文件。
- 目录路径。例如 textFile("/input/words/")，此时将读取指定目录 words 下的所有文件，不包括子目录。
- 路径包含通配符。例如 textFile("/input/words/*.txt")，此时将读取 words 目录下的所有 TXT 文件。

该方法将读取的文件中的内容按行进行拆分并组成一个RDD集合。假设读取的文件为words.txt，则上述代码的具体数据转换流程如图4-45所示。

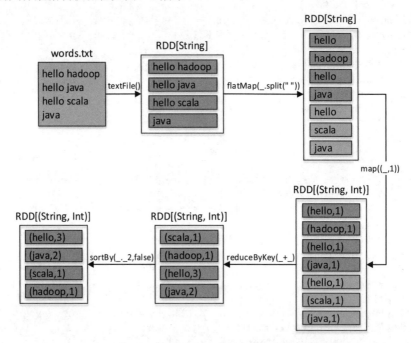

图 4-45　Spark WordCount 执行流程

4.10.3　提交 WordCount 程序到集群

程序编写完成后，需要提交到Spark集群中运行，具体提交步骤如下：

1. 打包程序

展开IDEA右侧的Maven Projects窗口，双击其中的【install】选项，将编写好的Spark项目进行编译和打包，如图4-46所示。

2. 上传程序到集群

将打包好的spark.demo-1.0-SNAPSHOT.jar上传到centos01节点的/opt/softwares目录中。

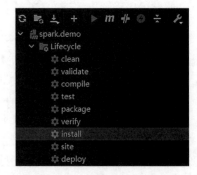

图 4-46　编译、打包项目

3. 启动 Spark 集群（Standalone 模式）

在centos01节点中进入Spark安装目录，执行以下命令启动Spark集群：

```
$ sbin/start-all.sh
```

4. 启动 HDFS

本例将HDFS作为外部数据源，因此需要启动HDFS。

5. 上传单词文件到 HDFS

新建文件words.txt并写入以下单词内容（单词之间以空格分隔）：

```
hello hadoop java
hello java
hello scala
```

然后将文件上传到HDFS的/input目录中，命令如下：

```
$ hdfs dfs -put words.txt /input
```

6. 执行 WordCount 程序

在centos01节点中进入Spark安装目录，执行以下命令提交WordCount应用程序到集群中运行：

```
$ bin/spark-submit \
--master spark://centos01:7077 \
--class spark.demo.WordCount \
/opt/softwares/spark.demo-1.0-SNAPSHOT.jar \
hdfs://centos01:9000/input \
hdfs://centos01:9000/output
```

上述参数解析如下：

- --master：Spark Master 节点的访问路径。由于在 WordCount 程序中已经通过 setMaster()方法指定了该路径，因此该参数可以省略。
- --class：SparkWordCount 程序主类的访问全路径（包名.类名）。
- hdfs://centos01:9000/input：单词数据的来源路径。该路径下的所有文件都将参与统计。
- hdfs://centos01:9000/output：统计结果的输出路径。与 MapReduce 一样，该目录不应提前存在，Spark 会自动创建。

4.10.4 查看 Spark WebUI

应用程序运行的过程中，可以在浏览器中访问Spark WebUI地址http://centos01:8080/，查看正在运行的应用程序的状态信息（也可以查看已经完成的应用程序），如图4-47所示。

Application ID		Name	Cores	Memory per Executor	Resources Per Executor	Submitted Time	User	State	Duration
app-20220404220025-0008	(kill)	Spark-WordCount	2	1024.0 MiB		2022/04/04 22:00:25	hadoop	RUNNING	0.7 s

图 4-47 Spark WebUI 中正在运行的应用程序

可以看到，有一个名称为Spark-WordCount的应用程序正在运行，该名称即为SparkWordCount程序中通过方法setAppName("Spark-WordCount")所设置的值。

在应用程序运行的过程中,也可以在浏览器中访问Spark WebUI地址http://centos01:4040/,查看正在运行的Job(作业)的状态信息,包括作业ID、作业描述、作业已运行时长、作业已运行Stage数量、作业Stage总数、作业已运行Task任务数量等(当作业运行完毕后,该界面将不可访问),如图4-48所示。

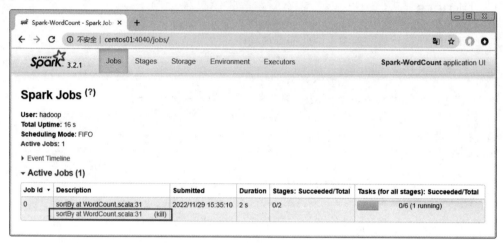

图 4-48　Spark WebUI 中正在运行的作业

在图4-48中,单击矩形选框里的【sortBy at WordCount.scala:31】超链接,将跳转到作业详情页面,该页面显示了作业正在运行的Stage信息(Active Stages)和等待运行的Stage信息(Pending Stages),包括Stage ID、Stage描述、Stage提交时间、Stage已运行时长、Stage包括的Task任务数量、已运行的Task任务数量等,如图4-49所示。

图 4-49　Spark WebUI 中正在运行的作业详情

在图4-49中,单击矩形选框里的【DAG Visualization】超链接,可以查看本次作业的DAG可视图,如图4-50所示。

可以看出,本次作业共划分了两个Stage。由于reduceByKey()操作会产生宽依赖,因此在执行reduceByKey()操作之前划分开。

第4章 用户行为数据离线分析模块开发　141

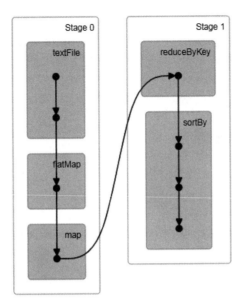

图 4-50　Spark WebUI 查看作业的 DAG 可视图

4.10.5　查看程序执行结果

使用HDFS命令查看目录/output中的结果文件，代码如下：

```
$ hdfs dfs -ls /output
Found 3 items
-rw-r--r--   3 hadoop supergroup          0 2022-05-09 15:09 /output/_SUCCESS
-rw-r--r--   3 hadoop supergroup         19 2022-05-09 15:08 /output/part-00000
-rw-r--r--   3 hadoop supergroup         21 2022-05-09 15:09 /output/part-00001
```

可以看到，与MapReduce一样，Spark会在结果目录中生成多个文件。_SUCCESS为执行状态文件，结果数据则存储在文件part-00000和part-00001中。

执行以下命令，查看该目录中的所有结果数据：

```
$ hdfs dfs -cat /output/*
(hello,3)
(java,2)
(scala,1)
(hadoop,1)
```

至此，使用Scala语言编写的Spark版WordCount程序运行成功。

4.11　Spark RDD 读写 HBase

为什么要使用Spark进行HBase数据的读和写？

- 回顾1.2节的系统数据流设计，可以使用Spark结合HBase对用户行为数据进行离线分析。

- Spark 可以直接使用核心组件 Spark RDD 读写 HBase，也可以使用结构化组件 Spark SQL。
- 由于 HBase 数据库是 Spark 的其中一种数据源，Spark 处理的数据有很大一部分是存放在 HBase 数据库中的，因此需要学会使用 Spark 进行 HBase 数据的读写操作。

下面讲解使用Spark RDD进行HBase数据的读写操作。

4.11.1 读取 HBase 表数据

Spark RDD读取HBase表数据的操作步骤如下。

1. 创建 HBase 表并添加测试数据

HBase集群启动后，进入HBase Shell创建一张表student，数据如下：

```
+---------+---------+-------+------+
| rowkey  | name    | adress | age  |
+---------+---------+-------+------+
|  001    | 张三    |  北京  |  21  |
|  002    | 李四    |  上海  |  19  |
+---------+---------+-------+------+
```

创建表及添加数据的命令如下：

```
//创建表，列族为info
hbase>  create 'student','info'
//添加第一个学生的信息
hbase> put 'student','001','info:name','张三'
hbase> put 'student','001','info:address','北京'
hbase> put 'student','001','info:age','21'
//添加第二个学生的信息
hbase> put 'student','002','info:name','李四'
hbase> put 'student','002','info:address','上海'
hbase> put 'student','002','info:age','19'
```

数据添加完成后，使用scan命令扫描student表的数据，如图4-51所示。

```
hbase(main):004:0> scan 'student'
ROW                                  COLUMN+CELL
 001                                 column=info:address, timestamp=1534229645656, value=\xE5\x8C\x97\xE4\xBA\xAC
 001                                 column=info:age, timestamp=1534229645656, value=21
 001                                 column=info:name, timestamp=1534229645656, value=\xE5\xBC\xA0\xE4\xB8\x89
 002                                 column=info:address, timestamp=1534229645744, value=\xE4\xB8\x8A\xE6\xB5\xB7
 002                                 column=info:age, timestamp=1534229645744, value=19
 002                                 column=info:name, timestamp=1534229645744, value=\xE6\x9D\x8E\xE5\x9B\x9B
 003                                 column=info:address, timestamp=1534229645757, value=\xE5\xB1\xB1\xE4\xB8\x9C
 003                                 column=info:age, timestamp=1534229645757, value=18
 003                                 column=info:name, timestamp=1534229645757, value=\xE7\x8E\x8B\xE4\xBA\x94
3 row(s) in 0.7810 seconds
```

图 4-51　扫描 student 表的数据

在实际应用中，往往都是通过编程语言API（例如Java）向HBase中添加数据的，此处数据量比较少，使用HBase Shell命令添加即可。

2. 编写 Spark 应用程序

在Spark的Maven项目中，除了Spark RDD本身所需的核心依赖库外，还需要引入以下依赖：

```xml
<!-- Hadoop通用API -->
<dependency>
    <groupId>org.apache.hadoop</groupId>
    <artifactId>hadoop-common</artifactId>
    <version>3.3.1</version>
</dependency>
<!-- Hadoop客户端API -->
<dependency>
    <groupId>org.apache.hadoop</groupId>
    <artifactId>hadoop-client</artifactId>
    <version>3.3.1</version>
</dependency>
<!-- HBase客户端API -->
<dependency>
    <groupId>org.apache.hbase</groupId>
    <artifactId>hbase-client</artifactId>
    <version>2.4.9</version>
</dependency>
<!-- HBase针对MapReduce的API -->
<dependency>
    <groupId>org.apache.hbase</groupId>
    <artifactId>hbase-mapreduce</artifactId>
    <version>2.4.9</version>
</dependency>
<dependency>
    <groupId>org.apache.hbase</groupId>
    <artifactId>hbase-server</artifactId>
    <version>2.4.9</version>
</dependency>
```

引入所需依赖后，编写Spark应用程序，完整代码如下：

```scala
import org.apache.spark.{SparkConf, SparkContext}
import org.apache.hadoop.hbase.HBaseConfiguration
import org.apache.hadoop.hbase.client.Result
import org.apache.hadoop.hbase.io.ImmutableBytesWritable
import org.apache.hadoop.hbase.mapreduce.TableInputFormat
import org.apache.hadoop.hbase.util.Bytes
import org.apache.spark.rdd.RDD
/**
 * Spark读取HBase表数据
 */
object SparkReadHBase {
  def main(args: Array[String]): Unit = {
    //创建SparkConf对象，存储应用程序的配置信息
    val conf = new SparkConf()
    conf.setAppName("SparkReadHBase")
    conf.setMaster("local[*]")
    //创建SparkContext对象
    val sc = new SparkContext(conf)

    //1. 设置HBase配置信息
    val hbaseConf = HBaseConfiguration.create()
    //设置ZooKeeper集群地址
    hbaseConf.set("hbase.zookeeper.quorum","192.168.170.133")
    //设置ZooKeeper连接端口，默认为2181
    hbaseConf.set("hbase.zookeeper.property.clientPort", "2181")
```

```
    //指定表名
    hbaseConf.set(TableInputFormat.INPUT_TABLE, "student")
    //2.读取HBase表数据并转换成RDD
    val hbaseRDD: RDD[(ImmutableBytesWritable, Result)] = sc.newAPIHadoopRDD(
      hbaseConf,
      classOf[TableInputFormat],
      classOf[ImmutableBytesWritable],
      classOf[Result]
    )
    //3.输出RDD中的数据到控制台
    hbaseRDD.foreach{ case (_ ,result) =>
      //获取行键
      val key = Bytes.toString(result.getRow)
      //通过列族和列名获取列值
      val name = Bytes.toString(result.getValue("info".getBytes,
             "name".getBytes))
      val gender = Bytes.toString(result.getValue("info".getBytes,
             "address".getBytes))
      val age = Bytes.toString(result.getValue("info".getBytes,"age".getBytes))
      println("行键:"+key+"\t姓名:"+name+"\t地址:"+gender+"\t年龄:"+age)
    }
  }
}
```

直接在IDEA中执行上述代码,控制台输出结果如下:

```
行键:001 姓名:张三 地址:北京 年龄:21
行键:002 姓名:李四 地址:上海 年龄:19
```

4.11.2 写入 HBase 表数据

Spark RDD向HBase写入数据有3种方式,下面分别进行讲解。

1. 使用 HBase Table 对象的 put() 方法

使用put()方法需要提前创建好Put对象,将每一条数据存入一个Put对象中,然后调用该方法一条一条地向HBase表中插入数据。如果数据量太大,就会多次调用put()方法,这可能会影响系统性能,严重时将导致HBase集群节点宕机,因此这种方式不适合大量数据的写入。

使用put()方法向HBase表student写入数据的完整代码如下:

```
import org.apache.hadoop.hbase.HBaseConfiguration
import org.apache.hadoop.hbase.client.Put
import org.apache.spark.{SparkConf, SparkContext}
import org.apache.hadoop.hbase.TableName
import org.apache.hadoop.hbase.util.Bytes
import org.apache.hadoop.hbase.client.ConnectionFactory
/**
 * 向HBase表写入数据
 */
object SparkWriteHBase {
  def main(args: Array[String]): Unit = {
    //创建SparkConf对象,存储应用程序的配置信息
    val conf = new SparkConf()
```

```
conf.setAppName("SparkWriteHBase")
conf.setMaster("local[*]")
//创建SparkContext对象
val sc = new SparkContext(conf)

//1. 构建需要添加的数据RDD
val initRDD = sc.makeRDD(
    Array(
        "003,王五,山东,23",
        "004,赵六,河北,20"
    )
)
//2. 循环RDD的每个分区
initRDD.foreachPartition(partition=> {   ❶
    //2.1 设置HBase配置信息
    val hbaseConf = HBaseConfiguration.create()
    //设置ZooKeeper集群地址
    hbaseConf.set("hbase.zookeeper.quorum","192.168.170.133")
    //设置ZooKeeper连接端口，默认为2181
    hbaseConf.set("hbase.zookeeper.property.clientPort", "2181")
    //创建数据库连接对象
    val conn = ConnectionFactory.createConnection(hbaseConf)
    //指定表名
    val tableName = TableName.valueOf("student")
    //获取需要添加数据的Table对象
    val table = conn.getTable(tableName)
    //2.2 循环当前分区的每行数据   ❷
    partition.foreach(line => {
        //分割每行数据，获取要添加的每个值
        val arr = line.split(",")
        val rowkey = arr(0)
        val name = arr(1)
        val address = arr(2)
        val age = arr(3)

        //创建Put对象
        val put = new Put(Bytes.toBytes(rowkey))
        put.addColumn(
            Bytes.toBytes("info"),       //列族名
            Bytes.toBytes("name"),       //列名
            Bytes.toBytes(name)          //列值
        )
        put.addColumn(
            Bytes.toBytes("info"),       //列族名
            Bytes.toBytes("address"),    //列名
            Bytes.toBytes(address))      //列值
        put.addColumn(
            Bytes.toBytes("info"),       //列族名
            Bytes.toBytes("age"),        //列名
            Bytes.toBytes(age))          //列值

        //执行添加
        table.put(put)
    })
})
}
}
```

上述代码解析如下：

❶ foreachPartition()方法可以循环RDD的每一个分区，由于在该方法中无法使用方法外的局部变量，因此需要将HBase的配置和连接信息放入方法内。使用该方法的好处是，针对每个分区将执行一次“设置HBase配置信息”的操作，而不是对每条数据，大大提高了执行效率。

❷ 针对每个分区，循环当前分区的每行数据，将数据放入HBase API的Put对象中，然后调用put()方法输出数据到HBase表中。

上述代码执行成功后，扫描表student，发现多了两条数据，如图4-52所示。

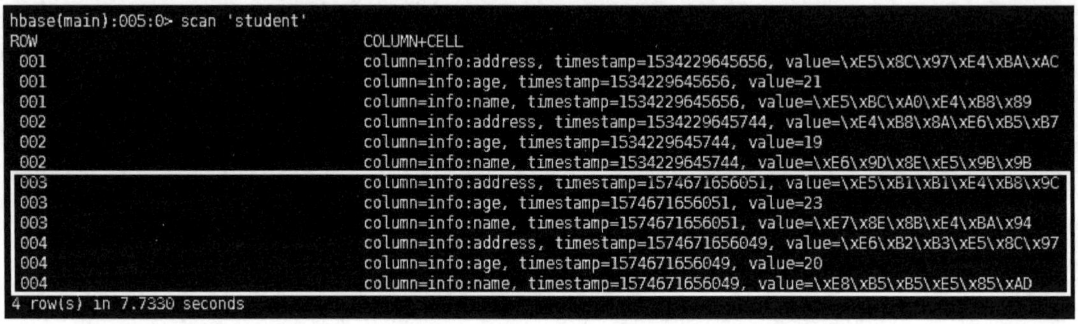

```
hbase(main):005:0> scan 'student'
ROW                    COLUMN+CELL
 001                   column=info:address, timestamp=1534229645656, value=\xE5\x8C\x97\xE4\xBA\xAC
 001                   column=info:age, timestamp=1534229645656, value=21
 001                   column=info:name, timestamp=1534229645656, value=\xE5\xBC\xA0\xE4\xB8\x89
 002                   column=info:address, timestamp=1534229645744, value=\xE4\xB8\x8A\xE6\xB5\xB7
 002                   column=info:age, timestamp=1534229645744, value=19
 002                   column=info:name, timestamp=1534229645744, value=\xE6\x9D\x8E\xE5\x9B\x9B
 003                   column=info:address, timestamp=1574671656051, value=\xE5\xB1\xB1\xE4\xB8\x9C
 003                   column=info:age, timestamp=1574671656051, value=23
 003                   column=info:name, timestamp=1574671656051, value=\xE7\x8E\x8B\xE4\xBA\x94
 004                   column=info:address, timestamp=1574671656049, value=\xE6\xB2\xB3\xE5\x8C\x97
 004                   column=info:age, timestamp=1574671656049, value=20
 004                   column=info:name, timestamp=1574671656049, value=\xE8\xB5\xB5\xE5\x85\xAD
4 row(s) in 7.7330 seconds
```

图4-52　扫描student表的数据

2. 使用Spark RDD的saveAsHadoopDataset()方法

saveAsHadoopDataset()方法可以将RDD数据输出到任意Hadoop支持的存储系统，包括HBase。该方法需要传入一个Hadoop JobConf对象，JobConf对象用于存储Hadoop配置信息。使用saveAsHadoopDataset()方法需要提前将需要写入HBase的RDD数据转换为（ImmutableBytesWritable, Put）类型，完整代码如下：

```
import org.apache.hadoop.hbase.client.Put
import org.apache.hadoop.hbase.io.ImmutableBytesWritable
import org.apache.hadoop.hbase.mapred.TableOutputFormat
import org.apache.hadoop.hbase.util.Bytes
import org.apache.hadoop.mapred.JobConf
import org.apache.spark.rdd.RDD
import org.apache.spark.{SparkConf, SparkContext}
/**
  * 向HBase表写入数据
  */
object SparkWriteHBase2 {
   def main(args: Array[String]): Unit = {
      //创建SparkConf对象，存储应用程序的配置信息
      val conf = new SparkConf()
      conf.setAppName("SparkWriteHBase2")
      conf.setMaster("local[*]")
      //创建SparkContext对象
      val sc = new SparkContext(conf)

      //1. 设置配置信息
      //创建Hadoop JobConf对象
      val jobConf = new JobConf()
      //设置ZooKeeper集群地址
      jobConf.set("hbase.zookeeper.quorum","192.168.170.133")
```

```
    //设置ZooKeeper连接端口,默认为2181
    jobConf.set("hbase.zookeeper.property.clientPort", "2181")
    //指定输出格式
    jobConf.setOutputFormat(classOf[TableOutputFormat])
    //指定表名
    jobConf.set(TableOutputFormat.OUTPUT_TABLE,"student")
    //2. 构建需要写入的RDD数据
    val initRDD = sc.makeRDD(
      Array(
        "005,王五,山东,23",
        "006,赵六,河北,20"
      )
    )
    //将RDD转换为(ImmutableBytesWritable, Put)类型
    val resultRDD: RDD[(ImmutableBytesWritable, Put)] = initRDD.map(
      _.split(",")
    ).map(arr => {
      val rowkey = arr(0)
      val name = arr(1)                   //姓名
      val address = arr(2)                //地址
      val age = arr(3)                    //年龄

      //创建Put对象
      val put = new Put(Bytes.toBytes(rowkey))   ❶
      put.addColumn(
        Bytes.toBytes("info"),            //列族
        Bytes.toBytes("name"),            //列名
        Bytes.toBytes(name)               //列值
      )
      put.addColumn(
        Bytes.toBytes("info"),            //列族
        Bytes.toBytes("address"),         //列名
        Bytes.toBytes(address))           //列值
      put.addColumn(
        Bytes.toBytes("info"),            //列族
        Bytes.toBytes("age"),             //列名
        Bytes.toBytes(age))               //列值

      //拼接为元组返回
      (new ImmutableBytesWritable, put)   ❷
    })
    //3. 写入数据
    resultRDD.saveAsHadoopDataset(jobConf)  ❸
    sc.stop()
  }
}
```

上述代码解析如下:

❶ 使用HBase API创建Put对象,传入需要添加数据的rowkey值;然后调用Put对象的addColumn()方法添加列族、列名及列值;每个Put对象存储一条数据。

❷ ImmutableBytesWritable是一个位于org.apache.hadoop.hbase.io包中的可用于键值的字节序列化类。此处是将RDD中的每个元素转换为(ImmutableBytesWritable, Put)类型的元组,每个RDD元素的数据则存储于元组的Put对象里。

❸ saveAsHadoopDataset()方法负责写入数据，该方法需要传入一个Hadoop JobConf对象，应该像配置Hadoop MapReduce作业一样向JobConf对象配置一个输出格式对象OutputFormat和一个输出路径（例如，一个要写入数据的表名）。saveAsHadoopDataset()方法的源码如下：

```
/**
 * 输出RDD数据到任何Hadoop支持的存储系统
 */
def saveAsHadoopDataset(conf: JobConf): Unit = self.withScope {
  val config = new HadoopMapRedWriteConfigUtil[K, V](new
      SerializableJobConf(conf))
  SparkHadoopWriter.write(       //执行数据写入操作
    rdd = self,
    config = config)
}
```

上述代码首先创建Hadoop写入配置信息（config对象），然后调用SparkHadoopWriter.write()方法执行写入操作，该方法的写入流程如下：

（1）Driver端设置，为要发出的写作业准备数据源和Hadoop配置。

（2）一个写作业由一个或多个Executor端Task任务组成，每个Executor端Task任务负责写一个RDD分区内的所有行。

（3）如果在任务执行期间没有抛出任何异常，那么就提交该任务，否则将中止该任务。

（4）如果所有任务都已提交，那么就提交作业，否则在作业执行期间抛出任何异常都将中止作业。

3. 使用 Spark 提供的 doBulkLoad()方法

在使用Spark时经常需要把数据写入HBase中，如果数据量较大，那么使用普通的API写入速度会很慢，而且会影响集群资源，这时候可以使用Spark提供的批量写入数据的方法doBulkLoad()。这种批量写入的方式利用了HBase的数据是按照特定格式存储在HDFS里这一特性，通过一个MapReduce作业直接在HDFS中生成一个HBase的内部HFile数据格式文件，然后将数据文件加载到HBase集群中，完成巨量数据快速入库的操作。与使用HBase API相比，使用这种方式导入数据不会产生巨量的写入I/O，占用更少的CPU和网络资源。

doBulkLoad()方法可以读取指定目录中的文件数据，然后加载到预先存在的HBase表中。使用该方法写入数据的完整源码如下：

```
import org.apache.hadoop.conf.Configuration
import org.apache.hadoop.fs.{FileSystem, Path}
import org.apache.hadoop.hbase._
import org.apache.hadoop.hbase.client.ConnectionFactory
import org.apache.hadoop.hbase.io.ImmutableBytesWritable
import org.apache.hadoop.hbase.mapreduce.{HFileOutputFormat2,
LoadIncrementalHFiles}
import org.apache.hadoop.hbase.util.Bytes
import org.apache.spark.rdd.RDD
import org.apache.spark.{SparkConf, SparkContext}

/**
 * Spark 批量写入数据到HBase
 */
```

```scala
object SparkWriteHBase3 {
  def main(args: Array[String]): Unit = {
    //创建SparkConf对象,存储应用程序的配置信息
    val conf = new SparkConf()
    conf.setAppName("SparkWriteHBase3")
    conf.setMaster("local[*]")
    //创建SparkContext对象
    val sc = new SparkContext(conf)

    //1. 设置HDFS和HBase配置信息
    val hadoopConf = new Configuration()
    hadoopConf.set("fs.defaultFS", "hdfs://192.168.170.133:9000")
    val fileSystem = FileSystem.get(hadoopConf)
    val hbaseConf = HBaseConfiguration.create(hadoopConf)
    //设置ZooKeeper集群地址
    hbaseConf.set("hbase.zookeeper.quorum","192.168.170.133")
    //设置ZooKeeper连接端口,默认为2181
    hbaseConf.set("hbase.zookeeper.property.clientPort", "2181")
    //创建数据库连接对象
    val conn = ConnectionFactory.createConnection(hbaseConf)
    //指定表名
    val tableName = TableName.valueOf("student")
    //获取需要添加数据的Table对象
    val table = conn.getTable(tableName)
    //获取操作数据库的Admin对象
    val admin = conn.getAdmin()

    //2. 添加数据前的判断
    //如果HBase表不存在,那么就创建一张新表
    if (!admin.tableExists(tableName)) {
      val desc = new HTableDescriptor(tableName)      //表名
      val hcd = new HColumnDescriptor("info")         //列族
      desc.addFamily(hcd)
      admin.createTable(desc)                         //创建表
    }
    //如果存放HFile文件的HDFS目录已经存在,那么就删除
    if(fileSystem.exists(new Path("hdfs://192.168.170.133:9000/tmp/hbase"))) {
      fileSystem.delete(new Path("hdfs://192.168.170.133:9000/tmp/hbase"),
                        true)
    }

    //3. 构建需要添加的RDD数据
    //初始数据
    val initRDD = sc.makeRDD(
      Array(
        "rowkey:007,name:王五",
        "rowkey:007,address:山东",
        "rowkey:007,age:23",
        "rowkey:008,name:赵六",
        "rowkey:008,address:河北",
        "rowkey:008,age:20"
      )
    )
    //数据转换
    //转换为(ImmutableBytesWritable, KeyValue)类型的RDD
    val resultRDD: RDD[(ImmutableBytesWritable, KeyValue)] = initRDD.map(
```

```
            _.split(",")
).map(arr => {
  val rowkey = arr(0).split(":")(1)      //rowkey
  val qualifier = arr(1).split(":")(0)   //列名
  val value = arr(1).split(":")(1)       //列值

  val kv = new KeyValue( ❶
    Bytes.toBytes(rowkey),
    Bytes.toBytes("info"),
    Bytes.toBytes(qualifier),
    Bytes.toBytes(value)
  )
  //构建(ImmutableBytesWritable, KeyValue)类型的元组并返回
  (new ImmutableBytesWritable(Bytes.toBytes(rowkey)), kv) ❷
})

//4. 写入数据
//在HDFS中生成HFile文件
resultRDD.saveAsNewAPIHadoopFile( ❸
  "hdfs://192.168.170.133:9000/tmp/hbase",
  classOf[ImmutableBytesWritable],       //对应RDD元素中的key
  classOf[KeyValue],                     //对应RDD元素中的value
  classOf[HFileOutputFormat2],
  hbaseConf
)
//加载HFile文件到HBase
val bulkLoader = new LoadIncrementalHFiles(hbaseConf) ❹
val regionLocator = conn.getRegionLocator(tableName)
bulkLoader.doBulkLoad( ❺
  new Path("hdfs: //192.168.170.133:9000/tmp/hbase"),  //HFile文件位置
  admin,              //操作HBase数据库的Admin对象
  table,              //目标Table对象（包含表名）
  regionLocator       //RegionLocator对象，用于查看单个HBase表的区域位置信息
)
sc.stop()
  }
}
```

上述代码解析如下：

❶ KeyValue是一个HBase键值类型，实现了单元格接口单元。一个KeyValue对象存储了HBase一个单元格的数据，包括单元格的rowkey、所属列族（family）、时间戳、列限定符（qualifier）、列值等。

❷ 此处是将RDD中的每个元素转换为（ImmutableBytesWritable, KeyValue）类型的元组，每个元素的数据则存储于元组的KeyValue对象里。

❸ saveAsNewAPIHadoopFile()方法可以将RDD输出到任何Hadoop支持的文件系统中。该方法的源码如下：

```
/**
 * 输出RDD到任何Hadoop支持的文件系统
 */
def saveAsNewAPIHadoopFile(
    path: String,
    keyClass: Class[_],
```

```
                    valueClass: Class[_],
                    outputFormatClass: Class[_ <: NewOutputFormat[_, _]],
                    conf: Configuration = self.context.hadoopConfiguration
            ): Unit = self.withScope {
    //内部重命名为hadoopConf
    val hadoopConf = conf
    //构建作业对象实例
    val job = NewAPIHadoopJob.getInstance(hadoopConf)
    //设置输出类型
    job.setOutputKeyClass(keyClass)                    //设置输出key的类型
    job.setOutputValueClass(valueClass)                //设置输出value的类型
    job.setOutputFormatClass(outputFormatClass)        //设置输出格式
    //得到Hadoop Configuration对象
    val jobConfiguration = job.getConfiguration
    jobConfiguration.set(
       "mapreduce.output.fileoutputformat.outputdir", path
    )
    saveAsNewAPIHadoopDataset(jobConfiguration)        //新的Hadoop API
}
```

上述代码首先构建了一个作业对象实例job，并配置了job对象的相关输出格式；然后使用job对象得到了Hadoop配置对象Configuration；最后调用saveAsNewAPIHadoopDataset()方法（新的Hadoop API）将RDD输出到任何Hadoop支持的存储系统（此处为HDFS系统）。

❹ 创建HBase的LoadIncrementalHFiles对象，该对象负责将新创建的HFile文件加载到HBase表中。

❺ 通过调用LoadIncrementalHFiles对象的doBulkLoad()方法传入相应参数，执行数据的加载。

4.12 使用 Spark SQL 实现单词计数

为什么要使用Spark SQL实现单词计数？

- 本书讲解的"用户搜索行为分析系统"项目的核心功能是根据搜索关键词的实时访问数量进行计算，本质上其实属于单词计数的范畴，因此学会单词计数非常有必要。
- Spark SQL 非常适合处理结构化数据，而单词计数所需的数据正是结构化数据；使用 Spark SQL 可以与 Spark 应用程序无缝集成，轻松实现用户行为数据的离线分析。

本节讲解使用Spark SQL编写应用程序实现单词计数。

4.12.1 Spark SQL 编程特性

Spark SQL是一个用于结构化数据处理的Spark组件。所谓结构化数据，是指具有Schema信息的数据，例如JSON、Parquet、Avro、CSV格式的数据。与基础的Spark RDD API不同，Spark SQL提供了对结构化数据的查询和计算接口。

下面介绍Spark SQL的主要特点。

1. 将 SQL 查询与 Spark 应用程序无缝组合

Spark SQL允许使用SQL或熟悉的DataFrame API（后续会详细讲解）在Spark程序中查询结构化数据。Spark SQL与Hive的不同之处，Hive是将SQL翻译成MapReduce作业，底层是基于MapReduce的；而Spark SQL底层使用的是Spark RDD。例如以下代码，在Spark应用程序中嵌入SQL语句：

```
results = spark.sql( "SELECT * FROM people")
```

2. 以相同的方式连接到多种数据源

Spark SQL提供了访问各种数据源的通用方法，数据源包括Hive、Avro、Parquet、ORC、JSON、JDBC等。例如以下代码读取HDFS中的JSON文件，然后将该文件的内容创建为临时视图，最后与其他表根据指定的字段关联查询：

```
//读取JSON文件
val userScoreDF = spark.read.json("hdfs://centos01:9000/people.json")
//创建临时视图user_score
userScoreDF.createTempView("user_score")
//根据name关联查询
val resDF=spark.sql("SELECT i.age,i.name,c.score FROM user_info i " +
                    "JOIN user_score c ON i.name=c.name")
```

3. 在现有的数据仓库上运行 SQL 或 HiveQL 查询

Spark SQL支持HiveQL语法以及Hive SerDes和UDF（用户自定义函数），允许访问现有的Hive仓库。

4. DataFrame 和 Dataset

DataFrame是Spark SQL提供的一个编程抽象，它与RDD类似，也是一个分布式的数据集合。但与RDD不同的是，DataFrame的数据都被组织到有名字的列中，就像关系数据库中的表一样。此外，多种数据都可以转换为DataFrame，例如Spark计算过程中生成的RDD、结构化数据文件、Hive中的表、外部数据库等。

DataFrame在RDD的基础上添加了数据描述信息（Schema，即元信息），因此看起来更像是一张数据库表。例如，在一个RDD中有如图4-53所示的3行数据。将该RDD转换成DataFrame后，其中的数据可能如图4-54所示。

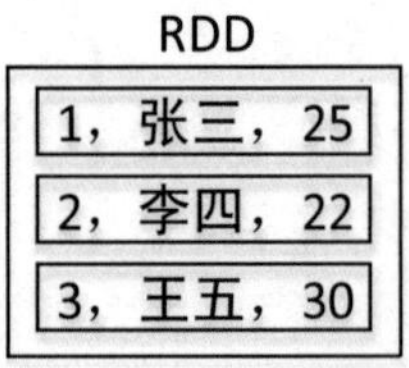

图 4-53　RDD 中的数据 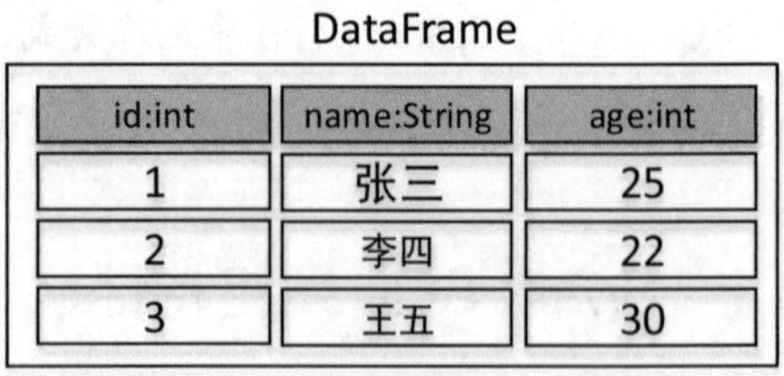　　　　图 4-54　DataFrame 中的数据

使用DataFrame API结合SQL处理结构化数据比RDD更加容易，而且通过DataFrame API或SQL处理数据，Spark优化器会自动对它进行优化，即使我们写的程序或SQL不高效，也可以运行得很快。

Dataset是一个分布式数据集，是从Spark 1.6开始添加的一个新的API。相对于RDD，Dataset提供了强类型支持，在RDD的每行数据中加了类型约束，而且使用Dataset API同样会经过Spark SQL优化器的优化，从而提高程序执行效率。

同样是对于图4-53中的RDD数据，将它转换为Dataset后的数据可能如图4-55所示。

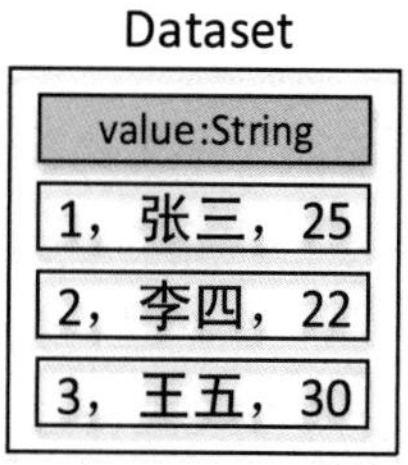

在Spark中，一个DataFrame所代表的是一个元素类型为Row的Dataset，即DataFrame只是Dataset[Row]的一个类型别名。

图 4-55 Dataset 中的数据

4.12.2 Spark SQL 的基本使用

Spark Shell启动时除了默认创建一个名为sc的SparkContext的实例外，还创建了一个名为spark的SparkSession实例，该spark变量可以在Spark Shell中直接使用。

SparkSession只是在SparkContext基础上的封装，应用程序的入口仍然是SparkContext。SparkSession允许用户通过它调用DataFrame和Dataset相关API来编写Spark程序，支持从不同的数据源加载数据，并把数据转换成DataFrame，然后使用SQL语句来操作DataFrame数据。

例如，在HDFS中有一个文件/input/person.txt，文件内容如下：

```
1,zhangsan,25
2,lisi,22
3,wangwu,30
```

现需要使用Spark SQL将该文件中的数据按照年龄降序排列，操作步骤如下：

1. 加载数据为 Dataset

调用SparkSession的API read.textFile()可以读取指定路径中的文件内容，并加载为一个Dataset，代码如下：

```
scala> val d1=spark.read.textFile("hdfs://centos01:9000/input/person.txt")
d1: org.apache.spark.sql.Dataset[String] = [value: string]
```

从变量d1的类型可以看出，textFile()方法将读取的数据转换为了Dataset。除了使用textFile()方法读取文本内容外，还可以分别使用csv()、jdbc()、json()等方法读取CSV文件、JDBC数据源、JSON文件等数据。

调用Dataset中的show()方法可以输出Dataset中的数据内容。例如查看d1中的数据内容，代码如下：

```
scala> d1.show()
+-------------+
|        value|
+-------------+
|1,zhangsan,25|
|    2,lisi,22|
|  3,wangwu,30|
+-------------+
```

从上述内容可以看出，Dataset将文件中的每一行看作一个元素，并且所有元素组成了一列，列名默认为value。

2. 给 Dataset 添加元数据信息

定义一个样例Person类，用于存放数据描述信息（Schema），代码如下：

```
scala> case class Person(id:Int,name:String,age:Int)
defined class Person
```

导入SparkSession的隐式转换，以便后续可以使用Dataset的算子，代码如下：

```
scala> import spark.implicits._
```

调用Dataset的map()算子将每一个元素拆分并存入Person类中，代码如下：

```
scala> val personDataset=d1.map(line=>{
     | val fields = line.split(",")
     | val id = fields(0).toInt
     | val name = fields(1)
     | val age = fields(2).toInt
     | Person(id, name, age)
     | })
personDataset: org.apache.spark.sql.Dataset[Person] = [id: int, name: string ... 1 more field]
```

此时查看personDataset中的数据内容，代码如下：

```
scala> personDataset.show()
+---+--------+---+
| id|    name|age|
+---+--------+---+
|  1|zhangsan| 25|
|  2|    lisi| 22|
|  3|  wangwu| 30|
+---+--------+---+
```

可以看到，personDataset中的数据类似于一张关系数据库的表。

3. 将 Dataset 转换为 DataFrame

Spark SQL查询的是DataFrame中的数据，因此需要将存有元数据信息的Dataset转换为DataFrame。调用Dataset的toDF()方法，将存有元数据的Dataset转换为DataFrame，代码如下：

```
scala> val pdf = personDataset.toDF()
pdf: org.apache.spark.sql.DataFrame = [id: int, name: string ... 1 more field]
```

4. 执行 SQL 查询

在DataFrame上创建一个临时视图v_person，代码如下：

```
scala> pdf.createTempView("v_person")
```

使用SparkSession对象执行SQL查询，代码如下：

```
scala> val result = spark.sql("select * from v_person order by age desc")
result: org.apache.spark.sql.DataFrame = [id: int, name: string ... 1 more field]
```

调用show()方法输出结果数据，代码如下：

```
scala> result.show()
+---+--------+---+
```

```
| id|    name|age|
+---+--------+---+
|  3|  wangwu| 30|
|  1|zhangsan| 25|
|  2|   lisi | 22|
+---+--------+---+
```

可以看到，结果数据已按照age字段降序排列。

除了上述基本使用方式外，Spark SQL还内置了大量的函数，位于API org.apache.spark.sql.functions中。内置函数的使用将在4.17.1节详细讲解。

4.12.3 Spark SQL 实现单词计数

本节讲解使用Spark SQL实现经典的单词计数程序WordCount。数据来源仍然是HDFS中的/input/words.txt文件，该文件内容如下：

```
hello hadoop
hello java
hello scala
java
```

具体操作步骤如下。

1. 新建 Maven 项目

在IDEA中新建Maven项目的操作步骤可回顾4.10节，此处不再讲解。

在Maven项目的pom.xml中添加Spark SQL的Maven依赖库，代码如下：

```xml
<!-- Spark核心依赖库 -->
<dependency>
    <groupId>org.apache.spark</groupId>
    <artifactId>spark-core_2.12</artifactId>
    <version>3.2.1</version>
</dependency>
<!-- Spark SQL依赖库 -->
<dependency>
    <groupId>org.apache.spark</groupId>
    <artifactId>spark-sql_2.12</artifactId>
    <version>3.2.1</version>
</dependency>
```

2. 编写程序

首先需要创建一个SparkSession对象，并设置应用程序名称和运行模式。创建方法是使用SparkSession.builder()创建一个Builder类型的构建器，然后调用Builder的getOrCreate()方法获取已有的SparkSession对象。如果不存在SparkSession对象，就根据构建器配置的参数创建一个新的SparkSession对象，代码如下：

```
val session=SparkSession.builder()
  .appName("SparkSQLWordCount")
  .master("local[*]")
  .getOrCreate()
```

接下来使用SparkSession对象读取HDFS中的单词文件,并将单词数据转换为一个Dataset,代码如下:

```
val lines: Dataset[String] = session.read.textFile(
  "hdfs://centos01:9000/input/words.txt")
```

上述代码首先使用SparkSession对象的read方法获取一个DataFrameReader对象,该对象用于加载非流式数据为DataFrame或Dataset;然后调用DataFrameReader对象的textFile()方法将单词文件中的数据加载到了一个Dataset中。

写到这里可以先测试一下,使用以下代码查看lines Dataset的数据内容:

```
lines.show()
```

输出内容如下:

```
+-------------+
|        value|
+-------------+
|hello hadoop|
|  hello java|
| hello scala|
|        java|
+-------------+
```

可以看出,lines Dataset将单词文件中的每一行看作一个元素,并且所有元素组成了一列,列名默认为value。

接下来使用lines Dataset的flatMap()算子将单词按照空格进行切分并合并。使用前记得导入SparkSession对象的隐式转换,代码如下:

```
import session.implicits._
val words: Dataset[String] = lines.flatMap(_.split(" "))
```

写到这里仍然测试一下,使用以下代码查看words Dataset的数据内容:

```
words.show()
```

输出内容如下:

```
+------+
| value|
+------+
| hello|
|hadoop|
| hello|
|  java|
| hello|
| scala|
|  java|
+------+
```

可以看出,所有单词都已经合并到了一列,列名仍然为value。

使用Dataset的withColumnRenamed()方法将列名value修改为word(若不修改列名,则后续的查询要使用value列),同时将Dataset转换为DataFrame,代码如下:

```
val df: DataFrame = words.withColumnRenamed("value","word")
```

列名有了，还缺少表名，使用DataFrame的createTempView()方法给df DataFrame起一个临时视图名称，代码如下：

```
df.createTempView("v_words")
```

接下来可以执行SQL命令了。使用SparkSession对象的sql()方法执行SQL命令，从DataFrame中查询数据，代码如下：

```
val result: DataFrame = session.sql(
  "select word,count(*) as count from v_words group by word order by count desc")
```

上述SQL命令使用group by关键字按照word列进行分组，并聚合每一组的单词数量，最终将分组结果按照每一组的单词数量降序排列。

使用以下代码显示查询结果：

```
result.show()
```

输出内容如下：

```
+------+-----+
|  word|count|
+------+-----+
| hello|    3|
|  java|    2|
|hadoop|    1|
| scala|    1|
+------+-----+
```

可以看出，结果数据分为了两列：单词和单词数量，并根据单词数量进行了降序排列。

最后不要忘记执行以下代码关闭SparkContext，以释放资源。

```
session.close()
```

上述代码会调用SparkContext对象的stop()方法来关闭SparkContext（创建SparkSession对象的同时会创建SparkContext对象）。

3. 完整代码

在Maven项目中新建单词计数程序类SparkSQLWordCount.scala，完整代码如下：

```
import org.apache.spark.sql.{DataFrame, Dataset, Row, SparkSession}
/**
 * Spark SQL单词计数程序
 */
object SparkSQLWordCount {
  def main(args: Array[String]): Unit = {
    //创建SparkSession对象，并设置应用程序名称、运行模式
    val session=SparkSession.builder()
      .appName("SparkSQLWordCount")
      .master("local[*]")
      .getOrCreate()

    //读取HDFS中的单词文件
    val lines: Dataset[String] = session.read.textFile(
      "hdfs://centos01:9000/input/words.txt")
    lines.show()
    // +-------------+
    // |        value|
```

```
    // +-------------+
    // |hello hadoop|
    // |  hello java|
    // |  hello scala|
    // |       java  |
    // +-------------+
    //导入session对象中的隐式转换
    import session.implicits._
    //将Dataset中的数据按照空格进行切分并合并
    val words: Dataset[String] = lines.flatMap(_.split(" "))
    words.show()
    // +------+
    // | value|
    // +------+
    // | hello|
    // |hadoop|
    // | hello|
    // |  java|
    // | hello|
    // | scala|
    // |  java|
    // +------+
    //将Dataset中默认的列名value改为word,同时把Dataset转换为DataFrame
    val df: DataFrame = words.withColumnRenamed("value","word")
    df.show()
    // +------+
    // |  word|
    // +------+
    // | hello|
    // |hadoop|
    // | hello|
    // |  java|
    // | hello|
    // | scala|
    // |  java|
    // +------+
    //为DataFrame创建临时视图
    df.createTempView("v_words")
    //执行SQL,从DataFrame中查询数据,按照单词进行分组
    val result: DataFrame = session.sql(
      "select word,count(*) as count from v_words group by word order by count desc")
    //显示查询结果
    result.show()
    // +------+-----+
    // |  word|count|
    // +------+-----+
    // | hello|    3|
    // |  java|    2|
    // |hadoop|    1|
    // | scala|    1|
    // +------+-----+
    //关闭SparkContext
    session.close()
  }
}
```

4. 运行程序

可以直接在IDEA中运行上述单词计数程序，也可以将master("local[*]")中的local[*]改为Spark集群的Master地址，然后提交到Spark集群中运行。

本例中的数据转换流程如图4-56所示。

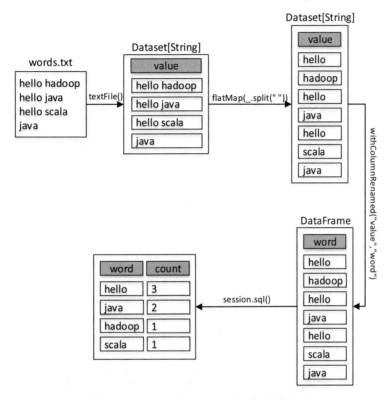

图 4-56　Spark SQL 单词计数数据转换流程

4.13　Spark SQL 数据源操作

Spark SQL支持通过DataFrame接口对各种数据源进行操作。DataFrame可以使用相关转换算子进行操作，也可以用于创建临时视图。将DataFrame注册为临时视图可以对其中的数据使用SQL查询。本节对常用的Spark数据源的使用方法进行讲解。

4.13.1　基本操作

Spark SQL提供了两个常用的加载数据和写入数据的方法：load()方法和save()方法。load()方法可以加载外部数据源为一个DataFrame，save()方法可以将一个DataFrame写入指定的数据源。

1. 默认数据源

默认情况下，load()方法和save()方法只支持Parquet格式的文件，Parquet文件是以二进制方式存储数据的，因此不可以直接读取，文件中包括该文件的实际数据和Schema信息（关于Parquet格式文件，本书不做过多讲解）。也可以在配置文件中通过参数spark.sql.sources.default对默认文件格式进行更改。

Spark SQL可以很容易地读取Parquet文件并将其数据转换为DataFrame数据集。例如，读取HDFS中的文件/users.parquet，并将其中的name列与favorite_color列写入HDFS的/result目录，代码如下：

```
//创建或得到SparkSession
val spark = SparkSession.builder()
  .appName("SparkSQLDataSource")
  .master("local[*]")
  .getOrCreate()
//加载Parquet格式的文件，返回一个DataFrame集合
val usersDF = spark.read.load("hdfs://centos01:9000/users.parquet")
usersDF.show()
// +------+--------------+----------------+
// |  name|favorite_color|favorite_numbers|
// +------+--------------+----------------+
// |Alyssa|          null|  [3, 9, 15, 20]|
// |   Ben|           red|              []|
// +------+--------------+----------------+

//查询DataFrame中的name列和favorite_color列，并写入HDFS
usersDF.select("name","favorite_color")
  .write.save("hdfs://centos01:9000/result")
```

上述代码使用load()方法加载指定路径的文件为一个DataFrame；使用select()方法对DataFrame中的指定列进行查询，查询结果仍然是DataFrame；使用save()方法将查询结果写入指定目录。

上述代码执行成功后，会在HDFS中生成一个/result目录，实际文件数据则存在于该目录中，如图4-57所示。

```
[hadoop@centos01 resources]$ hdfs dfs -ls /result
Found 2 items
-rw-r--r--   3 root supergroup          0 2022-04-11 14:04 /result/_SUCCESS
-rw-r--r--   3 root supergroup        619 2022-04-11 14:04 /result/part-00000-404a3d80-4f94-4d5b-bebf-a46aa0bc00ed-c000.snappy.parquet
```

图 4-57　写入 HDFS 中的 Parquet 文件数据

除了使用select()方法查询外，也可以使用SparkSession对象的sql()方法执行SQL语句进行查询，该方法的返回结果仍然是一个DataFrame。上述代码的最后一句可以替换为以下代码：

```
//创建临时视图
usersDF.createTempView("t_user")
//执行SQL查询，并将结果写入HDFS
spark.sql("SELECT name,favorite_color FROM t_user")
  .write.save("hdfs://centos01:9000/result")
```

2. 手动指定数据源

使用format()方法可以手动指定数据源。数据源需要使用完全限定名（例如org.apache.spark.sql.parquet），但对于Spark SQL的内置数据源，也可以使用它们的缩写名（JSON、Parquet、JDBC、ORC、Libsvm、CSV、Text）。例如，手动指定CSV格式的数据源，代码如下：

```
val peopleDFCsv=
  spark.read.format("csv").load("hdfs://centos01:9000/people.csv")
```

通过手动指定数据源，可以将DataFrame数据集保存为不同的文件格式或者在不同的文件格式之间转换。例如以下代码，读取HDFS中的JSON格式文件，并将其中的name列和age列保存为Parquet格式文件：

```
val peopleDF =
  spark.read.format("json").load("hdfs://centos01:9000/people.json")
peopleDF.select("name", "age")
  .write.format("parquet").save("hdfs://centos01:9000/result")
```

在指定数据源的同时，可以使用option()方法向指定的数据源传递所需参数。例如，向JDBC数据源传递账号、密码等参数，代码如下：

```
val jdbcDF = spark.read.format("jdbc")
  .option("url", "jdbc:mysql://192.168.1.69:3306/spark_db")
  .option("driver","com.mysql.cj.jdbc.Driver")
  .option("dbtable", "student")
  .option("user", "root")
  .option("password", "123456")
  .load()
```

3. 数据写入模式

在写入数据的同时，可以使用mode()方法指定如何处理已经存在的数据，该方法的参数是一个枚举类SaveMode，其取值解析如下：

（1）SaveMode.ErrorIfExists：默认值，当向数据源写入一个DataFrame时，如果数据已经存在，则会抛出异常。

（2）SaveMode.Append：当向数据源写入一个DataFrame时，如果数据或表已经存在，则会在原有的基础上进行追加。

（3）SaveMode.Overwrite：当向数据源写入一个DataFrame时，如果数据或表已经存在，则会将它覆盖（包括数据或表的Schema）。

（4）SaveMode.Ignore：当向数据源写入一个DataFrame时，如果数据或表已经存在，就不会写入内容，类似SQL中的CREATE TABLE IF NOT EXISTS。

例如，HDFS中有一个JSON格式的文件/people.json，内容如下：

```
{"name":"Michael"}
{"name":"Andy", "age":30}
{"name":"Justin", "age":19}
```

现需要查询该文件中的name列，并将结果写入HDFS的/result目录中，若该目录存在，则将它覆盖，代码如下：

```
val peopleDF = spark.read.format("json")
  .load("hdfs://centos01:9000/people.json")
peopleDF.select("name")
  .write.mode(SaveMode.Overwrite).format("json")
  .save("hdfs://centos01:9000/result")
```

执行上述代码后，会在HDFS中生成一个/result目录，实际文件数据则存在于该目录中，如图4-58所示。

```
[hadoop@centos01 resources]$ hdfs dfs -ls /result
Found 2 items
-rw-r--r--   3 root supergroup          0 2022-04-11 13:43 /result/_SUCCESS
-rw-r--r--   3 root supergroup         53 2022-04-11 13:43 /result/part-00000-5c1b7cb0-a2f4-4514-95ca-78d0197d752c-c000.json
[hadoop@centos01 resources]$ hdfs dfs -cat /result/part-00000-5c1b7cb0-a2f4-4514-95ca-78d0197d752c-c000.json
{"name":"Michael"}
{"name":"Andy"}
{"name":"Justin"}
```

图 4-58　写入 HDFS 中的 JSON 文件数据

接着查询HDFS文件/people.json的age列，并将结果写入HDFS的/result目录中，若该目录存在，则向它追加数据，代码如下：

```
val peopleDF = spark.read.format("json")
  .load("hdfs://centos01:9000/people.json")
peopleDF.select("age")
  .write.mode(SaveMode.Append).format("json")
  .save("hdfs://centos01:9000/result")
```

执行上述代码后，查看HDFS的/result目录，发现多了一个结果文件，如图4-59所示。

```
[hadoop@centos01 resources]$ hdfs dfs -ls /result
Found 3 items
-rw-r--r--   3 root supergroup          0 2022-04-11 13:48 /result/_SUCCESS
-rw-r--r--   3 root supergroup         25 2022-04-11 13:48 /result/part-00000-38273221-9be3-4667-b30d-8a7859f40133-c000.json
-rw-r--r--   3 root supergroup         53 2022-04-11 13:43 /result/part-00000-5c1b7cb0-a2f4-4514-95ca-78d0197d752c-c000.json
[hadoop@centos01 resources]$ hdfs dfs -cat /result/part-00000-38273221-9be3-4667-b30d-8a7859f40133-c000.json
{}
{"age":30}
{"age":19}
```

图 4-59　写入 HDFS 中的 JSON 文件数据

4. 分区自动推断

表分区是Hive等系统中常用的优化查询效率的方法（Spark SQL的表分区与Hive的表分区类似，本书不做详细讲解）。在分区表中，数据通常存储在不同的分区目录中，分区目录通常以“分区列名=值”的格式进行命名。例如，以people作为表名，gender和country作为分区列，存储数据的目录结构如下：

```
path
 └── to
     └── people
         ├── gender=male
         │   ├── ...
         │   │
         │   ├── country=US
         │   │   └── data.parquet
         │   ├── country=CN
         │   │   └── data.parquet
         │   └── ...
         └── gender=female
             ├── ...
             │
             ├── country=US
             │   └── data.parquet
             ├── country=CN
             │   └── data.parquet
             └── ...
```

对于所有内置的数据源（包括Text/CSV/JSON/ORC/Parquet），Spark SQL都能够根据目录名自动发现和推断分区信息。下面以一个实际例子进行讲解。

在本地（或HDFS）新建以下3个目录及文件，其中的目录people代表表名，gender和country代表分区列，people.json存储实际人口数据：

```
D:\people\gender=male\country=CN\people.json
D:\people\gender=male\country=US\people.json
D:\people\gender=female\country=CN\people.json
```

3个people.json文件的数据分别如下：

```
{"name":"zhangsan","age":32}
{"name":"lisi", "age":30}
{"name":"wangwu", "age":19}

{"name":"Michael"}
{"name":"Jack", "age":20}
{"name":"Justin", "age":18}

{"name":"xiaohong","age":17}
{"name":"xiaohua", "age":22}
{"name":"huanhuan", "age":16}
```

执行以下代码，读取表people的数据并显示：

```scala
//读取表数据为一个DataFrame
val usersDF = spark.read.format("json").load("D:\\people")
//输出Schema信息
usersDF.printSchema()
//输出表数据
usersDF.show()
```

控制台输出的Schema信息如下：

```
root
 |-- age: long (nullable = true)
 |-- name: string (nullable = true)
 |-- gender: string (nullable = true)
 |-- country: string (nullable = true)
```

控制台输出的表数据如下：

```
+----+--------+------+-------+
| age|    name|gender|country|
+----+--------+------+-------+
|  17|xiaohong|female|     CN|
|  22| xiaohua|female|     CN|
|  16|huanhuan|female|     CN|
|  32|zhangsan|  male|     CN|
|  30|    lisi|  male|     CN|
|  19|  wangwu|  male|     CN|
|null| Michael|  male|     US|
|  20|    Jack|  male|     US|
|  18|  Justin|  male|     US|
+----+--------+------+-------+
```

从控制台输出的Schema信息和表数据可以看出，Spark SQL在读取数据时，自动推断出了两个分区列gender和country，并将这两列的值添加到了DataFrame中。

> **注意** 分区列的数据类型是自动推断的，目前支持数字、日期、时间戳、字符串数据类型。若不希望自动推断分区列的数据类型，则可以在配置文件中将 spark.sql.sources.partitionColumnTypeInference 的值设置为 false（默认为 true，表示启用）。当禁用自动推断时，分区列将使用字符串数据类型。

4.13.2 Parquet 文件

Apache Parquet 是 Hadoop 生态系统中任何项目都可以使用的列式存储格式，不受数据处理框架、数据模型和编程语言的影响。Spark SQL 支持对 Parquet 文件的读和写，并且可以自动保存源数据的 Schema。当写入 Parquet 文件时，为了提高兼容性，所有列都会自动转换为"可为空"状态。

加载和写入 Parquet 文件时，除了可以使用 load() 方法和 save() 方法外，还可以直接使用 Spark SQL 内置的 parquet() 方法，例如以下代码：

```
//读取Parquet文件为一个DataFrame
val usersDF = spark.read.parquet("hdfs://centos01:9000/users.parquet")
//将DataFrame相关数据保存为Parquet文件，包括Schema信息
usersDF.select("name","favorite_color")
  .write.parquet("hdfs://centos01:9000/result")
```

与 Protocol Buffer、Avro 和 Thrift 一样，Parquet 也支持 Schema 合并。刚开始可以先定义一个简单的 Schema，然后根据业务需要逐步向 Schema 中添加更多的列，最终产生多个 Parquet 文件，各个 Parquet 文件的 Schema 不同，但是相互兼容。对于这种情况，Spark SQL 读取 Parquet 数据源时可以自动检测并合并所有 Parquet 文件的 Schema。

由于 Schema 合并是一个相对耗时的操作，并且在多数情况下不是必需的，因此从 Spark 1.5.0 开始默认关闭 Schema 自动合并功能，可以通过以下两种方式开启：

（1）读取 Parquet 文件时，通过调用 option() 方法将数据源的属性 mergeSchema 设置为 true，代码如下：

```
val mergedDF = spark.read.option("mergeSchema", "true")
  .parquet("hdfs://centos01:9000/students")
```

（2）构建 SparkSession 对象时，通过调用 config() 方法将全局 SQL 属性 spark.sql.parquet.mergeSchema 设置为 true，代码如下：

```
val spark = SparkSession.builder()
  .appName("SparkSQLDataSource")
  .config("spark.sql.parquet.mergeSchema",true)
  .master("local[*]")
  .getOrCreate()
```

例如，向 HDFS 的目录 /students 中首先写入两个学生的姓名和年龄信息，然后写入两个学生的姓名和成绩信息，最后读取 /students 目录中的所有学生数据并合并 Schema，代码如下：

```
import org.apache.spark.sql.{SaveMode, SparkSession}
/**
 * SparkSQL读取HDFS数据，并合并数据的Schema信息
 */
object SparkSQLMergeSchemaDemo {
```

```
def main(args: Array[String]): Unit = {
  //创建或得到SparkSession
  val spark = SparkSession.builder()
    .appName("SparkSQLDataSource")
    .config("spark.sql.parquet.mergeSchema",true)
    .master("local[*]")
    .getOrCreate()

  //导入隐式转换
  import spark.implicits._

  //创建List集合，存储姓名和年龄
  val studentList=List(("jock",22),("lucy",20))
  //将集合转换为DataFrame，并指定列名为name和age
  val studentDF = spark.sparkContext   ❶
    .makeRDD(studentList)
    .toDF("name", "age")
  //将DataFrame写入HDFS的/students目录
  studentDF.write.mode(SaveMode.Append)
    .parquet("hdfs://centos01:9000/students")

  //创建List集合，存储姓名和成绩
  val studentList2=List(("tom",98),("mary",100))
  //将集合转换为DataFrame，并指定列名为name和grade
  val studentDF2 = spark.sparkContext   ❷
    .makeRDD(studentList2)
    .toDF("name", "grade")
  //将DataFrame写入HDFS的/students目录（写入模式为Append）
  studentDF2.write.mode(SaveMode.Append)
    .parquet("hdfs://centos01:9000/students")

  //读取HDFS目录/students的Parquet文件数据，并合并Schema
  val mergedDF = spark.read.option("mergeSchema", "true")
    .parquet("hdfs://centos01:9000/students")   ❸
  //输出Schema信息
  mergedDF.printSchema()
  //输出数据内容
  mergedDF.show()
  }
}
```

上述代码解析如下：

❶ 创建一个DataFrame集合，该集合包括name和age两列，数据如下：

```
+----+---+
|name|age|
+----+---+
|jock| 22|
|lucy| 20|
+----+---+
```

❷ 创建一个DataFrame集合，该集合包括name和grade两列，数据如下：

```
+----+-----+
|name|grade|
+----+-----+
| tom|   98|
```

```
|mary| 100|
+----+-----+
```

❸ 通过代码option("mergeSchema", "true")开启Schema自动合并功能，然后读取HDFS目录/students中的所有Parquet文件数据，输出数据的Schema信息和数据内容。Schema信息输出如下：

```
root
 |-- name: string (nullable = true)
 |-- age: integer (nullable = true)
 |-- grade: integer (nullable = true)
```

数据内容输出如下：

```
+----+----+-----+
|name| age|grade|
+----+----+-----+
|mary|null|  100|
|jock|  22| null|
|lucy|  20| null|
| tom|null|   98|
+----+----+-----+
```

从输出的Schema信息和数据内容可以看出，Spark SQL在读取Parquet文件数据时，自动将不同文件的Schema信息进行合并。

4.13.3　JSON 数据集

Spark SQL可以自动推断JSON文件的Schema，并将它加载为DataFrame。在加载和写入JSON文件时，除了使用load()方法和save()方法外，还可以直接使用Spark SQL内置的json()方法。该方法不仅可以读、写JSON文件，还可以将Dataset[String]类型的数据集转换为DataFrame。

需要注意的是，要想成功地将一个JSON文件加载为DataFrame，JSON文件的每一行必须包含一个独立有效的JSON对象，而不能将一个JSON对象分散在多行。例如以下JSON内容可以被成功加载：

```
{"name":"zhangsan","age":32}
{"name":"lisi", "age":30}
{"name":"wangwu", "age":19}
```

使用json()方法加载JSON数据的例子如下：

```
import org.apache.spark.sql._
/**
 * Spark SQL加载JSON文件
 */
object SparkSQLJSONDemo{
  def main(args: Array[String]): Unit = {
    //创建或得到SparkSession
    val spark = SparkSession.builder()
      .appName("SparkSQLDataSource")
      .config("spark.sql.parquet.mergeSchema",true)
      .master("local[*]")
      .getOrCreate()

    /****1.创建用户基本信息表*****/
```

```
    import spark.implicits._
    //创建用户信息Dataset集合
    val arr=Array(
      "{'name':'zhangsan','age':20}",
      "{'name':'lisi','age':18}"
    )
    val userInfo: Dataset[String] = spark.createDataset(arr)
    //将Dataset[String]转换为DataFrame
    val userInfoDF = spark.read.json(userInfo)
    //创建临时视图user_info
    userInfoDF.createTempView("user_info")
    //显示数据
    userInfoDF.show()
    // +---+--------+
    // |age|    name|
    // +---+--------+
    // | 20|zhangsan|
    // | 18|    lisi|
    // +---+--------+

    /****2.创建用户成绩表*****/
    //读取JSON文件
    val userScoreDF = spark.read.json("D:\\people\\people.json")
    //创建临时视图user_score
    userScoreDF.createTempView("user_score")
    userScoreDF.show()
    // +--------+-----+
    // |    name|score|
    // +--------+-----+
    // |zhangsan|   98|
    // |    lisi|   88|
    // |  wangwu|   95|
    //     +--------+-----+
    /****3.根据name字段关联查询*****/
    val resDF=spark.sql("SELECT i.age,i.name,c.score FROM user_info i " +
                        "JOIN user_score c ON i.name=c.name")
    resDF.show()
    // +---+--------+-----+
    // |age|    name|score|
    // +---+--------+-----+
    // | 20|zhangsan|   98|
    // | 18|    lisi|   88|
    // +---+--------+-----+
  }
}
```

上述代码首先使用json()方法将存储用户基本信息的Dataset转换为一个DataFrame，然后加载本地存储用户成绩的JSON文件为一个DataFrame，最后将两个DataFrame根据name字段进行关联查询。

4.13.4 Hive表

Spark SQL还支持读取和写入存储在Apache Hive中的数据。然而，Hive有大量依赖项，这些依赖项不包含在默认的Spark发行版中，如果在classpath上配置了这些Hive依赖项，那么Spark就会自动加载它们。需要注意的是，这些Hive依赖项必须出现在所有Worker节点上，因为它们需要访问Hive序列化和反序列化库（SerDes），以便访问存储在Hive中的数据。

在使用Hive时，必须实例化一个支持Hive的SparkSession对象。即使系统中没有部署Hive，也仍然可以启用Hive支持（Spark SQL充当Hive查询引擎）。Spark对Hive的支持包括连接到持久化的Hive元数据库、Hive SerDe、Hive用户定义函数、HiveQL等。如果没有配置hive-site.xml文件，那么在Spark应用程序启动时，就会自动在当前目录中创建Derby元数据库metastore_db，并创建一个由spark.sql.warehouse.dir指定的数据仓库目录（若不指定，则默认启动Spark应用程序当前目录中的spark-warehouse目录）。需要注意的是，从Spark2.0.0版本开始，hive-site.xml中的hive.metastore.warehouse.dir属性就不再使用了，而是使用spark.sql.warehouse.dir指定默认的数据仓库目录。

下面讲解如何使用Spark SQL读取和写入Hive数据。

1. 创建 SparkSession 对象

创建一个SparkSession对象，并开启Hive支持，代码如下：

```
val spark = SparkSession
  .builder()
  .appName("Spark Hive Demo")
  .enableHiveSupport()        //开启Hive支持
  .getOrCreate()
```

2. 执行 HiveQL 语句

调用SparkSession对象的sql()方法传入需要执行的HiveQL语句。

1）创建 Hive 表

创建一张Hive表students，并指定字段分隔符为制表符（\t），代码如下：

```
spark.sql("CREATE TABLE IF NOT EXISTS students (name STRING, age INT) " +
  "ROW FORMAT DELIMITED FIELDS TERMINATED BY '\t'")
```

2）导入本地数据到 Hive 表

本地文件/home/hadoop/students.txt的内容如下（字段之间以制表符（\t）分隔）：

```
zhangsan    20
lisi        25
wangwu      19
```

将本地文件/home/hadoop/students.txt中的数据导入表students中，代码如下：

```
spark.sql("LOAD DATA LOCAL INPATH '/home/hadoop/students.txt' " +
  "INTO TABLE students")
```

3）查询表数据

查询表students的数据并显示到控制台，代码如下：

```
spark.sql("SELECT * FROM students").show()
```

显示结果如下：

```
+--------+---+
|    name|age|
```

```
+--------+---+
|zhangsan| 20|
|    lisi| 25|
|  wangwu| 19|
+--------+---+
```

使用聚合查询，查询表students的所有数据并显示到控制台，代码如下：

```
spark.sql("SELECT COUNT(*) FROM students").show()
```

显示结果如下：

```
+--------+
|count(1)|
+--------+
|       3|
+--------+
```

4）创建表的同时指定存储格式

创建一张Hive表hive_records，数据存储格式为Parquet（默认为普通文本格式），代码如下：

```
spark.sql("CREATE TABLE hive_records(key STRING, value INT) STORED AS PARQUET")
```

5）将 DataFrame 写入 Hive 表

使用saveAsTable()方法可以将一个DataFrame写入指定的Hive表中。例如，加载表students的数据并转换为DataFrame，然后将DataFrame写入Hive表hive_records中，代码如下：

```
//加载表students的数据为DataFrame
val studentsDF = spark.table("students")
//将DataFrame写入表hive_records中
studentsDF.write.mode(SaveMode.Overwrite).saveAsTable("hive_records")
//查询表hive_records数据并显示到控制台
spark.sql("SELECT * FROM hive_records").show()
```

Spark SQL应用程序写完后，需要提交到Spark集群中运行。若以Hive为数据源，则提交之前需要做好Hive数据仓库、元数据库等的配置，具体配置方式将在4.14节中详细讲解。

4.13.5　JDBC

Spark SQL还可以使用JDBC API从其他关系数据库读取数据，返回的结果仍然是一个DataFrame，可以很容易地在Spark SQL中处理或者与其他数据源进行连接查询。

在使用JDBC连接数据库时可以指定相应的连接属性，常用的连接属性如表4-7所示。

表4-7　Spark SQL JDBC 连接属性

属　　性	描　　述
url	连接的 JDBC URL
driver	JDBC 驱动的类名
user	数据库用户名
password	数据库密码

（续表）

属性	描述
dbtable	数据库表名或能代表一张数据库表的子查询。在读取数据时，若只使用数据库表名，则将查询整张表的数据；若希望查询部分数据或多表关联查询，则可以使用 SQL 查询的 FROM 子句中的任何有效内容，例如放入括号中的子查询。该属性的值会被当作一张表进行查询，查询格式：select * from <dbtable 属性值> where 1=1 注意，不允许同时指定 dbtable 和 query 属性
query	指定查询的 SQL 语句。注意：不允许同时指定 dbtable 和 query 属性，也不允许同时指定 query 和 partitionColumn 属性。当需要指定 partitionColumn 属性时，可以使用 dbtable 属性指定子查询，并使用子查询的别名对分区列进行限定
partitionColumn, lowerBound, upperBound	这几个属性，若有一个被指定，则必须全部指定，且必须指定 numPartitions 属性。它们描述了如何在从多个 Worker 中并行读取数据时对表进行分区。partitionColumn 必须是表中的数字、日期或时间戳列。注意，lowerBound 和 upperBound 只是用来决定分区跨度的，而不是用来过滤表中的行的。因此，表中的所有行都将被分区并返回
numPartitions	对表并行读写数据时的最大分区数，这也决定了并发 JDBC 连接的最大数量。如果要写入数据的分区数量超过了此限制的值，那么在写入之前可以调用 coalesce(numpartition)将分区数量减少到此限制的值

例如，使用JDBC API对MySQL表student和表score进行关联查询，代码如下：

```
val jdbcDF = spark.read.format("jdbc")
  .option("url", "jdbc:mysql://192.168.1.69:3306/spark_db")
  .option("driver","com.mysql.cj.jdbc.Driver")
  .option("dbtable", "(select st.name,sc.score from student st,score sc " +
    "where st.id=sc.id) t")
  .option("user", "root")
  .option("password", "123456")
  .load()
```

上述代码中，dbtable属性的值是一个子查询，相当于SQL查询中的FROM关键字后的一部分。

除了上述查询方式外，使用query属性编写完整SQL语句进行查询也能达到同样的效果，代码如下：

```
val jdbcDF = spark.read.format("jdbc")
  .option("url", "jdbc:mysql://192.168.1.234:3306/spark_db")
  .option("driver","com.mysql.cj.jdbc.Driver")
  .option("query", "select st.name,sc.score from student st,score sc " +
    "where st.id=sc.id")
  .option("user", "root")
  .option("password", "123456")
  .load()
```

在4.15节的Spark SQL整合MySQL案例中，将进一步对JDBC数据源进行讲解。

4.14　Spark SQL 与 Hive 整合分析

为什么Spark SQL要与Hive整合分析？

- Hive是一个基于Hadoop的数据仓库架构,使用SQL语句读、写和管理大型分布式数据集。Hive可以将SQL语句转换为MapReduce（或Apache Spark、Apache Tez）任务执行，大大降低了Hadoop的使用门槛，减少了开发MapReduce程序的时间成本。Hive提供了一种类SQL查询语言，称为HiveQL。Hive不仅可以分析HDFS文件系统中的数据，也可以分析其他存储系统（例如HBase）中的数据。
- Spark SQL与Hive整合后，可以直接在Spark SQL中使用HiveQL轻松操作存储在Hive数据仓库中的用户行为数据。Spark SQL与Hive不同的是，Hive的执行引擎为MapReduce，而Spark SQL的执行引擎为Spark RDD，执行速度更快。

4.14.1 整合Hive

Spark SQL与Hive的整合比较简单，总体来说只需要以下两步：

第一步，将$HIVE_HOME/conf中的hive-site.xml文件复制到$SPARK_HOME/conf中。
第二步，在Spark配置文件spark-env.sh中指定Hadoop及其配置文件的主目录。

Hive的安装不是必需的，如果没有安装Hive，那么可以手动在$SPARK_HOME/conf中创建hive-site.xml，并加入相应配置信息。Spark SQL相当于一个命令执行的客户端，只在一台机器上配置即可。

本例以MySQL作为元数据库配置Spark SQL与Hive整合，Spark集群使用Standalone模式，且集群中未安装Hive客户端。在Spark集群中选择一个节点作为Spark SQL客户端，进行以下操作：

1）创建Hive配置文件

在$SPARK_HOME/conf目录中创建Hive的配置文件hive-site.xml，内容如下：

```
<configuration>
  <!--MySQL数据库连接信息 -->
  <property><!--连接MySQL的驱动类 -->
    <name>javax.jdo.option.ConnectionDriverName</name>
    <value>com.mysql.cj.jdbc.Driver</value>
  </property>
  <property><!--MySQL连接地址，此处连接远程数据库，可根据实际情况进行修改 -->
    <name>javax.jdo.option.ConnectionURL</name>
<value>jdbc:mysql://192.168.1.69:3306/hive_db?createDatabaseIfNotExist=true</value>
  </property>
  <property><!--MySQL用户名 -->
    <name>javax.jdo.option.ConnectionUserName</name>
    <value>hive</value>
  </property>
  <property><!--MySQL密码 -->
    <name>javax.jdo.option.ConnectionPassword</name>
    <value>hive</value>
  </property>
</configuration>
```

Spark SQL启动时会读取该文件，并连接MySQL数据库。

通过在数据库连接字符串中添加createDatabaseIfNotExist=true可以在MySQL中不存在元数据库的情况下让Spark SQL自动创建。

2）修改 Spark 配置文件

修改Spark配置文件$SPARK_HOME/conf/spark-env.sh，加入以下内容，指定Hadoop及配置文件的主目录：

```
export HADOOP_HOME=/opt/modules/hadoop-3.3.1
export HADOOP_CONF_DIR=/opt/modules/hadoop-3.3.1/etc/hadoop
```

3）启动 HDFS

```
$ start-dfs.sh
```

4）启动 Spark SQL 终端

进入Spark安装目录，执行以下命令启动Spark SQL终端，并指定Spark集群Master的地址和MySQL连接驱动的路径：

```
$ bin/spark-sql \
--master spark://centos01:7077 \
--driver-class-path /opt/softwares/mysql-connector-java-8.0.11.jar
```

上述命令中的参数--driver-class-path表示指定Driver依赖的第三方JAR包，多个JAR包之间以逗号分隔。该参数会将指定的JAR包添加到Driver端的classpath中，此处指定MySQL的驱动包。

Spark SQL启动后，在浏览器中访问Spark WebUI地址 http://centos01:8080/，发现有一个正在运行的名称为SparkSQL::192.168.170.133的应用程序，如图4-60所示。

Application ID	Name	Cores	Memory per Executor	Resources Per Executor	Submitted Time	User	State	Duration
app-20220404223246-0011 (kill)	SparkSQL::192.168.170.133	2	1024.0 MiB		2022/04/04 22:32:46	hadoop	RUNNING	14 s

图 4-60　Spark SQL 启动的应用程序

如果Spark SQL不退出，那么该应用程序将一直存在，与Spark Shell启动后产生的应用程序类似。

此时在MySQL中查看数据库列表，发现新增了一个数据库hive_db，该数据库即为Hive的元数据库，存储表的元数据信息，如图4-61所示。

切换到元数据库hive_db，查询表DBS的所有内容，可以看到，Spark SQL默认的数据仓库位置为hdfs://centos01:9000/user/hive/warehouse，与使用Hive时相同，如图4-62所示。

图 4-61　查看 MySQL 数据库列表

若HDFS中不存在数据仓库目录，则Spark SQL在第一次向表中添加数据时会自动创建。

图 4-62　查看数据仓库位置

4.14.2 操作 Hive

Spark SQL与Hive整合成功后，可以使用以下几种方式对Hive数据仓库进行操作。

1. Spark SQL 终端操作

Spark SQL终端启动后，可以直接使用HiveQL语句对Hive数据仓库进行操作。

例如，列出当前所有数据库，代码如下：

```
spark-sql> show databases;
default
Time taken: 3.66 seconds, Fetched 1 row(s)
```

可以看到，默认有一个名为default的数据库。

创建表student，其中字段id为整型，字段name为字符串，代码如下：

```
spark-sql> CREATE TABLE student(id INT,name STRING);
Time taken: 1.351 seconds
```

向表student中插入一条数据，代码如下：

```
spark-sql> INSERT INTO student VALUES(1000,'xiaoming');
Time taken: 10.338 seconds
```

此时查看HDFS的数据仓库目录，可以看到，在数据仓库目录中生成了一个文件夹student，表student的数据存放于该文件夹中，如图4-63所示。

```
[hadoop@centos01 ~]$ hdfs dfs -ls -R /user/hive/warehouse
drwxrwxr-x   - hadoop supergroup          0 2022-04-04 22:37 /user/hive/warehouse/student
-rwxrwxr-x   2 hadoop supergroup         14 2022-04-04 22:37 /user/hive/warehouse/student/part-00000-21e4f6db-38e3-4256-9bfd-bc26dd98c648-c000
```

图 4-63 查看数据仓库生成的目录

2. Spark Shell 操作

在Spark Shell中，使用SparkSession对象的sql()方法传入相应的HiveQL语句，可以对Hive数据仓库进行操作。但要注意的是，启动Spark Shell时，需要使用--driver-class-path参数指定数据库的JDBC驱动JAR包，该参数可以将指定的驱动JAR包添加到Driver端的classpath中。例如，使用MySQL作为Hive元数据库，启动Spark Shell的命令如下：

```
$ bin/spark-shell --master spark://centos01:7077 \
--driver-class-path /opt/softwares/mysql-connector-java-8.0.11.jar
```

除了在启动Spark Shell时指定数据库的驱动jar外，还可以将驱动JAR包提前复制到$SPARK_HOME/jars目录中，Spark Shell启动时会自动加载该目录中的JAR包到classpath中。

成功启动Spark Shell后，即可对Hive进行操作。

例如，显示Hive中的所有数据库，代码如下：

```
scala> spark.sql("show databases").show()
+------------+
|databaseName|
+------------+
|     default|
+------------+
```

显示当前数据库中所有的表,代码如下:

```
scala> spark.sql("show tables").show()
+--------+------------+-----------+
|database|   tableName|isTemporary|
+--------+------------+-----------+
| default|hive_records|      false|
| default|    students|      false|
| default|        test|      false|
+--------+------------+-----------+
```

查询表students的所有数据,代码如下:

```
scala> spark.sql("select * from students").show()
+--------+---+
|    name|age|
+--------+---+
|zhangsan| 20|
|    lisi| 25|
|  wangwu| 19|
+--------+---+
```

删除表test,然后查询当前数据库中所有的表,代码如下:

```
scala> spark.sql("drop table test")
res13: org.apache.spark.sql.DataFrame = []

scala> spark.sql("show tables").show()
+--------+------------+-----------+
|database|   tableName|isTemporary|
+--------+------------+-----------+
| default|hive_records|      false|
| default|    students|      false|
+--------+------------+-----------+
```

3. 提交 Spark SQL 应用程序

在IDEA中编写操作Hive的Spark SQL应用程序,然后将编写好的应用程序打包为JAR文件,提交到Spark集群中运行,即可对Hive进行数据的读、写与分析。

例如,在IDEA中编写以下程序:

```scala
package spark.demo

import org.apache.spark.sql.SparkSession
/**
 * Spark SQL操作Hive
 */
object SparkSQLHiveDemo{
  def main(args: Array[String]): Unit = {
    //创建SparkSession对象
    val spark = SparkSession
      .builder()
      .appName("Spark Hive Demo")
      .enableHiveSupport()//开启Hive支持
      .getOrCreate()

    //创建表students
    spark.sql("CREATE TABLE IF NOT EXISTS students (name STRING, age INT) " +
```

```
                    "ROW FORMAT DELIMITED FIELDS TERMINATED BY '\t'")
      //导入数据到表students
      spark.sql("LOAD DATA LOCAL INPATH '/home/hadoop/students.txt' " +
        "INTO TABLE students")
      // 使用HiveQL查询表students的数据
      spark.sql("SELECT * FROM students").show()
    }
}
```

将上述程序打包为spark.demo.jar，然后上传到Spark集群的Master节点的/opt/softwares目录中，执行以下命令提交spark.demo.jar到Spark集群：

```
$ bin/spark-submit --class spark.demo.SparkSQLHiveDemo \
/opt/softwares/spark.demo.jar \
--driver-class-path /opt/softwares/mysql-connector-java-8.0.11.jar
```

若提前将数据库驱动JAR包复制到了$SPARK_HOME/jars目录中，则上述命令中的参数--driver-class-path可以省略。

4.15 Spark SQL 整合 MySQL 存储分析结果

为什么Spark SQL要整合MySQL？

- 很多时候，使用大数据框架分析得出的结果需要再次写入存储系统中进行保存。而关系数据库 MySQL 轻便且快速，非常适合存储结果数据。
- 在使用 Spark SQL 对用户行为数据进行离线分析后，其分析结果往往需要存储到 MySQL 中，以便后续能够随时查看结果。这个时候就需要将 Spark SQL 与 MySQL 进行整合，使 Spark SQL 能够读、写 MySQL。

本例讲解使用Spark SQL的JDBC API读取MySQL数据库中的表数据，并将DataFrame中的数据写入MySQL表中。Spark集群仍然使用Standalone模式。

4.15.1 MySQL 数据准备

在MySQL中新建一个用于测试的数据库spark_db，命令如下：

```
mysql> create database spark_db;
```

在该数据库中新建表student并添加3列，分别为id（学号）、name（姓名）、age（年龄），命令如下：

```
mysql> use spark_db;
mysql> create table student (id int, name varchar(20), age int);
```

向表student中插入3条测试数据，命令如下：

```
mysql> insert into student values(1,'zhangsan',23);
mysql> insert into student values(2,'lisi',19);
mysql> insert into student values(3,'wangwu',25);
```

查询该表中的所有数据，命令如下：

```
mysql> select * from student;
+------+----------+------+
| id   | name     | age  |
+------+----------+------+
|    1 | zhangsan |   23 |
|    2 | lisi     |   19 |
|    3 | wangwu   |   25 |
+------+----------+------+
3 rows in set (0.00 sec)
```

4.15.2 读取 MySQL 表数据

为了演示方便，本例使用Spark Shell进行操作。

首先进入Spark安装目录，执行以下命令启动Spark Shell：

```
$ bin/spark-shell \
--master spark://centos01:7077 \
--jars /opt/softwares/mysql-connector-java-8.0.11.jar
```

上述命令中的参数--jars表示指定Driver和Executor依赖的第三方JAR包，多个JAR包之间以逗号分隔，该参数会将指定的JAR包添加到Driver端和Executor端的classpath中。此处指定MySQL的驱动包。

> **注意** 在Spark Shell中，Driver运行于客户端，负责读取MySQL中的元数据信息；Executor运行于Worker节点上，负责读取实际数据。两者都需要连接MySQL，因此使用--jars参数指定两者需要的驱动。

然后在Spark Shell中使用Spark SQL读取MySQL表student的所有数据。若命令代码分多行，则可以先执行:past命令，将整段代码粘贴到命令行。粘贴完毕后，按回车键新起一行，然后按Ctrl+D组合键结束粘贴并执行该命令，代码如下：

```
scala> :past
//Entering paste mode (ctrl-D to finish)

val jdbcDF = spark.read.format("jdbc")
    .option("url", "jdbc:mysql://192.168.1.69:3306/spark_db")
    .option("driver","com.mysql.cj.jdbc.Driver")
    .option("dbtable", "student")
    .option("user", "root")
    .option("password", "123456")
    .load()

//Exiting paste mode, now interpreting

jdbcDF: org.apache.spark.sql.DataFrame = [id: int, name: string ... 1 more field]
```

执行上述代码后，虽然没有触发任务，但是Spark SQL连接了MySQL数据库，并从表student中读取了数据描述信息（Schema），然后存储到了变量jdbcDF中。变量jdbcDF为DataFrame类型。

最后调用show()方法显示DataFrame中的数据，代码如下：

```
scala> jdbcDF.show()
+---+--------+---+
| id|    name|age|
+---+--------+---+
|  1|zhangsan| 23|
```

```
|  2|    lisi| 19|
|  3|  wangwu| 25|
+---+--------+---+
```

JDBC的连接属性设置方式有很多种，除了依次调用option()方法添加外，也可以直接将所有属性放入一个Map中，然后将Map传入方法options()，代码如下：

```
//新建Map，存储JDBC连接属性
val mp = Map(
  ("driver","com.mysql.cj.jdbc.Driver"),        //驱动
  ("url", "jdbc:mysql://192.168.1.69:3306/spark_db"),  //连接地址
  ("dbtable", "student"),      //表名
  ("user", "root"),            //用户名
  ("password", "123456")       //密码
)
//加载数据
val jdbcDF = spark.read.format("jdbc").options(mp).load()
//显示数据
jdbcDF.show();
```

还可以使用Java的Properties（需提前导入java.util.Properties类）存放部分连接属性，然后调用jdbc()方法传入Properties对象。这种方式可以使连接属性中的用户名、密码与数据库、表名分离，降低编码耦合度，代码如下：

```
//创建Properties对象用于存储JDBC连接属性
val prop = new Properties()
prop.put("driver", "com.mysql.cj.jdbc.Driver")
prop.put("user", "root")
prop.put("password", "123456")
//读取数据
val jdbcDF=spark.read.jdbc(
  "jdbc:mysql://192.168.1.69:3306/spark_db","student",prop)
//显示数据
jdbcDF.show()
```

上述几种方式讲解的都是查询MySQL中的整张表，若需查询表的部分数据，则可在设置表名时将表名替换为相应的SQL语句。例如，查询表student中的前两行数据，在Spark Shell中，执行过程如图4-64所示。

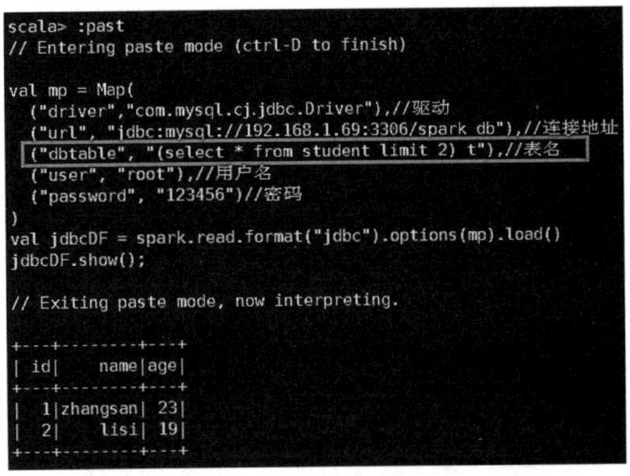

图4-64 使用 SQL 查询 MySQL 表数据

4.15.3 写入结果数据到 MySQL 表

有时需要将RDD的计算结果写入关系数据库中，以便用于前端展示。本例使用Spark SQL将DataFrame中的数据通过JDBC直接写入MySQL中。

1. 编写程序

在IDEA中新建SparkSQLJDBC.scala类，完整代码如下：

```scala
import org.apache.spark.sql.SparkSession
import org.apache.spark.sql.types._
import org.apache.spark.sql.Row
/**
 * 将RDD中的数据写入MySQL
 */
object SparkSQLJDBC {

  def main(args: Array[String]): Unit = {
    //创建或得到SparkSession
    val spark = SparkSession.builder()
      .appName("SparkSQLJDBC")
      .getOrCreate()

    //创建存放两条学生信息的RDD
    val studentRDD = spark.sparkContext.parallelize(
      Array("4 xiaoming 26", "5 xiaogang 27")
    ).map(_.split(" "))
    //通过StructType指定每个字段的schema
    val schema = StructType(
      List(
        StructField("id", IntegerType, true),
        StructField("name", StringType, true),
        StructField("age", IntegerType, true))
    )
    //将studentRDD映射为rowRDD,rowRDD中的每个元素都为一个Row对象
    val rowRDD = studentRDD.map(line =>
      Row(line(0).toInt, line(1).trim, line(2).toInt)
    )
    //建立rowRDD和schema之间的对应关系,返回DataFrame
    val studentDF = spark.createDataFrame(rowRDD, schema)

    //将DataFrame数据追加到MySQL的表student中
    studentDF.write.mode("append")      //保存模式为追加,即在原来的表中追加数据
      .format("jdbc")
      .option("url","jdbc:mysql:  //192.168.1.69:3306/spark_db")
      .option("driver","com.mysql.cj.jdbc.Driver")
      .option("dbtable","student")      //表名
      .option("user","root")
      .option("password","123456")
      .save()
  }
}
```

上述代码的执行过程如下：

（1）构建一个结果数据集studentRDD（RDD[String]）。

（2）将studentRDD中的元素映射为对象Row，即将studentRDD转换为rowRDD（RDD[Row]）。

（3）将rowRDD与schema进行关联，转换为studentDF（DataFrame）。

（4）将studentDF中的数据追加到MySQL表student中。

2. 打包提交程序

将程序打包为spark.demo-1.0-SNAPSHOT.jar，然后上传到Spark集群任一节点。进入Spark安装目录，执行以下命令提交程序到集群：

```
$ bin/spark-submit \
--master spark://centos01:7077 \
--jars /opt/softwares/mysql-connector-java-8.0.11.jar \
--class spark.demo.SparkSQLJDBC \
/opt/softwares/spark.demo-1.0-SNAPSHOT.jar
```

3. 查看结果

查看MySQL中表student的数据，发现增加了两条数据：

```
mysql> select * from spark_db.student;
+------+----------+------+
| id   | name     | age  |
+------+----------+------+
|    1 | zhangsan |   23 |
|    2 | lisi     |   19 |
|    3 | wangwu   |   25 |
|    5 | xiaogang |   27 |
|    4 | xiaoming |   26 |
+------+----------+------+
5 rows in set (0.01 sec)
```

4.16 Spark SQL 热点搜索词统计

本节根据用户上网的搜索行为日志，通过编写Spark SQL应用程序对每天的热点搜索词进行统计，以了解用户所关心的热点话题。

要完成本例的操作，需要掌握Spark SQL开窗函数的使用。

4.16.1 开窗函数的使用

row_number()开窗函数是Spark SQL中常用的一个窗口函数，使用该函数可以在查询结果中对每个分组的数据，按照排序的顺序添加一列行号（从1开始），根据行号可以方便地对每一组数据取前N行（分组取TOPN）。row_number()函数的使用格式如下：

```
row_number() over (partition by 列名 order by 列名 desc) 行号列别名
```

上述格式说明如下：

- partition by：按照某一列进行分组。
- order by：分组后按照某一列进行组内排序。
- desc：降序排列，默认为升序（asc）。

例如，统计每一个产品类别的销售额前3名，代码如下：

```
import org.apache.spark.sql.types._
import org.apache.spark.sql.{Row, SparkSession}

/**
 * 统计每一个产品类别的销售额前3名（相当于分组求TOPN）
 */
```

```scala
object SparkSQLWindowFunctionDemo {
  def main(args: Array[String]): Unit = {
    //创建或得到SparkSession
    val spark = SparkSession.builder()
      .appName("SparkSQLWindowFunctionDemo")
      .master("local[*]")
      .getOrCreate()

    //第一步：创建测试数据（字段：日期、产品类别、销售额）
    val arr=Array(
      "2019-06-01,A,500",
      "2019-06-01,B,600",
      "2019-06-01,C,550",
      "2019-06-02,A,700",
      "2019-06-02,B,800",
      "2019-06-02,C,880",
      "2019-06-03,A,790",
      "2019-06-03,B,700",
      "2019-06-03,C,980",
      "2019-06-04,A,920",
      "2019-06-04,B,990",
      "2019-06-04,C,680"
    )
    //转换为RDD[Row]
    val rowRDD=spark.sparkContext
      .makeRDD(arr)
      .map(line=>Row(
          line.split(",")(0),
          line.split(",")(1),
          line.split(",")(2).toInt
      ))
    //构建DataFrame元数据
    val structType=StructType(Array(
      StructField("date",StringType,true),
      StructField("type",StringType,true),
      StructField("money",IntegerType,true)
    ))
    //将RDD[Row]转为DataFrame
    val df=spark.createDataFrame(rowRDD,structType)

    //第二步：使用开窗函数取每一个类别的销售额前3名
    df.createTempView("t_sales")              //创建临时视图
    //执行SQL查询
    spark.sql(
      "select date,type,money,rank from " +
        "(select date,type,money," +
        "row_number() over (partition by type order by money desc) rank "+
        "from t_sales) t " +
        "where t.rank<=3"
    ).show()
    // +----------+----+-----+----+
    // |      date|type|money|rank|
    // +----------+----+-----+----+
    // |2019-06-04|   B|  990|   1|
    // |2019-06-02|   B|  800|   2|
    // |2019-06-03|   B|  700|   3|
```

```
//  |2019-06-03|   C|  980|   1|
//  |2019-06-02|   C|  880|   2|
//  |2019-06-04|   C|  680|   3|
//  |2019-06-04|   A|  920|   1|
//  |2019-06-03|   A|  790|   2|
//  |2019-06-02|   A|  700|   3|
//  +----------+----+-----+----+
  }
}
```

4.16.2 热点搜索词统计实现

搜索记录来源于用户搜索行为日志文件，数据格式如下（实际生产环境会有大量的数据，数据格式见3.1节，此处为了方便讲解，只选取部分数据和部分字段）：

```
日期            用户 搜索词
2019-10-01,tom,小吃街
2019-10-01,jack,谷歌浏览器
2019-10-01,jack,小吃街
2019-10-01,look,小吃街
2019-10-01,steven,烤肉
2019-10-01,lojas,烤肉
2019-10-01,look,小吃街
2019-10-02,marry,安全卫士
2019-10-02,tom,名胜古迹
2019-10-02,marry,安全卫士
2019-10-02,leo,名胜古迹
2019-10-03,tom,名胜古迹
2019-10-03,leo,小吃街
```

统计每天搜索数量前3名的搜索词（同一天中同一用户多次搜索同一个搜索词视为1次），代码如下：

```
import org.apache.spark.rdd.RDD
import org.apache.spark.sql.{Row, SparkSession}
import org.apache.spark.sql.types._
import scala.collection.mutable.ListBuffer
/**
 * 每天热点搜索关键词统计
 */
object SparkSQLKeywords {

  def main(args: Array[String]): Unit = {

    //构建SparkSession
    val spark=SparkSession.builder()
      .appName("")
      .master("local[*]")
      .getOrCreate()

    /**1.加载数据,转换数据************************/
    //读取数据,创建RDD（数据可上传到HDFS文件系统中,此处放于本地硬盘,进行本地测试）
    val linesRDD: RDD[String] = spark.sparkContext.textFile("D:/test/keywords.txt")
    //将RDD元素转换为((日期,关键词),用户)格式的元组
```

```scala
val tupleRDD: RDD[((String, String), String)] = linesRDD.map(line => {
  val date = line.split(",")(0)         //日期
  val user = line.split(",")(1)         //用户
  val keyword = line.split(",")(2)      //关键词
  ((date, keyword), user)
})
//根据(日期,关键词)进行分组,获取每天每个搜索词被哪些用户搜索了
val groupedRDD: RDD[((String, String), Iterable[String])] = tupleRDD.groupByKey()
//对每天每个搜索词的用户进行去重,并统计去重后的数量,获得UV
val uvRDD: RDD[((String, String), Int)] = groupedRDD.map(line => {
  val dateAndKeyword: (String, String) = line._1
  //用户数据去重
  val users: Iterator[String] = line._2.iterator
  val distinctUsers = new ListBuffer[String]()
  while (users.hasNext) {
    val user = users.next
    if (!distinctUsers.contains(user)) {
      distinctUsers += user
    }
  }
  val uv = distinctUsers.size //数量即UV
  //返回((日期,关键词),uv)
  (dateAndKeyword, uv)
})

/**2.转换为DataFrame***********************/
//转换为RDD[Row]
val rowRDD: RDD[Row] = uvRDD.map(line => {
  Row(
    line._1._1,        //日期
    line._1._2,        //关键词
    line._2.toInt      //UV
  )
})
//构建DataFrame元数据
val structType=StructType(Array(
  StructField("date",StringType,true),
  StructField("keyword",StringType,true),
  StructField("uv",IntegerType,true)
))
//将RDD[Row]转换为DataFrame
val df=spark.createDataFrame(rowRDD,structType)
df.createTempView("date_keyword_uv")

/**3.执行SQL查询**********************/
// 使用Spark SQL的开窗函数统计每天搜索UV排名前3的搜索词
spark.sql(""
  + "SELECT date,keyword,uv "
  + "FROM ("
    + "SELECT "
    + "date,"
    + "keyword,"
    + "uv,"
    + "row_number() OVER (PARTITION BY date ORDER BY uv DESC) rank "
    + "FROM date_keyword_uv "
  + ") t "
```

```
    + "WHERE t.rank<=3").show()
// +----------+----------+---+
// |      date|   keyword| uv|
// +----------+----------+---+
// |2019-10-03|  名胜古迹|  1|
// |2019-10-03|    小吃街|  1|
// |2019-10-01|    小吃街|  3|
// |2019-10-01|      烤肉|  2|
// |2019-10-01|谷歌浏览器|  1|
// |2019-10-02|  名胜古迹|  2|
// |2019-10-02|  安全卫士|  1|
// +----------+----------+---+

    //关闭SparkSession
    spark.close()
  }
}
```

本例的数据转换流程如图4-65所示。

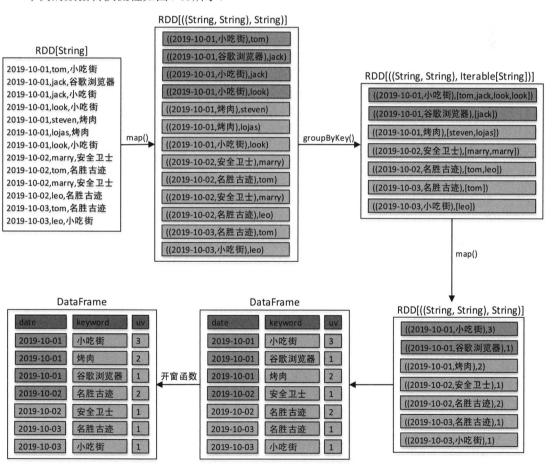

图 4-65　Spark SQL 热点搜索词统计数据转换流程图

4.17 Spark SQL 搜索引擎每日 UV 统计

UV（Unique Visitor，独立访客）指访问网站的一台计算机客户端为一个访客，一天内相同的客户端只被计算一次。使用UV作为统计量，可以更加准确地了解单位时间内实际上有多少个访问者访问了网站。

本节使用Spark SQL根据搜索引擎用户搜索行为日志，对每日UV进行统计。要完成本例的操作，需要掌握Spark SQL内置函数的使用。

4.17.1 内置函数的使用

Spark SQL内置了大量的函数，位于API org.apache.spark.sql.functions中。这些函数主要分为10类：UDF函数、聚合函数、日期函数、排序函数、非聚合函数、数学函数、混杂函数、窗口函数、字符串函数、集合函数，大部分函数与Hive中的相同。Spark SQL提供的常用聚合函数包括count()、countDistinct()、avg()、max()、min()等。

使用内置函数有两种方式：一种是通过编程的方式使用，另一种是在SQL语句中使用。例如，以编程的方式使用lower()函数将用户姓名转换为小写，代码如下：

```
//显示DataFrame数据（df指DataFrame对象）
df.show()
// +--------+
// |    name|
// +--------+
// |ZhangSan|
// |    LiSi|
// |  WangWu|
// +--------+
//使用lower()函数将某列转换为小写
import org.apache.spark.sql.functions._
df.select(lower(col("name")).as("name")).show()
// +--------+
// |    name|
// +--------+
// |zhangsan|
// |    lisi|
// |  wangwu|
// +--------+
```

上述代码中，使用select()方法传入需要查询的列，使用as()方法指定列的别名。代码col("name")指定要查询的列，也可以使用$"name"代替，代码如下：

```
// $符号导入后才能使用
import spark.implicits._
df.select(lower($"name").as("name")).show()
```

以SQL语句的方式使用lower()函数，代码如下：

```
//定义临时视图
df.createTempView("t_name")
```

```
//执行SQL查询(spark指SparkSession对象)
spark.sql("select lower(name) as name from t_name").show();
```

除了可以使用select()方法查询指定的列外，还可以直接使用filter()、groupBy()等方法对DataFrame数据进行过滤和分组，例如以下代码：

```
// $符号导入后才能使用
import spark.implicits._
// 打印Schema信息
df.printSchema()
// root
// |-- age: long (nullable = true)
// |-- name: string (nullable = true)

// 查询name列
df.select("name").show()
// +-------+
// |   name|
// +-------+
// |Michael|
// |   Andy|
// | Justin|
// +-------+

// 查询name列和age列，并将age列的值增加1
df.select($"name", $"age" + 1).show()
// +-------+---------+
// |   name|(age + 1)|
// +-------+---------+
// |Michael|     null|
// |   Andy|       31|
// | Justin|       20|
// +-------+---------+

// 查询age>21的所有数据
df.filter($"age" > 21).show()
// +---+----+
// |age|name|
// +---+----+
// | 30|Andy|
// +---+----+

// 根据age进行分组，并求每一组的数量
df.groupBy("age").count().show()
// +----+-----+
// | age|count|
// +----+-----+
// |  19|    1|
// |null|    1|
// |  30|    1|
// +----+-----+
```

4.17.2 搜索引擎每日 UV 统计实现

本例使用 Spark SQL 根据搜索引擎用户搜索行为日志（数据格式见 3.1 节），对搜索网站的每日 UV 进行统计，日志测试数据及格式如下（在实际生产环境中会有大量的数据，此处为了方便讲解，只选取部分数据和部分字段）：

```
2019-06-01,0001
2019-06-01,0001
2019-06-01,0002
2019-06-01,0003
2019-06-02,0001
2019-06-02,0003
```

Spark SQL 应用程序的完整代码如下：

```scala
import org.apache.spark.sql.types._
import org.apache.spark.sql.{Row, SparkSession}

/**
 * 统计用户UV（每天的用户访问量）
 */
object SparkSQLAggFunctionDemo {
  def main(args: Array[String]): Unit = {
    //创建或得到SparkSession
    val spark = SparkSession.builder()
      .appName("SparkSQLAggFunctionDemo")
      .master("local[*]")
      .getOrCreate()

    //导入函数
    import org.apache.spark.sql.functions._
    //构造测试数据（第一列：日期，第二列：用户ID）
    //在实际生产环境中可以将数据文件上传到HDFS文件系统中，使用Spark SQL读取数据
    val arr=Array(
      "2019-06-01,0001",
      "2019-06-01,0001",
      "2019-06-01,0002",
      "2019-06-01,0003",
      "2019-06-02,0001",
      "2019-06-02,0003"
    )
    //转换为RDD[Row]
    val rowRDD=spark.sparkContext.makeRDD(arr).map(line=>
      Row(line.split(",")(0),line.split(",")(1).toInt)
    )

    //构建DataFrame元数据
    val structType=StructType(Array(
      StructField("date",StringType,true),
      StructField("userid",IntegerType,true)
    ))

    //将RDD[Row]转换为DataFrame
```

```
        val df=spark.createDataFrame(rowRDD,structType)
        //聚合查询
        //根据日期进行分组,然后将每一组的用户ID去重后统计数量
        df.groupBy("date")
          .agg(countDistinct("userid") as "count")
          .show()
        // +----------+-----+
        // |      date|count|
        // +----------+-----+
        // |2019-06-02|    2|
        // |2019-06-01|    3|
        // +----------+-----+
    }
}
```

本例中的数据转换流程如图4-66所示。

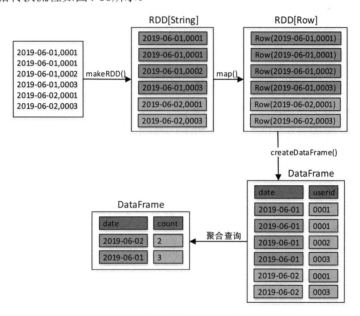

图 4-66　Spark SQL 每日 UV 统计数据转换流程

4.18　动 手 练 习

练习一

1. 手机上网流量记录表如下表所示,根据该表记录的数据,使用Hive设计一张表,并进行以下操作:

ID	手机号	访问网址	IP 地址	上行流量（KB）	下行流量（KB）
1	18002362531	http://www.baidu.com	223.265.532.23	3000	24000
2	18002362531	http://www.sohu.com	223.265.532.23	2000	16000
3	13402321659	http://www.qq.com	200.265.138.11	6000	48000

（1）创建表flow，并向其中导入至少10条数据。
（2）查询每个手机号码的总上行流量和总下行流量（单位为MB）。
（3）查询每个手机号码的总流量（包括上行流量和下行流量，单位为MB）。
（4）统计访问次数排名前3的网址。

2. 假设有以下广告点击日志数据（从左到右分别为点击时间、所在省份、广告ID，用户每一次点击广告都会新增一条数据）：

```
2020-01-01,Hebei,1001
2020-01-01,Hunan,1001
2020-01-01,Hebei,1001
2020-01-02,Hebei,1003
2020-01-02,Hebei,1003
2020-01-02,Hebei,1007
2020-01-02,Hebei,1008
2020-01-03,Hunan,1003
2020-01-03,Hunan,1002
2020-01-03,Hunan,1003
2020-01-04,Hunan,1003
2020-01-04,Hunan,1002
```

（1）使用Spark RDD统计每一个省份点击数据量最多的前3个广告ID。
（2）使用Spark RDD统计广告点击数量最多的前3个日期。

练习二

使用Spark SQL根据某网站的用户访问日志对每日UV进行统计，日志测试数据及格式如下：

```
2019-06-01,0001
2019-06-01,0001
2019-06-01,0002
2019-06-01,0003
2019-06-02,0001
2019-06-02,0003
```

练习三

已知有以下电影评分数据（截取部分数据，从左到右依次为用户ID、电影ID、评分、时间）：

```
1001,2098,4,2022-01-02,12:30
1002,2098,5,2022-01-05,13:40
1001,2008,5,2022-01-03,11:10
1003,2098,4,2022-01-04,15:15
1005,2008,3,2022-01-07,15:28
1007,2010,4,2022-01-07,14:37
1008,2010,5,2022-01-02,17:30
```

使用Spark SQL对电影评分数据进行统计分析，获取排名前10的电影（电影评分平均值最高，并且每个电影被评分的次数大于200）。

第 5 章

用户行为数据实时分析模块开发

本章将继续通过实操讲解用户行为数据实时分析模块的开发。主要内容包括：使用 Spark Streaming 编写实时应用程序，并按批次累加单词数量；Spark Streaming 整合 Kafka 计算实时单词数量；使用微批处理引擎 Structured Streaming 消费存储在 Kafka 中的用户行为数据进行实时分析，并将分析结果写入 MySQL 中，完成数据流转。

本章目标：

- 掌握 Spark Streaming 的应用程序编写
- 掌握 Spark Streaming 的工作原理
- 掌握 Spark Streaming 常用数据源的使用
- 掌握 DStream 的状态操作、无状态操作、窗口操作、输出操作
- 掌握 Spark Streaming 与 Kafka 的整合操作
- 掌握 Structured Streaming 与 Kafka 的整合操作
- 掌握 Structured Streaming 写入结果数据到 MySQL 的操作

5.1 Spark Streaming 程序编写

回顾1.2节的项目数据流设计，Spark Streaming作为Kafka的消费者，可以实时从Kafka中获取用户行为数据进行实时计算，因此学会Spark Streaming程序的编写非常重要。

5.1.1 Spark Streaming 工作原理

Spark Streaming是Spark Core API（Spark RDD）的扩展，支持对实时数据流进行可伸缩、高吞吐量及容错处理。数据可以从Kafka、Flume、Kinesis或TCP Socket等多种来源获取，并且可以使用复杂的算法处理数据，这些算法由map()、reduce()、join()和window()等高级函数表示。处理后的数据可以推送到文件系统、数据库等存储系统，如图5-1所示。事实上，可以将Spark的机器学习和图形处理算法应用于数据流。

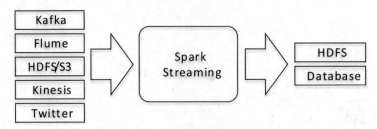

图 5-1　Spark Streaming 数据处理

使用Spark Streaming可以很容易地构建可伸缩的、容错的流应用程序。Spark Streaming的主要优点如下：

（1）易于使用。Spark Streaming提供了很多高级操作算子，允许以编写批处理作业的方式编写流式作业。它支持Java、Scala和Python语言。

（2）易于与Spark体系整合。通过在Spark Core上运行Spark Streaming，可以在Spark Streaming中使用与Spark RDD相同的代码进行批处理，构建强大的交互应用程序，而不仅仅是数据分析。

Spark Streaming接收实时输入的数据流，并将该数据流以时间片（秒级）为单位拆分成批次，然后将每个批次交给Spark引擎（Spark Core）进行处理，最终生成由批次组成的结果数据流，如图5-2所示。

图 5-2　Spark Streaming 工作原理

Spark Streaming提供了一种高级抽象，称为DStream（Discretized Stream）。DStream表示一个连续不断的数据流，它可以由Kafka、Flume和Kinesis等数据源的输入数据流创建，也可以通过对其他DStream应用高级函数（例如map()、reduce()、join()和window()）进行转换创建。

在内部，输入数据流拆分成的每个批次实际上是一个RDD，一个DStream由多个RDD组成，相当于一个RDD序列，如图5-3所示。

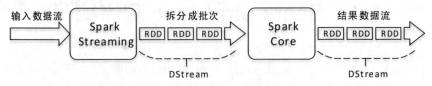

图 5-3　Spark Streaming 工作原理（DStream）

DStream中的每个RDD都包含来自特定时间间隔的数据，如图5-4所示。

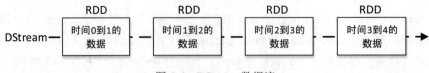

图 5-4　DStream 数据流

应用于DStream上的任何操作实际上都是对底层RDD的操作。例如，对一个DStream执行

flatMap()算子操作，实际上是对DStream中每个时间段的RDD都执行一次flatMap()算子，生成对应时间段的新RDD，所有的新RDD组成了一个新DStream，如图5-5所示。

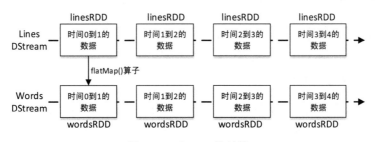

图 5-5　DStream 的转换

对DStream中的RDD的转换是由Spark Core引擎实现的，Spark Streaming对Spark Core进行了封装，提供了非常方便的高层次API。

5.1.2　输入 DStream 和 Receiver

输入DStream表示从数据源接收的输入数据流，每个输入DStream（除了文件数据流之外）都与一个Receiver对象相关联，该对象接收来自数据源的数据并存储在Spark的内存中进行处理。

如果希望在Spark Streaming应用程序中并行接收多个数据流，那么可以创建多个输入DStream，同时创建多个Receiver接收多个数据流。但需要注意的是，一个Spark Streaming应用程序的Executor是一个长时间运行的任务，它会占用分配给Spark Streaming应用程序的一个CPU内核（占用Spark Streaming应用程序所在节点的一个CPU内核），因此Spark Streaming应用程序需要分配足够多的内核（如果在本地运行，就是线程）来处理接收到的数据，并运行Receiver。

在本地运行Spark Streaming应用程序时，不要使用local或local[1]作为主URL。这两种方式都意味着只有一个线程用于本地运行任务。如果正在使用基于Receiver的输入DStream（例如Socket、Kafka、Flume等），那么将使用单线程运行Receiver，导致没有多余的线程来处理接收到的数据。Spark Streaming至少需要两个线程：一个线程用于运行Receiver接收数据，另一个线程用于处理接收到的数据。因此，在本地运行时，应该使用local[n]作为主URL，其中n大于Receiver的数量（若Spark Streaming应用程序只创建了一个DStream，则只有一个Receiver，n的最小值为2）。

每个Spark应用程序都有各自独立的一个或多个Executor进程负责执行任务。将Spark Streaming应用程序发布到集群上运行时，每个Executor进程所分配的CPU内核数量必须大于Receiver的数量，因为1个Receiver独占1个CPU内核，还需要至少1个CPU内核进行数据的处理，这样才能保证至少两个线程同时进行。否则系统可接收数据，但无法进行处理。若Spark Streaming应用程序只创建了一个DStream，则只有一个Receiver，Executor所分配的CPU内核数量的最小值为2。

5.1.3　第一个 Spark Streaming 程序

在详细介绍如何编写自己的Spark Streaming应用程序之前，先快速了解一下简单的Spark Streaming应用程序是什么样子的。假设需要监听TCP Socket端口的数据，实时计算接收到的文本数据中的单词数，操作步骤如下。

1. 导入相应类

导入Spark Streaming所需的类和StreamingContext中的隐式转换,代码如下:

```
import org.apache.spark._
import org.apache.spark.streaming._
import org.apache.spark.streaming.StreamingContext._
```

2. 创建 StreamingContext

StreamingContext是所有数据流操作的上下文,在进行数据流操作之前需要先创建该对象。例如,创建一个本地StreamingContext对象,使用两个执行线程,批处理间隔为1秒(每隔1秒获取一次数据,生成一个RDD),代码如下:

```
val conf = new SparkConf()
   .setMaster("local[2]")
   .setAppName("NetworkWordCount")
//按照时间间隔为1秒钟来切分数据流
val ssc = new StreamingContext(conf, Seconds(1))
```

3. 创建 DStream

使用StreamingContext可以创建一个输入DStream,它表示来自TCP源的流数据。例如,从主机名为localhost、端口为9999的TCP源获取数据,代码如下:

```
val lines = ssc.socketTextStream("localhost", 9999)
```

上述代码中的lines是一个输入DStream,表示从服务器接收的数据流。lines中的每条记录都是一行文本。

4. 操作 DStream

DStream创建成功后,可以对DStream应用算子操作,生成新的DStream,类似对RDD的操作。例如,按空格字符将每一行文本分割为单词,代码如下:

```
val words = lines.flatMap(_.split(" "))
```

上述代码中的flatMap是一个一对多的DStream操作,它通过从源DStream中的每个记录生成多个新记录来创建一个新的DStream。在本例中,lines的每一行将被分成多个单词,单词组成的数据流则为一个新的DStream,使用words表示。

接下来需要统计单词数量,代码如下:

```
import org.apache.spark.streaming.StreamingContext._
//计算每一批次中的每一个单词的数量
val pairs = words.map(word => (word, 1))
val wordCounts = pairs.reduceByKey(_ + _)
//将此DStream中的每个RDD的前10个元素打印到控制台
wordCounts.print()
```

上述代码中,对words DStream使用map()算子将其中的每个元素进一步映射为(单词,1)形式的元组;然后将pairs DStream中的单词进行聚合,得到各个批次中单词的数量;最后将每秒生成的单词数量打印到控制台。使用DStream的print()方法在Driver节点上将DStream的每一批次数据的前10个元素打印到控制台,该方法常用于开发和调试。

5. 启动 Spark Streaming

DStream的创建与转换代码编写完毕后，需要启动Spark Streaming才能真正地开始计算，因此需要在最后添加以下代码：

```
//开始计算
ssc.start()
//等待计算结束
ssc.awaitTermination()
```

至此，一个简单的单词计数例子就完成了。

关于Spark Streaming单词计数的详细讲解见5.4节。

5.2　Spark Streaming 数据源

Spark Streaming提供了两种内置的数据源支持：基本数据源和高级数据源。此外，还可以自定义数据源。本节分别进行讲解。

5.2.1　基本数据源

StreamingContext API中直接提供了对一些数据源的支持，例如文件系统、Socket连接等，此类数据源称为基本数据源。

1. 文件流

对于从任何与HDFS API（HDFS、S3、NFS等）兼容的文件系统上的文件中读取的数据，可以通过以下方式创建DStream：

```
streamingContext.fileStream[KeyClass, ValueClass, InputFormatClass](dataDirectory)
```

Spark Streaming将监视目录dataDirectory并处理该目录中的所有文件。

对于简单的文本文件，可以使用以下方式创建DStream：

```
streamingContext.textFileStream(dataDirectory)
```

需要注意的是，文件流不需要运行Receiver，因此不需要为接收文件数据分配CPU内核。

2. Socket 流

通过监听Socket端口接收数据，例如从本地的9999端口接收数据，代码如下：

```
//创建一个本地StreamingContext对象,使用两个执行线程,批处理间隔为1秒
val conf = new SparkConf()
  .setMaster("local[2]")
  .setAppName("NetworkWordCount")
val ssc = new StreamingContext(conf, Seconds(1))
//连接localhost:9999获取数据,转换为DStream
val lines = ssc.socketTextStream("localhost", 9999)
```

3. RDD 队列流

使用streamingContext.queueStream(queueOfRDDs)可以基于RDD队列创建DStream。推入队列的每个RDD将被视为DStream中的一批数据，并像流一样被处理。这种方式常用于测试Spark Streaming应用程序，例如以下代码：

```scala
//创建SparkConf
val conf = new SparkConf()
  .setMaster("local[2]")
  .setAppName("NetworkWordCount")
//创建StreamingContext，并以1秒内收到的数据作为一个批次
val ssc = new StreamingContext(conf, Seconds(1))
//创建一个队列，用于存放RDD[Int]
val rddQueue=new mutable.Queue[RDD[Int]]()
//将RDD推入队列
rddQueue +=ssc.sparkContext.makeRDD(1 to 10)
rddQueue +=ssc.sparkContext.makeRDD(50 to 60)
//将队列转换为输入DStream
val inputDStream=ssc.queueStream(rddQueue)
```

以RDD队列作为数据源，创建输入DStream并进行相应的计算，完整示例代码如下：

```scala
import scala.collection.mutable.Queue
import org.apache.spark.SparkConf
import org.apache.spark.rdd.RDD
import org.apache.spark.streaming.{Seconds, StreamingContext}

/**
 * RDD队列流例子
 */
object QueueStream {

  def main(args: Array[String]) {
    //创建sparkConf对象
    val sparkConf = new SparkConf()
      .setMaster("local[2]")
      .setAppName("QueueStream")
    //创建StreamingContext
    val ssc = new StreamingContext(sparkConf, Seconds(1))

    //创建队列，用于存放RDD
    val rddQueue = new Queue[RDD[Int]]()
    //创建输入DStream（以队列为参数）
    val inputStream = ssc.queueStream(rddQueue)
    val mappedStream = inputStream.map(x => (x % 10, 1))
    val reducedStream = mappedStream.reduceByKey(_ + _)
    //输出计算结果
    reducedStream.print()
    ssc.start()

    //每隔1秒创建一个RDD并将它推入队列rddQueue中（若循环30次，则共创建30个RDD）
    for (i <- 1 to 30) {
      rddQueue.synchronized {
        rddQueue += ssc.sparkContext.makeRDD(1 to 1000, 10)
      }
```

```
    Thread.sleep(1000)
  }
  ssc.stop()
 }
}
```

执行上述代码后,控制台将每隔1秒钟输出一次结果数据。部分输出结果如下:

```
-------------------------------------------
Time: 1562922975000 ms
-------------------------------------------
(4,100)
(0,100)
(6,100)
(8,100)
(2,100)
(1,100)
(3,100)
(7,100)
(9,100)
(5,100)
```

5.2.2 高级数据源

Spark Streaming可以从Kafka、Flume、Kinesis等数据源读取数据,使用时需要引入第三方依赖库,此类数据源称为高级数据源。下面以Kafka数据源为例,介绍高级数据源的使用。

首先需要在Maven工程中引入Spark Streaming的API依赖库,代码如下:

```
<!--Spark核心库-->
<dependency>
    <groupId>org.apache.spark</groupId>
    <artifactId>spark-core_2.12</artifactId>
    <version>3.2.1</version>
</dependency>
<!--Spark Streaming依赖库-->
<dependency>
    <groupId>org.apache.spark</groupId>
    <artifactId>spark-streaming_2.12</artifactId>
    <version>3.2.1</version>
</dependency>
```

然后引入Spark Streaming针对Kafka的第三方依赖库(针对Kafka 0.10版本),代码如下:

```
<dependency>
    <groupId>org.apache.spark</groupId>
    <artifactId>spark-streaming-kafka-0-10_2.11</artifactId>
    <version>3.2.1</version>
</dependency>
```

引入所需库后,可以在Spark Streaming应用程序中使用以下代码创建输入DStream:

```
import org.apache.spark.streaming.kafka._
val kafkaStream = KafkaUtils.createStream(streamingContext,
    [ZK quorum], [consumer group id], [per-topic number of Kafka partitions to
consume])
```

Kafka与Spark Streaming详细的整合步骤将在5.5节进行详解。

5.2.3 自定义数据源

除了基本数据源和高级数据源外，还可以通过自定义数据源来创建输入DStream。自定义数据源需要实现一个用户自定义的Receiver，它可以接收来自自定义数据源的数据并将该数据推入Spark。下面介绍如何实现一个自定义Receiver并在Spark Streaming应用程序中使用。

1. 创建自定义 Receiver 类

自定义Receiver需要继承抽象类org.apache.spark.streaming.receiver.Receiver并实现其中的两个方法：

- onStart()：开始接收数据时要做的工作。
- onStop()：停止接收数据时要做的工作。

onStart()将启动负责接收数据的线程，而onStop()将确保这些接收数据的线程被停止。接收线程还可以使用isStopped()方法来检查是否应该停止接收数据。

一旦接收到数据，就可以通过调用Receiver类提供的store(data)方法将数据存储在Spark的内存中。store(data)方法有多种存储方式，允许一次性存储接收到的数据，或者将数据作为对象/序列化字节集合进行存储。

抽象类Receiver的部分源码如下：

```
abstract class Receiver[T](val storageLevel: StorageLevel) extends Serializable {

  /**
   * 当Receiver启动时，系统将调用该方法
   * 该方法必须初始化接收数据所需的所有资源（线程、缓冲区等）
   */
  def onStart(): Unit

  /**
   * 当Receiver停止时，系统调用该方法
   * 在onStart()方法中设置的所有资源（线程、缓冲区等）都必须在该方法中清除
   */
  def onStop(): Unit

  /**
   * 将接收到的单个数据项聚合到一起形成数据块，再放入Spark的内存中
   */
  def store(dataItem: T) {
    supervisor.pushSingle(dataItem)
  }

  /**
   * 重启Receiver
   * 停止和启动之间的时间延迟由Spark配置文件中的
   * 'spark.streaming.receiverRestartDelay'属性定义
   * @param message: 发送给Driver端的提示消息
   */
  def restart(message: String) {
```

```
      supervisor.restartReceiver(message)
    }

    /**
     * 重启Receiver
     * @param message: 发送给Driver端的提示消息
     * @param error: 发送给Driver端的异常提示
     */
    def restart(message: String, error: Throwable) {
      supervisor.restartReceiver(message, Some(error))
    }

    /**
     * 完全停止Receiver
     * @param message: 发送给Driver端的提示消息
     */
    def stop(message: String) {
      supervisor.stop(message, None)
    }

    /**
     * 完全停止Receiver
     * @param message: 发送给Driver端的提示消息
     * @param error: 发送给Driver端的异常提示
     */
    def stop(message: String, error: Throwable) {
      supervisor.stop(message, Some(error))
    }

    /** 检查Receiver是否已经启动 */
    def isStarted(): Boolean = {
      supervisor.isReceiverStarted()
    }

    /**
     * 检查Receiver是否被标记为停止
     */
    def isStopped(): Boolean = {
      supervisor.isReceiverStopped()
    }
}
```

如果在onStart()方法中启动的线程中有错误，那么可以执行以下3个方法：

- reportError()：可以调用该方法向 Driver 报告错误。数据的接收将继续不间断地进行。
- stop()：可以调用该方法停止接收数据。同时将立即触发 onStop()方法清除 onStart()方法执行期间分配的所有资源（线程、缓冲区等）。
- restart()：可以调用该方法来重新启动 Receiver。同时将立即触发 onStop()方法，然后在延迟一段时间后调用 onStart()方法。

自定义Receiver类的示例代码如下：

```
import java.io.{BufferedReader, InputStreamReader}
import java.net.Socket
import java.nio.charset.StandardCharsets
```

```
import org.apache.spark.internal.Logging
import org.apache.spark.storage.StorageLevel
import org.apache.spark.streaming.receiver.Receiver

/**
 * 自定义Receiver类
 * @param host: 数据源的域名/IP
 * @param port: 数据源的端口
 */
class MyReceiver(host: String, port: Int)
  extends Receiver[String](StorageLevel.MEMORY_AND_DISK_2) with Logging {

  /**
   * Receiver启动时调用
   */
  def onStart() {
    //启动通过Socket连接接收数据的线程
    new Thread("Socket Receiver") {
      override def run() { receive() }
    }.start()
  }

  /**
   * Receiver停止时调用
   */
  def onStop() {
    //如果isStopped()返回false,那么调用receive()方法的线程将自动停止
    //因此此处无须做太多工作
  }

  /**
   * 创建Socket连接并接收数据,直到Receiver停止
   */
  private def receive() {
    var socket: Socket = null
    var userInput: String = null
    try {
      //连接到host:port
      socket = new Socket(host, port)

      //读取数据,直到Receiver停止或连接中断
      val reader = new BufferedReader(
        new InputStreamReader(socket.getInputStream(), StandardCharsets.UTF_8))
      userInput = reader.readLine()
      while(!isStopped && userInput != null) {
        store(userInput)//存储数据到内存
        userInput = reader.readLine()
      }
      reader.close()
      socket.close()

      //重新启动,以便在服务器再次激活时重新连接
      restart("Trying to connect again")
    } catch {
      case e: java.net.ConnectException =>
```

```
            //如果无法连接到服务器，就重新启动
            restart("Error connecting to " + host + ":" + port, e)
        case t: Throwable =>
            //如果有任何其他错误，就重新启动
            restart("Error receiving data", t)
      }
    }
}
```

2. 使用自定义 Receiver 类

可以在Spark Streaming应用程序中使用自定义Receiver类，方法是在StreamingContext的receiverStream()方法中传入自定义Receiver类的实例，receiverStream()方法返回一个输入DStream，示例代码如下：

```
//创建SparkConf
val conf = new SparkConf()
  .setMaster("local[2]")
  .setAppName("NetworkWordCount")
//创建StreamingContext
val ssc = new StreamingContext(conf, Seconds(1))
//传入自定义Receiver类的实例，返回一个输入DStream
val myReceiverStream = ssc.receiverStream(new MyReceiver("localhost", 9999))
val words = myReceiverStream.flatMap(_.split(" "))
```

5.3 DStream 操作

与RDD类似，许多普通RDD上可用的操作算子DStream也支持。使用这些算子可以修改输入DStream中的数据，进而创建一个新的DStream。

DStream的操作主要有3种：无状态操作、状态操作、窗口操作。

5.3.1 无状态操作

无状态操作指的是每次都只计算当前时间批次的内容，处理结果不依赖于之前批次的数据，例如每次只计算最近1秒钟时间批次产生的数据。常用的DStream无状态操作算子如表5-1所示。

表 5-1 DStream 无状态操作算子

操作算子	描述
map(func)	将 DStream 的每一个元素通过函数 func 进行转换，返回一个新的 DStream
flatMap(func)	类似于 map，但是每一个输入元素通过函数 func 转换后都可以被映射为 0 个或多个输出元素
filter(func)	将 DStream 的每一个元素通过函数 func 进行过滤，返回一个由结果为 true 的元素组成的新 DStream
repartition(numPartitions)	通过创建更多或更少的分区来改变 DStream 的并行度
union(otherStream)	返回一个新的 DStream，其中包含原 DStream 和其他 DStream 中的元素的并集

(续表)

操作算子	描述
count()	计算 DStream 的每个 RDD 中的元素数量，返回一个由元素数量组成的新 DStream
reduce(func)	对 DStream 的每个 RDD 中的元素进行聚合操作，返回由多个单元素 RDD 组成的新 DStream。相当于对原 DStream 执行了以下代码： `map((null, _)).reduceByKey(func).map(_._2)`
countByValue()	返回元素类型为(key,value)的新 DStream，其中 key 为原 DStream 的元素，value 为该元素对应的数量。相当于对原 DStream 执行了以下代码： `map((_, 1L)).reduceByKey((x: Long, y: Long) => x + y)`
reduceByKey(func, [numTasks])	对于 (key,value) 类型的 DStream，对其中的每个 RDD 执行 reduceByKey(func)算子，返回一个新的(key,value)类型的 DStream。numTasks 是可选参数，用于设置任务数量
join(otherStream, [numTasks])	对于两个 (key,value1) 和 (key,value2) 类型的 DStream，返回一个(key, (value1,value2))类型的新 DStream
cogroup(otherStream, [numTasks])	对于两个 (key,value1) 和 (key,value2) 类型的 DStream，返回一个(key, Seq[value1], Seq[value2])元组类型的新 DStream
transform(func)	将 DStream 中的每个 RDD 转换为新的 RDD，返回一个新的 DStream。该函数操作灵活，可用于实现 DStream API 中没有提供的操作

表5-1中的transform(func)算子的使用代码如下：

```
val conf = new SparkConf()
  .setMaster("local[2]")
  .setAppName("TestDStream")
//创建StreamingContext对象，批次间隔为1秒
val ssc = new StreamingContext(conf, Seconds(1))
//创建RDD队列
val rddQueue=new mutable.Queue[RDD[Int]]()
rddQueue +=ssc.sparkContext.makeRDD(1 to 10)
rddQueue +=ssc.sparkContext.makeRDD(50 to 60)
//创建输入DStream
val dstream: InputDStream[Int] = ssc.queueStream(rddQueue)
//操作输入DStream，将其中每一个RDD使用map()算子转换为新的RDD
dstream.transform(rdd=>{
    rdd.map(_+1)
})
```

虽然这些算子使用起来像是作用在整个流上，但是由于每个DStream是由多个RDD（批次）组成的，因此实际上无状态操作是对应到每个RDD上的（操作指定时间区间内的所有RDD）。

5.3.2 状态操作

状态操作是指把当前时间批次和历史时间批次的数据进行累加计算，即当前时间批次的处理需要使用之前批次的数据或中间结果。使用updateStateByKey()算子可以保留key的状态，并持续不断地用新状态更新之前的状态。使用该算子可以返回一个新的"有状态的"DStream，其中通过对

每个key的前一个状态和新状态应用给定的函数来更新每个key的当前状态。updateStateByKey()算子的源码如下：

```
/**
 * 更新key的状态(Spark Streaming的内置算子)
 *
 * @param updateFunc: 状态更新函数。该函数接收一个Seq类型和一个Option类型的参数，
 * 返回Option类型的结果。如果该函数返回None，那么相应的状态(key,value)将被删除
 * @tparam S: 状态类型
 */
def updateStateByKey[S: ClassTag](updateFunc: (Seq[V], Option[S])
  => Option[S]
                                  ): DStream[(K, S)] = ssc.withScope {
  updateStateByKey(updateFunc, defaultPartitioner())
}
```

从上述源码可以看出，要使用updateStateByKey()算子，需要以下两个步骤：

01 定义状态。状态可以是任意的数据类型。

02 定义状态更新函数。使用一个函数指定如何使用新值更新状态。在每个批处理中，即使没有新值，Spark也会为每个状态调用更新函数，并且默认使用HashPartitioner分区器进行RDD的分区。

例如，对数据流中的实时单词进行计数，每当接收到新的单词时，就将当前单词数量累加到之前批次的结果中。这里单词的数量就是状态，对单词数量的更新就是状态的更新。定义状态更新函数，实现按批次累加单词数量的代码如下：

```
/**
 * 定义状态更新函数，按批次累加单词数量
 * @param values: 当前批次某个单词的出现次数，相当于Seq(1,1,1)
 * @param state: 某个单词上一批次累加的结果，因为可能没有值，所以用Option类型
 */
val updateFunc=(values:Seq[Int],state:Option[Int])=>{
  //累加当前批次某个单词的数量
  val currentCount=values.foldLeft(0)(_+_)
  //获取上一批次某个单词的数量，默认值为0
  val previousCount= state.getOrElse(0)
  //求和。使用Some表示一定有值，不为None
  Some(currentCount+previousCount)
}
```

上述代码中，currentCount为当前批次某个单词最新的单词数量，previousCount为上一批次某个单词的数量。将该函数作为参数传入updateStateByKey()算子即可对DStream中的单词按批次累加，代码如下：

```
//更新状态，按批次累加
val result:DStream[(String,Int)]= wordCounts.updateStateByKey(updateFunc)
//默认打印DStream中每个RDD中的前10个元素到控制台
result.print()
```

上述代码中的wordCounts为(word,1)形式的DStream，Spark针对DStream中的每个单词都会调用一次updateFunc函数。

Spark Streaming实时单词计数将在5.4节详细讲解。

5.3.3 窗口操作

Spark Streaming提供了窗口计算，允许在滑动窗口（某个时间段内的数据）上进行操作。当窗口在DStream上滑动时，位于窗口内的RDD就会被组合起来并进行操作。

假设批处理时间间隔为1秒，现需要每隔2秒对过去3秒的数据进行计算，此时就需要使用滑动窗口计算，计算过程如图5-6所示（相当于一个窗口在DStream上滑动）。

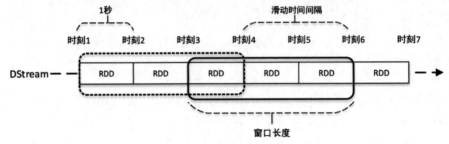

图 5-6 滑动窗口计算过程

任何滑动窗口计算都需要指定以下两个参数：

- 窗口长度：窗口覆盖的流数据的时间长度，必须是批处理时间间隔的倍数。
- 滑动时间间隔：前一个窗口滑动到后一个窗口所经过的时间长度，必须是批处理时间间隔的倍数。

图5-6中的窗口长度为3秒，滑动时间间隔为2秒。

Spark针对窗口计算提供了相应的算子。例如，每隔10秒计算最后30秒的单词数量，代码如下：

```
val windowedWordCounts = pairsDStream.reduceByKeyAndWindow(
   (a: Int, b: Int) => (a + b),
   Seconds(30),
   Seconds(10)
)
```

上述代码中的pairsDStream为(word,1)形式的DStream，reduceByKeyAndWindow()算子的第一个参数为聚合函数，第二个参数为窗口长度，第三个参数为滑动时间间隔。

一些常用的滑动窗口操作算子如表5-2所示。

表5-2 常用的滑动窗口操作算子

操作算子	描 述
window(windowLength, slideInterval)	取某个滑动窗口所覆盖的 DStream 数据, 返回一个新的 DStream
countByWindow(windowLength, slideInterval)	计算一个滑动窗口中的元素的数量
reduceByWindow(func, windowLength, slideInterval)	对滑动窗口内的每个 RDD 中的元素进行聚合操作, 返回由多个单元素 RDD 组成的新 DStream, 相当于对原 DStream 执行了以下代码: reduce(reduceFunc).window(windowDuration,slideDuration).reduce(reduceFunc)

(续表)

操作算子	描述
reduceByKeyAndWindow(func, windowLength, slideInterval, [numTasks])	对于(key,value)类型的DStream,对其滑动窗口内的每个RDD执行 reduceByKey(func)算子，返回一个新的(key,value)类型的DStream。numTasks是可选参数，用于设置任务数量
reduceByKeyAndWindow(func, invFunc, windowLength, slideInterval, [numTasks])	上面reduceByKeyAndWindow()的一个更有效的版本，其中每个窗口的reduce值使用前一个窗口的reduce值递增地计算。这是通过减少进入滑动窗口的新数据和"反向减少"离开窗口的旧数据来实现的。例如，在窗口滑动时"添加"和"减去"key的数量。但是，它只适用于"可逆reduce函数"，即具有相应"逆reduce"函数的reduce函数（对应参数invFunc）。reduce任务的数量可以通过一个可选参数进行配置。注意，必须启用checkpoint才能使用此操作

countByValueAndWindow(windowLength, slideInterval, [numTasks])	返回滑动窗口范围内元素类型为(key,value)的新DStream,其中key为原DStream的元素，value为该元素对应的数量，相当于对原DStream执行了以下代码：
	`map((_, 1L)).reduceByKeyAndWindow(`
	`    (x: Long, y: Long) => x + y,`
	`    (x: Long, y: Long) => x - y,`
	`    windowDuration,`
	`    slideDuration,`
	`    numPartitions,`
	`    (x: (T, Long)) => x._2 != 0L`
	`)`

5.3.4 输出操作

输出操作允许将DStream的数据输出到外部系统，如数据库或文件系统。输出操作触发所有DStream转换操作的实际执行，类似于RDD的行动算子。Spark Streaming定义的输出操作如表5-3所示。

表5-3 Spark Streaming 定义的输出操作

输出操作	描述
print()	在运行 Spark Streaming 应用程序的 Driver 节点上打印 DStream 中每批数据的前 10 个元素。这对于开发和调试非常有用
saveAsTextFiles(prefix, [suffix])	将此 DStream 的内容保存为文本文件。每个批处理间隔的文件名是基于前缀和后缀生成的，格式为 prefix- time_in_ms [.suffix]
saveAsObjectFiles(prefix, [suffix])	将 DStream 的内容保存为序列化 Java 对象文件 SequenceFiles。每个批处理间隔的文件名是基于前缀和后缀生成的，格式为 prefix- time_in_ms [.suffix]
saveAsHadoopFiles(prefix, [suffix])	将 DStream 的内容保存为 Hadoop 文件。每个批处理间隔的文件名是基于前缀和后缀生成的，格式为 prefix- time_in_ms [.suffix]
foreachRDD(func)	通用的输出操作，将函数 func 应用于 DStream 中的每个 RDD。此操作可以将每个 RDD 中的数据输出到外部存储系统，比如将 RDD 保存到文件中或者通过网络将它写入数据库。注意，函数 func 在运行 Spark Streaming 应用程序的 Driver 端执行

foreachRDD(func)是一个功能强大的算子,它允许将数据发送到外部系统。理解如何正确有效地使用这个算子非常重要,以下是一些需要避免的常见错误。

通常,将数据写入外部系统需要创建一个连接对象(例如到远程服务器的TCP连接),并使用它将数据发送到远程系统,因此开发人员可能会无意中在Spark Streaming应用程序的Driver端创建连接对象,然后在Worker端使用该对象来保存RDD中的记录。例如以下代码:

```
dstream.foreachRDD { rdd =>
    val connection = createNewConnection()      //在Driver端创建连接对象
    //操作RDD的每条记录
    rdd.foreach { record =>
        connection.send(record)                  //在Worker端使用连接对象保存数据
    }
}
```

上述代码是不正确的,因为需要将连接对象序列化并从Driver端发送到Worker端,这样的连接对象很少可以跨机器转移,此错误可能表现为序列化错误(连接对象不可序列化)、初始化错误(连接对象需要在Worker端初始化)等。正确的解决方法是在Worker端创建连接对象,然而,这可能会导致另一个常见错误——为每条记录创建一个新的连接。例如以下代码:

```
dstream.foreachRDD { rdd =>
    //操作RDD的每条记录
    rdd.foreach { record =>
        val connection = createNewConnection()   //在Worker端创建连接对象
        connection.send(record)                  //在Worker端使用连接对象保存数据
        connection.close()
    }
}
```

创建连接对象需要时间和资源开销,因此,为每个记录创建和销毁连接对象可能会产生不必要的高开销,并可能显著降低系统的总体吞吐量。更好的解决方法是使用rdd.foreachPartition()创建一个连接对象,并使用该连接发送RDD分区中的所有记录。例如以下代码:

```
dstream.foreachRDD { rdd =>
    //操作RDD的每一个分区
    rdd.foreachPartition { partitionOfRecords =>
        val connection = createNewConnection()  //在Worker端创建连接对象
        //操作某个分区的每一条记录
        partitionOfRecords.foreach(record => connection.send(record))
        connection.close()
    }
}
```

使用上述代码将分摊许多记录上的连接创建开销。

最后,可以通过跨多个RDD/批次重用连接对象来进一步优化。可以维护一个静态连接对象池,当多个批次的RDD被输出到外部系统时,重用该连接对象池,从而进一步减少开销。

```
dstream.foreachRDD { rdd =>
    rdd.foreachPartition { partitionOfRecords =>
        // ConnectionPool是一个静态的、延迟初始化的连接池
        val connection = ConnectionPool.getConnection()
        partitionOfRecords.foreach(record => connection.send(record))
```

```
            ConnectionPool.returnConnection(connection)  //返回到连接池中，以便将来重用
        }
}
```

需要注意的是，池中的连接应按需延迟创建，如果一段时间不使用，就会超时。这样就以最高效的方式实现了向外部系统发送数据。

5.3.5 缓存及持久化

与RDD类似，DStream也允许将流数据持久化到内存中。也就是说，在DStream上使用persist()方法可以将该DStream的每个RDD持久化到内存中。这在DStream中的数据需要被计算多次（例如，对同一数据进行多次操作）时非常有用。对于基于窗口的操作（如reduceByWindow()、reduceByKeyAndWindow()），以及基于状态的操作（如updateStateByKey)，都默认开启了persist()。因此，基于窗口操作生成的DStream将自动持久化到内存中，而不需要手动调用persist()。

对于通过网络接收的输入流（如Kafka、Flume、Socket等），默认的持久化存储级别被设置为将数据复制到两个节点，以便容错。

5.3.6 检查点

Spark Streaming应用程序必须全天候运行，因此与应用程序逻辑无关的故障（例如系统故障、JVM崩溃等）不应该对它产生影响。为此，Spark Streaming需要对足够的数据设置检查点，存储到容错系统中，使应用程序能够从故障中恢复。

Spark Streaming有两种类型的检查点，下面分别进行介绍。

1. 元数据检查点

将定义流计算的信息保存到容错系统（如HDFS）。这种检查点用于恢复运行Spark Streaming应用程序失败的Driver进程。元数据包括：

（1）配置信息。创建Spark Streaming应用程序的配置信息。

（2）DStream操作。定义Spark Streaming应用程序的一组DStream操作。

（3）未完成的批次。其作业已排队但尚未完成的批次。

2. 数据检查点

将生成的RDD保存到可靠的存储系统（例如HDFS）中。在跨多个批次进行合并数据的一些有状态转换中，这是必要的。在这样的转换中，生成的RDD依赖于以前批次的RDD，这导致依赖链的长度随着时间不断增加。为了避免恢复时间无限增长（与依赖链成正比），有状态转换的中间RDD将定期存储到可靠系统中，以切断依赖链。

下面两种情况必须启用检查点：

（1）使用有状态转换。如果在应用程序中使用updateStateByKey()或reduceByKeyAndWindow()（带有反函数，见表5-2中的介绍），那么必须提供检查点目录，以允许定期将RDD存储到可靠系统中。

（2）从运行应用程序的Driver故障中恢复。使用元数据检查点来恢复进度信息。

而对于简单的Spark Streaming应用程序，在没有上述有状态转换的情况下可以不启用检查点。在这种情况下，从Driver故障中的恢复是部分恢复（一些接收到但未处理的数据可能会丢失）。这通常是可以接受的，许多Spark Streaming应用程序都是以这种方式运行的。

那么如何在Spark Streaming应用程序中使用检查点呢？

只需要使用streamingContext.checkpoint(checkpointDirectory)即可在容错、可靠的文件系统（如HDFS、S3等）中设置一个目录来启用检查点，检查点信息将保存到该目录中，例如以下代码：

```scala
val conf = new SparkConf()
  .setMaster("local[2]")
  .setAppName("NetworkWordCount")
//创建StreamingContext对象，指定批次间隔为1秒
val ssc = new StreamingContext(conf, Seconds(1))
//设置检查点目录
ssc.checkpoint("hdfs://centos01:9000/spark-ck")
//创建输入DStream
val lines = ssc.socketTextStream("centos01", 9999)
//DStream操作
...
ssc.start() //启动计算
ssc.awaitTermination() //等待计算结束
```

此外，如果希望应用程序从Driver故障中恢复，那么就应该重写Spark Streaming应用程序，使它具有以下行为：

（1）当应用程序第一次启动时，创建一个新的StreamingContext，进行所有的DStream操作，然后调用start()方法。

（2）当应用程序在故障后重新启动时，它将根据检查点目录中的检查点数据重新创建一个StreamingContext。

通过使用StreamingContext.getOrCreate()可以实现上述行为，示例代码如下：

```scala
/**
  * 定义一个函数，创建一个新的StreamingContext对象，同时进行DStream业务操作
  */
def functionToCreateContext(): StreamingContext = {
  val ssc = new StreamingContext(...)   //创建StreamingContext对象
  val lines = ssc.socketTextStream(...) //创建DStream
  ...                                    //操作DStream
  ssc.checkpoint(checkpointDirectory)    //设置检查点目录
  ssc
}

/**
  * 在main方法中使用上述函数
  */
def main(args: Array[String]): Unit = {
  //从检查点数据中得到StreamingContext实例或者创建一个新的实例
  val context = StreamingContext.getOrCreate(checkpointDirectory,
    functionToCreateContext())

  //其他上下文设置
  context
  ...
```

```
    //启动context
    context.start()
    context.awaitTermination()
}
```

如果检查点目录存在,那么将根据检查点数据重新创建StreamingContext。如果该目录不存在(程序第一次启动时),那就调用函数functionToCreateContext来创建一个新的StreamingContext并进行DStream业务操作。

由于检查点需要将中间结果保存到存储系统,而这样会引起存储开销,可能会导致检查点所在批次的处理时间增加,因此需要仔细设置检查点的时间间隔。如果设置得比较小(比如1秒),那么每批次的检查点可能会显著降低操作吞吐量;如果设置得比较大,又会导致每批次的任务大小增长,这可能会产生不利的影响。对于有状态转换操作的DStream,其检查点的默认时间间隔是批处理时间间隔的倍数,至少是10秒。

可以使用以下代码设置检查点的时间间隔,一般设置为批处理时间间隔的5~10倍:

```
dstream.checkpoint(checkpointInterval)
```

5.4 Spark Streaming 按批次累加单词数量

为什么要使用Spark Streaming计算单词数量?

- Spark Streaming 是 Spark 的实时处理组件,支持从 Kafka 等数据源实时读取数据进行复杂的算法分析。
- 掌握 Spark Streaming 实时单词计数程序,有利于后续使用 Spark 实时计算"用户搜索行为分析"项目中的搜索词访问数量。

本例使用Spark Streaming实现一个完整的按批次累加的实时单词计数程序,数据源从Netcat服务器中获取(关于Netcat的安装,此处不做讲解)。

5.4.1 编写应用程序

1. 导入依赖库

在Spark项目SparkDemo的pom.xml文件中导入以下依赖库:

```xml
<!--Spark核心库-->
<dependency>
  <groupId>org.apache.spark</groupId>
  <artifactId>spark-core_2.12</artifactId>
  <version>3.2.1</version>
</dependency>
<!--Spark Streaming依赖库-->
<dependency>
  <groupId>org.apache.spark</groupId>
  <artifactId>spark-streaming_2.12</artifactId>
```

```xml
        <version>3.2.1</version>
</dependency>
```

2. 编写程序

在项目中新建程序类StreamingWordCount.scala，该类的完整代码如下：

```scala
import org.apache.spark.SparkConf
import org.apache.spark.streaming.dstream.{DStream, ReceiverInputDStream}
import org.apache.spark.streaming.{Seconds, StreamingContext}
/**
  * Spark Streaming实时单词计数，多个单词以空格分隔
  */
object StreamingWordCount {
  def main(args: Array[String]) {
    //创建SparkConf
    val conf = new SparkConf()
      .setMaster("local[2]")
      .setAppName("NetworkWordCount")
    //创建StreamingContext，设置批次间隔为1秒
    val ssc = new StreamingContext(conf, Seconds(1))
    //设置检查点目录，因为需要用检查点记录历史批次处理的结果数据
    ssc.checkpoint("hdfs://centos01:9000/spark-ck")

    //创建输入DStream，从Socket中接收数据
    val lines: ReceiverInputDStream[String] =
      ssc.socketTextStream("centos01", 9999)
    //根据空格把接收到的每一行数据分割成单词
    val words = lines.flatMap(_.split(" "))
    //将每个单词转换为(word,1)形式的元组
    val wordCounts = words.map(x => (x, 1))

    //更新每个单词的数量，实现按批次累加
    val result:DStream[(String,Int)]=
      wordCounts.updateStateByKey(updateFunc)
    //默认打印DStream中每个RDD中的前10个元素到控制台
    result.print()

    ssc.start()                    //启动计算
    ssc.awaitTermination()         //等待计算结束
  }

  /**
    * 定义状态更新函数，按批次累加单词数量
    * @param values: 当前批次单词出现的次数，相当于Seq(1, 1, 1)
    * @param state: 上一批次累加的结果，因为有可能没有值，所以用Option类型
    */
  val updateFunc=(values:Seq[Int],state:Option[Int])=>{
    val currentCount=values.foldLeft(0)(_+_)      //累加当前批次单词的数量
    val previousCount= state.getOrElse(0)          //获取上一批次单词的数量，默认值为0
    Some(currentCount+previousCount)               //求和
  }
}
```

上述代码中，使用检查点将历史批次处理的结果数据保存在HDFS中，便于不同批次的结果累加；使用updateStateByKey()算子对单词的数量进行更新，每个新批次的每个单词的数量都会与上一批次的相同单词的数量进行求和操作，保证实时更新的单词数量准确。

5.4.2 运行应用程序

1. 启动 Netcat 服务器

在centos01节点上安装Netcat，并执行以下命令启动Netcat服务器：

```
$ nc -lk 9999
```

上述命令表示Netcat的监听端口为9999，并处于持续监听状态。

2. 运行应用程序

可以直接以本地模式在IDEA中运行应用程序，也可以将应用程序打包为JAR文件提交到Spark集群中运行（集群运行需要将代码中的.setMaster("local[2]")一行注释掉）。如果在程序运行时需要控制台只显示ERROR信息，去除其他日志信息，那么可以在程序中加入以下代码：

```
//所有org包名只输出ERROR级别的日志，如果导入其他包，则只需要再新建一行写入包名即可
Logger.getLogger("org").setLevel(Level.ERROR)
```

将应用程序提交到Spark Standalone模式集群中运行的操作步骤如下：

1）启动 HDFS

```
$ start-dfs.sh
```

2）启动 Spark Standalone 模式集群

```
$ sbin/start-all.sh
```

3）提交应用程序

将Spark项目SparkDemo打包为spark.demo.jar，上传到centos01节点的/opt/softwares目录，然后进入Spark安装目录，执行以下命令提交应用程序：

```
$ bin/spark-submit \
--master spark://centos01:7077 \
--class spark.demo.StreamingWordCount \
/opt/softwares/spark.demo.jar
```

上述代码中的spark.demo.StreamingWordCount为应用程序所在包的全路径。

提交成功后，Spark Streaming将连接Netcat服务器获取数据。此时发现控制台每隔1秒（程序中设置的批次时间间隔）输出一条结果数据。由于Netcat中暂无数据，因此结果数据为空，只显示当前时间毫秒数。为了方便查看效果，将提交应用程序的SSH窗口和启动Netcat服务器的SSH窗口并列在一起，如图5-7所示。

向Netcat服务器中发送单词"hello spark scala"，发现Spark Streaming控制台实时打印出了单词的数量，如图5-8所示。

再次向Netcat服务器中发送单词"hello spark streaming"，发现Spark Streaming应用程序控制台实时打印出了单词的数量，并与之前的单词数量进行了累加，如图5-9所示。

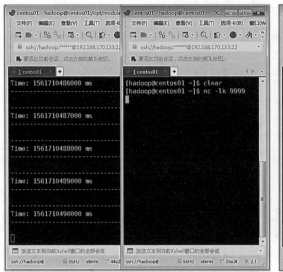

图 5-7　查看控制台输出结果　　　　　图 5-8　查看控制台单词数量

图 5-9　查看控制台单词的数量

5.4.3　查看 Spark WebUI

在浏览器中访问Spark WebUI地址http://centos01:4040/jobs，可以查看当前正在运行的Spark Streaming作业，如图5-10所示。

访问Spark WebUI地址http://centos01:4040/streaming，可以查看已经处理完成的批次的各项数据，如图5-11所示。

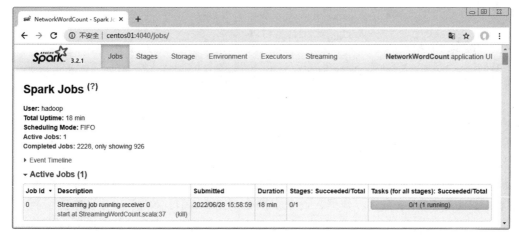

图 5-10　WebUI 查看 Spark Streaming 作业

图 5-11　WebUI 查看 Spark Streaming 处理完成的批次

5.5　Spark Streaming 整合 Kafka 计算实时单词数量

Spark Streaming为什么要与Kafka整合？

- 我们已经知道，Kafka 适合用于对数据存储、吞吐量、实时性要求比较高的场景，非常适合存储实时计算当中的中转数据。
- 回顾 1.2 节的项目数据流设计，存储到 Kafka 中的数据需要使用消费者框架进行实时读取，而 Spark Streaming 可以作为 Kafka 的消费者实时从 Kafka 中获取数据进行计算。

本节将Spark Streaming与Kafka进行整合，按批次从Kafka中实时获取单词数据进行计算。

5.5.1 整合原理

Kafka在0.8和0.10版本之间引入了一个新的消费者API,Spark针对这两个版本有两个单独对应的Spark Streaming包可用,分别为spark-streaming-kafka-0-8和spark-streaming-kafka-0-10。需要注意的是,前者兼容Kafka 0.8、0.9、0.10,后者只兼容Kafka 0.10及之后的版本。而从Spark 2.3.0开始,对Kafka 0.8的支持就被弃用了,因此本书使用spark-streaming-kafka-0-10包进行讲解,使用的Kafka版本为3.1.0。

从Spark 1.3开始引入了一种新的无Receiver的直连(Direct)方法,以确保更强的端到端保证。这种方法不使用Receiver来接收数据,而是定期查询Kafka在每个主题和分区中的最新偏移量(Offset),并相应地定义在每个批处理中要处理的偏移量范围。启动处理数据的作业时,Kafka的简单消费者API用于从Kafka读取已定义的偏移量范围数据(类似于从文件系统读取文件)。这种方法的作业流程如图5-12所示。

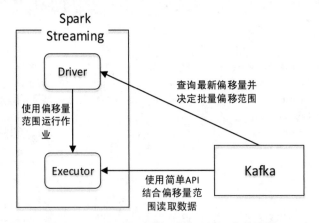

图 5-12　Spark Streaming 直连 Kafka 作业流程

与基于Receiver的方法相比,此方法具有以下优点:

- **简化并行性**:不需要创建多个输入 Kafka 流进行合并。Spark Streaming 创建与 Kafka 分区一样多的 RDD 分区,这些分区将并行地从 Kafka 读取数据。因此 Kafka 和 RDD 分区之间存在一对一的映射,理解和优化起来更加容易。

- **效率提高**:使用 Receiver 实现零数据丢失要求数据存储在预写日志中,该日志进一步复制了数据,导致效率低下,因为数据被复制了两次,一次由 Kafka 复制,另一次由预写日志复制。而使用直连方式消除了这个问题,因为没有 Receiver,所以不需要提前预写日志,只要有足够的 Kafka 空间,就可以从 Kafka 中恢复消息。

- **恰好一次语义**:使用 Receiver 读取 Kafka 数据并通过 Kafka 高级 API 把偏移量写入 ZooKeeper 中,虽然这种方法可以使数据保存在预写日志中而不丢失,但是可能会因为 Spark Streaming 和 ZooKeeper 中保存的偏移量不一致而导致数据被消费多次。而直连方法实现了 Kafka 简单 API,偏移量仅被 Spark Streaming 保存在检查点目录中,这就消除了 Spark Streaming 和 ZooKeeper 偏移量不一致的问题。

5.5.2 编写应用程序

下面讲解如何使用Spark Streaming整合Kafka开发单词计数程序，操作步骤如下：

1. 导入依赖库

在Spark项目SparkDemo的pom.xml文件中导入以下依赖库：

```xml
<!--Spark核心库-->
<dependency>
    <groupId>org.apache.spark</groupId>
    <artifactId>spark-core_2.12</artifactId>
    <version>3.2.1</version>
</dependency>
<!--Spark Streaming依赖库-->
<dependency>
    <groupId>org.apache.spark</groupId>
    <artifactId>spark-streaming_2.12</artifactId>
    <version>3.2.1</version>
</dependency>
<!--Spark Streaming针对Kafka的依赖库-->
<dependency>
    <groupId>org.apache.spark</groupId>
    <artifactId>spark-streaming-kafka-0-10_2.12</artifactId>
    <version>3.2.1</version>
</dependency>
```

上述依赖库中的2.12指的是Scala的版本。

2. 编写程序

在项目中新建程序类StreamingKafka.scala，该类的完整代码如下：

```scala
import org.apache.kafka.clients.consumer.ConsumerRecord
import org.apache.spark.streaming._
import org.apache.spark.SparkConf
import org.apache.spark.streaming.kafka010.{KafkaUtils, LocationStrategies}
import org.apache.kafka.common.serialization.StringDeserializer
import org.apache.log4j.{Level, Logger}
import org.apache.spark.streaming.dstream.{DStream, InputDStream}
import org.apache.spark.streaming.kafka010.ConsumerStrategies.Subscribe

/**
 * Spark Streaming整合Kafka实现单词计数
 */
object StreamingKafka{
  //所有org包名只输出ERROR级别的日志，如果导入其他包，那么只需要再新建一行写入包名即可
  Logger.getLogger("org").setLevel(Level.ERROR)

  def main(args:Array[String]){
    val conf = new SparkConf()
      .setMaster("local[*]")
      .setAppName("StreamingKafkaWordCount")

    //创建Spark Streaming上下文，并以1秒内收到的数据作为一个批次
    val ssc = new StreamingContext(conf, Seconds(1))
```

```scala
//设置检查点目录,因为需要用检查点记录历史批次处理的结果数据
ssc.checkpoint("hdfs://centos01:9000/spark-ck")

//设置输入流的Kafka主题,可以设置多个
val kafkaTopics = Array("topictest")

//Kafka配置属性
val kafkaParams = Map[String, Object](
  //Kafka Broker服务器的连接地址
  "bootstrap.servers" -> "centos01:9092,centos02:9092,centos03:9092",
  //设置反序列化key的程序类,与生产者对应
  "key.deserializer" -> classOf[StringDeserializer],
  //设置反序列化value的程序类,与生产者对应
  "value.deserializer" -> classOf[StringDeserializer],
  //设置消费者组ID,ID相同的消费者属于同一个消费者组
  "group.id" -> "1",
  //Kafka不自动提交偏移量(默认为true),由Spark管理
  "enable.auto.commit" -> (false: java.lang.Boolean)❶
)

//创建输入DStream
val inputStream: InputDStream[ConsumerRecord[String, String]] =
  KafkaUtils.createDirectStream[String, String](❷
    ssc,
    LocationStrategies.PreferConsistent,
    Subscribe[String, String](kafkaTopics, kafkaParams)
  )

//对接收到的一个DStream进行解析,取出消息记录的key和value
val linesDStream = inputStream.map(record => (record.key, record.value))
//默认情况下,消息内容存放在value中,取出value的值
val wordsDStream = linesDStream.map(_._2)
val word = wordsDStream.flatMap(_.split(" "))
val pair = word.map(x => (x,1))

//更新每个单词的数量,实现按批次累加
val result:DStream[(String,Int)]= pair.updateStateByKey(updateFunc)
//默认打印DStream中每个RDD中的前10个元素到控制台
result.print()

ssc.start
ssc.awaitTermination
}

/**
 * 定义状态更新函数,按批次累加单词数量
 * @param values 当前批次单词出现的次数,相当于Seq(1, 1, 1)
 * @param state  上一批次累加的结果,因为有可能没有值,所以用Option类型
 */
val updateFunc=(values:Seq[Int],state:Option[Int])=>{
  val currentCount=values.foldLeft(0)(_+_)    //累加当前批次单词的数量
  val previousCount= state.getOrElse(0)        //获取上一批次单词的数量,默认值为0
  Some(currentCount+previousCount)             //求和
}
}
```

上述代码解析如下：

❶ Kafka中的偏移量是一个连续递增的整数值，它记录消息在分区中的位置。默认情况下，Kafka会记录消费者消费的最新偏移量，当消费者从Kafka中拉取到数据之后，Kafka会自动提交偏移量（记录消费者消费了该条消息），下次消费者将从偏移量加1的位置开始消费。这种自动提交偏移量的方式在很多时候是不适用的，因为很容易丢失数据，尤其是在需要事物控制的时候。比如从Kafka成功拉取数据之后，对数据进行相应的处理再进行提交（例如写入MySQL），这时候就需要进行手动提交。

在Spark Streaming成功拉取到消息后，消息可能还未处理完毕或者还未输出到目的地，因此这里将enable.auto.commit设置为false。

此外，当Kafka中没有初始偏移量，或者当前偏移量在服务器上不存在时（例如数据被删除），可以设置配置属性auto.offset.reset，该属性的取值及解析如下：

（1）earliest：自动将偏移量重置为最早的偏移量。
（2）latest（默认值）：自动将偏移量重置为最新偏移量。
（3）none：如果没有为消费者找到先前偏移量，那么就向消费者抛出异常。

默认情况下，Spark Streaming应用程序启动时将从每个Kafka分区的最新偏移量开始读取。
关于其他配置属性，读者可参考Kafka官方文档，此处不做详细介绍。

❷ 通过调用KafkaUtils的createDirectStream()方法可以创建一个以Kafka为数据源的输入DStream。输入DStream存储的元素类型是消息记录对象ConsumerRecord，该对象存储从Kafka中接收的键－值对（消息记录的内容）、主题名称、记录所属的分区号、记录在Kafka分区中的偏移量，以及一个由相应生产者记录对象ProducerRecord标记的时间戳。

createDirectStream()方法的源码如下：

```
/**
 * 创建输入DStream，其中每个给定的Kafka主题/分区对应一个RDD分区
 * @param locationStrategy: 本地策略
 * @param consumerStrategy: 消费策略
 * @tparam K: 消息key的类型
 * @tparam V: 消息value的类型
 */
@Experimental
def createDirectStream[K, V](
   ssc: StreamingContext,
   locationStrategy: LocationStrategy,
   consumerStrategy: ConsumerStrategy[K, V]
 ): InputDStream[ConsumerRecord[K, V]] = {
 val ppc = new DefaultPerPartitionConfig(ssc.sparkContext.getConf)
 createDirectStream[K, V](ssc, locationStrategy, consumerStrategy, ppc)
}
```

新的Kafka消费者API将预先获取消息到缓冲区。因此，出于性能方面的原因，Spark Streaming集成Kafka时将缓存的消费者保存在Executor上（而不是为每个批次重新创建），并且优先在拥有合适的消费者所在的主机上安排分区。

在大多数情况下，本地策略应该使用LocationStrategies.PreferConsistent，它可以在可用的Executor之间均匀地分配分区。如果Executor与Kafka Broker位于同一台主机上，那么使用LocationStrategies.PreferBrokers会优先在同一节点的分区上存储Kafka消息；如果分区之间的负载有明显的倾斜，那么使用LocationStrategies.PreferFixed可以指定分区和主机之间的映射。

消费者策略指的是如何在Driver和Executor上创建和配置Kafka消费者。Kafka 0.10消费者在实例化之后可能需要额外的、有时是复杂的设置，而抽象类ConsumerStrategy封装了该流程。

5.5.3 运行应用程序

可以直接以本地模式在IDEA中运行应用程序，也可以将应用程序打包为JAR包提交到Spark集群中运行（集群运行需要将代码中的.setMaster("local[*]")一行注释掉）。

应用程序以本地模式运行的操作步骤如下：

1）启动 HDFS 集群

在centos01节点执行以下命令，启动HDFS：

```
$ sbin/start-dfs.sh
```

2）启动 ZooKeeper 和 Kafka 集群

分别在各个节点上执行以下命令，启动ZooKeeper集群（需进入ZooKeeper安装目录）：

```
$ bin/zkServer.sh start
```

分别在各个节点上执行以下命令，启动Kafka集群（需进入Kafka安装目录）：

```
$ bin/kafka-server-start.sh -daemon config/server.properties
```

ZooKeeper集群的搭建，此处不做讲解。

3）创建 Kafka 主题

在Kafka集群的任意节点执行以下命令，创建一个名为topictest的主题，分区数为2，每个分区的副本数为2：

```
$ bin/kafka-topics.sh \
--create \
--bootstrap-server centos01:9092,centos02:9092,centos03:9092 \
--replication-factor 2 \
--partitions 2 \
--topic topictest
```

4）创建 Kafka 生产者

Kafka生产者作为消息生产角色，可以使用Kafka自带的命令工具创建一个简单的生产者。例如，在主题topictest上创建一个生产者，命令如下：

```
$ bin/kafka-console-producer.sh \
--broker-list centos01:9092,centos02:9092,centos03:9092 \
--topic topictest
```

创建完成后，控制台进入等待键盘输入消息的状态。

5）运行应用程序

在本地IDEA中运行应用程序StreamingKafka.scala，然后向Kafka生产者控制台发送单词消息，如图5-13所示。

```
[hadoop@centos01 kafka_2.12-3.1.0]$ bin/kafka-console-producer.sh \
> --broker-list centos01:9092,centos02:9092,centos03:9092 \
> --topic topictest
>hello spark streaming
>hello spark kafka streaming
```

图 5-13 向 Kafka 生产者控制台发送消息

此时IDEA控制台的输出结果如下：

```
-------------------------------------------
Time: 1562051662000 ms
-------------------------------------------
(spark,1)
(hello,1)
(streaming,1)

-------------------------------------------
Time: 1562051663000 ms
-------------------------------------------
(spark,2)
(hello,2)
(streaming,2)
(kafka,1)
```

5.6 Structured Streaming 快速实时单词计数

从Spark 2.0开始产生了一个新的流处理框架Structured Streaming（结构化流），它是一个可伸缩的、容错的流处理引擎，构建在Spark SQL引擎之上。使用Structured Streaming可以在静态数据（Dataset/DataFrame）上像批处理计算一样进行流式计算。随着数据的不断到达，Spark SQL引擎会增量地、连续地对数据进行处理，并更新最终结果。可以使用Scala、Java、Python或R中的Dataset/DataFrame API来执行数据流的聚合、滑动窗口的计算、流式数据与离线数据的join()操作等。这些操作与Spark SQL使用同一套引擎来执行。此外，Structured Streaming通过使用检查点和预写日志来确保端到端的只执行一次（Exactly Once，指每个记录将被精确处理一次，数据不会丢失，并且不会被多次处理）保证。

默认情况下，Structured Streaming使用微批处理引擎将数据流作为一系列小批次作业进行处理，从而实现端到端的延迟低至100毫秒。而自Spark 2.3以来，引入了一种新的低延迟处理模式，称为连续处理，它将端到端的延迟进一步降低至1毫秒。对于开发者来说，不需要考虑是流式计算还是批处理，只要以同样的方式编写计算操作即可，Structured Streaming在底层会自动实现快速、可伸缩、容错等处理。

在已经学会Spark Streaming开发的基础上继续学习Structured Streaming将更加容易。接下来通过经典的单词计数例子讲解Structured Streaming程序的编写。

1. 程序编写

使用Structured Streaming从Netcat服务器接收单词数据并进行累加计数，完整代码如下：

```scala
import org.apache.spark.sql.{DataFrame, Dataset, SparkSession}
/**
 * Structured Streaming单词计数
 */
object StructuredNetworkWordCount {

  def main(args: Array[String]): Unit = {
    //创建本地SparkSession ❶
    val spark = SparkSession
      .builder
      .appName("StructuredNetworkWordCount")
      .master("local[*]")
      .getOrCreate()

    //设置日志级别为WARN
    spark.sparkContext.setLogLevel("WARN")
    //导入SparkSession对象中的隐式转换
    import spark.implicits._

    //从Socket连接中获取输入流数据创建DataFrame ❷
    val lines: DataFrame = spark.readStream
      .format("socket")
      .option("host", "centos01")
      .option("port", 9999)
      .load()

    //分割每行数据为单词
    val words: Dataset[String] = lines.as[String].flatMap(_.split(" ")) ❸
    //计算单词数量(value为默认的列名)
    val wordCounts: DataFrame = words.groupBy("value").count() ❹

    //输出计算结果，3种模式：
    //complete: 输出所有内容
    //append: 输出新增的行
    //update: 输出更新的行
    val query = wordCounts.writeStream ❺
      .outputMode("complete")
      .format("console")
      .start()

    //等待查询终止
    query.awaitTermination()
  }
}
```

上述代码解析如下：

❶ 创建一个本地SparkSession，这是Spark应用程序的起点。

❷ 创建一个流式DataFrame，表示从监听centos01:9999的服务器接收的文本数据。lines DataFrame相当于一张包含流文本数据的无界表。这张表包含一个字符串列，列名为value，流文本数据中的每一行都是表中的一行。由于目前只是在设置所需的转换，还没有启动转换，因此还没有接收任何数据。

❸ 使用.as[String]将DataFrame转换为一个字符串数据集，这样就可以应用flatMap操作将每一行分割成多个单词。生成的单词数据集words包含所有单词。
❹ 根据数据集中的value列进行分组并计数，返回一个wordCounts DataFrame，它是一个流DataFrame，表示流中的单词数量。
❺ 前面已经设置了对流数据的查询，这里开始实际接收数据并计算单词数量。使用start()启动流计算，在每次更新计数集时将计算结果打印到控制台。使用outputMode("complete")表示结果的输出模式为完全模式，完全模式会将所有结果进行累加输出（关于输出模式，5.8节将详细讲解）。最后使用query对象的awaitTermination()方法等待查询的终止，以防止进程在查询时退出。

2. 程序运行

在centos01节点上执行以下命令启动Netcat服务器，等待发送消息：

```
$ nc -lk 9999
```

在IDEA中本地运行单词计数程序，运行成功后将监听Netcat服务器中的消息。

然后向Netcat服务器中发送以下消息（每次发送一行）：

```
apache spark
apache hadoop
```

此时IDEA控制台的输出结果如下：

```
-------------------------------------------
Batch: 0
-------------------------------------------
+------+-----+
| value|count|
+------+-----+
|apache|    1|
| spark|    1|
+------+-----+

-------------------------------------------
Batch: 1
-------------------------------------------
+------+-----+
| value|count|
+------+-----+
|apache|    2|
| spark|    1|
|hadoop|    1|
+------+-----+
...
```

可以看到，最新批次的输出结果在上一批次结果的基础上进行了累加。集成了Dataset/DataFrame API的Structured Streaming框架的程序代码看起来十分简洁，执行效率也比Spark Streaming更高。

接下来通过讲解Structured Streaming的编程模型来更加深入地理解单词计数程序。

5.7 Structured Streaming 编程模型

Structured Streaming的关键思想是将实时数据流视为一张不断追加的表，这样可以基于这张表进行处理。这是一个新的流处理模型，它类似批处理模型，就像在静态表上执行标准的批处理式查询一样。它将输入的数据流视为一张"无界表"，到达流的每个数据项都像一个新行被追加到输入表，如图5-14所示。

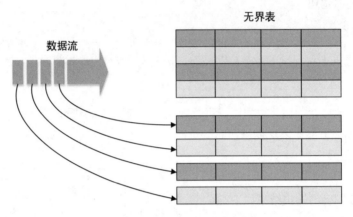

图5-14　数据流相当于一张无界表

对输入数据流的查询将生成一张"结果表"。每一个触发间隔（例如，每1秒）都会向输入表添加新行，最终更新结果表。无论何时更新结果表，都建议将更改后的结果行写入外部存储系统，如图5-15所示。

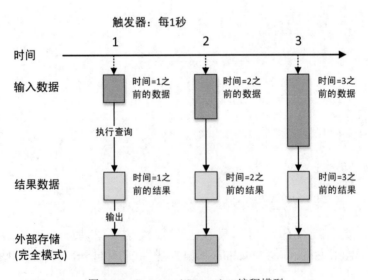

图5-15　Structured Streaming 编程模型

在图5-15中，第一行是时间，每秒都会触发一次流式计算；第二行是输入数据，对输入数据执行查询后产生的结果最终会被更新到第三行的结果表中；第四行是外部存储系统，输出模式是完全模式。

为了更好地理解Structured Streaming的编程模型，仍然以5.6节的单词计数为例进行讲解。在单词计数的代码中，开始的lines DataFrame是输入表，它只有一个value列。最终的wordCounts DataFrame是结果表，它有两个列，分别为value和count，且结果表的输出模式是完全模式。基于流lines DataFrame上的查询产生的wordCounts确实与在静态DataFrame上的查询是一样的，但是当这个查询启动时，Spark将不断检查Socket连接中的新数据。如果有新数据，那么Spark将运行一个"增量"查询，该查询将以前的计数结果与新数据的计数结果累加起来。如图5-16所示。

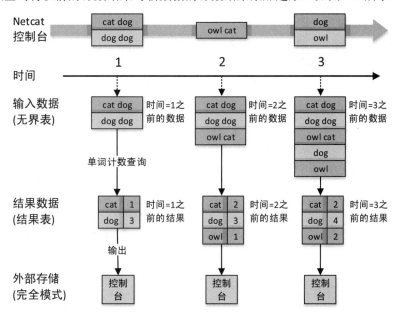

图 5-16　单词计数程序编程模型

> **注意**　Structured Streaming并不管理整张表。它从流数据源读取最新可用数据，增量地处理并更新结果，然后丢弃源数据。它仅仅会保留很小的必要中间状态数据用来更新结果。

5.8　Structured Streaming 查询输出

在Structured Streaming程序中完成了对最终结果Dataset/DataFrame的定义后，剩下的就是开始启动流计算。启动流计算的同时需要指定几个关键要素：

（1）输出到外部存储系统的详细信息：包括数据格式、存储位置等。

（2）输出模式：控制输出的内容。

（3）查询名称（可选）：指定一个唯一的查询名称。

（4）触发间隔（可选）：指定触发间隔。如果没有指定，那么系统将在前面的处理完成后立即检查新的数据。如果由于前一个处理未完成而错过了触发时间，那么当前一个处理完成后系统将立即触发处理。

（5）检查点位置：对于一些可以保证端到端容错的外部存储系统，需要指定检查点目录。最好是与HDFS兼容的容错文件系统中的一个目录。

5.8.1 输出模式

Structured Streaming计算结果的输出有3种不同的模式，且不同类型的流式查询支持不同的输出模式。3种模式分别如下：

（1）完全模式（Complete Mode）：更新后的整张结果表将被写入外部存储系统。如何处理整张表的写入由存储连接器决定。

（2）追加模式（Append Mode）：默认模式。自上次触发后，只将结果表中追加的新行写入外部存储系统。这只适用于已经存在于结果表中的现有行不期望被改变的查询，如select、where、map、flatMap、filter、join等操作支持该模式。

（3）更新模式（Update Mode）：只有自上次触发后在结果表中更新（包括增加）的行才会写入外部存储系统（自Spark 2.1.1起可用）。这与完全模式不同，该模式只输出自上次触发以来更改的行。如果查询不包含聚合，就等同于追加模式。

在5.6节的单词计数程序中，结果的输出使用的是完全模式，可以将计数结果与之前的批次进行累加输出。若改为更新模式，则需将结果输出部分修改为以下代码：

```
val query = wordCounts.writeStream
  .outputMode("update")        // 等同于.outputMode(OutputMode.Update)
  .format("console")
  .start()
```

运行修改后的单词计数程序，在Netcat中分4次发送以下内容（每次发送一行）：

```
$ nc -lk 9999
I love Beijing
love Shanghai
Beijing good
Shanghai good
```

IDEA控制台的输出结果如下：

```
-------------------------------------------
Batch: 1
-------------------------------------------
+-------+-----+
|  value|count|
+-------+-----+
|Beijing|    1|
|   love|    1|
|      I|    1|
+-------+-----+

-------------------------------------------
Batch: 2
-------------------------------------------
+--------+-----+
|   value|count|
+--------+-----+
|    love|    2|
|Shanghai|    1|
+--------+-----+
```

```
------------------------------------------
Batch: 3
------------------------------------------
+-------+-----+
|  value|count|
+-------+-----+
|Beijing|    2|
|   good|    1|
+-------+-----+

------------------------------------------
Batch: 4
------------------------------------------
+--------+-----+
|   value|count|
+--------+-----+
|    good|    2|
|Shanghai|    2|
+--------+-----+
```

可以看到，每个批次的输出结果只显示了与之前所有批次结果相比更新（包括新增）的单词（在5.9节的窗口操作中将对更新模式进行更加详细的讲解）。

如果将5.6节的单词计数的输出模式改为追加模式，那么是否将结果输出部分修改为以下代码即可？

```
val query = wordCounts.writeStream
  .outputMode("append")        // 等同于.outputMode(OutputMode.Append)
  .format("console")
  .start()
```

运行修改后的单词计数程序，发现控制台报以下异常信息：

Exception in thread "main" org.apache.spark.sql.AnalysisException: Append output mode not supported when there are streaming aggregations on streaming DataFrames/DataSets without watermark;

该异常信息表明，当在流式DataFrame/DataSet上使用聚合操作且没有设置水印时，不支持追加模式。也就是说，单词计数程序要想使用追加模式，需要设置水印。那么什么是水印呢？5.9.3节将详细讲解。

5.8.2 外部存储系统与检查点

1. 外部存储系统

Structured Streaming支持将计算结果输出到多种外部存储系统，常用的外部存储系统如下：

1）文件

将计算结果以文件的形式输出到指定目录中。默认文件格式为Parquet，也支持ORC、JSON、CSV等，例如将结果输出到Parquet文件，代码如下：

```
writeStream
    .format("parquet")
```

```
    .option("path", "path/to/destination/dir")
    .start()
```

2）Kafka

将计算结果输出到Kafka的一个或多个主题。例如，将结果输出到Kafka主题myTopic中，代码如下：

```
writeStream
    .format("kafka")
    .option("kafka.bootstrap.servers", "host1:port1,host2:port2")
    .option("topic", "myTopic")
    .start()
```

3）控制台

将计算结果输出到控制台，用于小量数据的调试，代码如下：

```
writeStream
    .format("console")
    .start()
```

4）内存

将计算结果作为内存中的表存储在内存中，用于小量数据的调试，代码如下：

```
writeStream
    .format("memory")
    .queryName("tableName")
    .start()
```

此外，还支持使用foreach和foreachBatch对流查询的输出应用任意操作。它们的用法略有不同：foreach允许在输出的每一行上自定义输出逻辑，而foreachBatch允许对每个微批次的输出进行任意操作和自定义输出逻辑。

2. 检查点

如果机器发生故障导致宕机，那么可以使用检查点恢复先前查询的进度和状态，并从中断处继续。配置检查点后，查询将保存所有进度信息（每次触发所处理的偏移范围）和运行聚合（例如5.6节单词计数示例中的单词数量）到检查点目录中。检查点目录必须是与HDFS兼容的文件系统中的路径。检查点的设置代码如下：

```
aggDF.writeStream
    .outputMode("complete")
    .option("checkpointLocation", "path/to/HDFS/dir")//检查点路径
    .format("memory")
    .start()
```

5.9　Structured Streaming 窗口操作

Structured Streaming的基于事件时间（Event Time）的滑动窗口上的聚合非常简单，并且与分组聚合十分相似。

5.9.1 事件时间

在Structured Streaming的编程模型中，事件指的是无界输入表中的一行，而事件时间是行中的一个列值，指该行数据的产生时间。事件时间可以嵌入数据本身，是数据本身带有的时间，而不是Spark的接收时间。例如，一个用户在10:00使用物联网设备按下了一个按钮，系统产生了一条日志并记录日志的产生时间为10:00。接下来，这条数据被发送到Kafka，然后使用Spark进行处理，当数据到达Spark时，Spark的系统时间为10:02。10:02指的是处理时间（Process Time），而10:00则是事件时间。如果想要获得物联网设备每分钟生成的事件数量，那么可能需要使用数据生成的时间（嵌入数据中的事件时间），而不是Spark的处理时间。

有了事件时间，基于窗口的聚合（例如，每分钟的事件数量）就只是事件时间列上的一种特殊的分组和聚合：每个时间窗口是一个组，每一行可以属于多个窗口/组（针对滑动窗口，多个窗口可能有重合的数据）。

修改5.6节的单词计数例子，无界输入表中的每一行包含生成该行的时间，假设需要每5分钟统计一次10分钟内的单词数，即在12:00－12:10、12:05－12:15、12:10－12:20等10分钟窗口内接收的单词数。注意，12:00－12:10是一个窗口，表示数据在12:00之后、12:10之前产生。对于12:07产生的单词，这个单词在12:00－12:10和12:05－12:15两个窗口中都要被统计。窗口的聚合模型如图5-17所示。

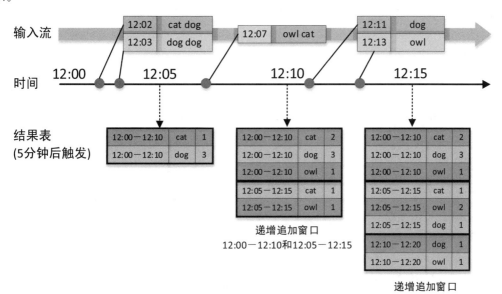

图5-17 单词计数窗口聚合模型

由于这种窗口聚合与分组类似，因此在代码中可以使用groupBy()和window()操作来表示窗口聚合，代码如下：

```
import spark.implicits._
//流数据DataFrame的schema: { timestamp: Timestamp, word: String }
val words = ...
```

```
//将数据按窗口和单词分组,并计算每组的数量
val windowedCounts = words.groupBy(
  window($"timestamp", "10 minutes", "5 minutes"), //窗口
  $"word" //单词
).count()
```

上述代码表示按照窗口(格式:开始时间-结束时间)和单词(word)两列进行分组,每一组的数量就是每个窗口中各个单词的数量。

下一节将详细讲解基于窗口聚合的单词计数程序。

5.9.2 窗口聚合单词计数

使用Structured Streaming编写窗口聚合单词计数程序,每隔5秒计算前10秒的单词数量,完整代码如下:

```
import java.sql.Timestamp
import org.apache.spark.sql.SparkSession
import org.apache.spark.sql.functions._

/**
 * Structured Streaming窗口聚合单词计数
 * 每隔5秒计算前10秒的单词数量
 */
object StructuredNetworkWordCountWindowed {

  def main(args: Array[String]) {

    //得到或创建SparkSession对象
    val spark = SparkSession
      .builder
      .appName("StructuredNetworkWordCountWindowed")
      .master("local[*]")
      .getOrCreate()

    //设置日志级别为WARN
    spark.sparkContext.setLogLevel("WARN")
    //滑动间隔必须小于或等于窗口长度。若不设置滑动间隔,则默认等于窗口长度
    val windowDuration = "10 seconds"     //窗口长度
    val slideDuration = "5 seconds"       //滑动间隔
    import spark.implicits._

    //从Socket连接中获取输入流数据并创建DataFrame
    //从网络中接收的每一行数据都带有一个时间戳(数据产生时间),用于确定该行数据所属的窗口
    val lines = spark.readStream  ❶
      .format("socket")
      .option("host", "centos01")
      .option("port", 9999)
      .option("includeTimestamp", true)    //指定包含时间戳
      .load()
    lines.printSchema()
    // root
    //  |-- value: string (nullable = true)
    //  |-- timestamp: timestamp (nullable = true)
```

```
//将每一行分割成单词,保留时间戳(单词产生的时间) ❷
val words = lines.as[(String, Timestamp)].flatMap(line =>
  line._1.split(" ").map(word => (word, line._2))
).toDF("word", "timestamp")

//将数据按窗口和单词分组,并计算每组的数量
val windowedCounts = words.groupBy(  ❸
  window($"timestamp", windowDuration, slideDuration),
  $"word"
).count().orderBy("window")

//执行查询,并将窗口的单词数量打印到控制台
val query = windowedCounts.writeStream  ❹
  .outputMode("complete")
  .format("console")
  .option("truncate", "false")     //如果输出太长是否截断(默认为true)
  .start()
//等待查询终止
query.awaitTermination()
  }
}
```

上述代码解析如下:

❶ 创建一个流式DataFrame,它表示从监听centos01:9999的服务器接收的文本数据。lines DataFrame相当于一张包含流文本数据的无界表。该表默认只有一列,列名为value,流文本数据中的每一行都是表中的一行。把includeTimestamp选项设置为true,将在该表中自动添加一列,列名默认为timestamp,记录每一行数据的事件时间(数据产生时间)。

❷ 使用as[(String,Timestamp)]将lines DataFrame中的元素转换为(String,Timestamp)形式的元组,返回一个Dataset;然后应用flatMap()操作将每一行分割成多个单词,将每一个单词应用map()操作转换为(word,timestamp)形式的元组;最后使用toDF("word", "timestamp")将Dataset转换为DataFrame,便于后续进行聚合操作。

❸ 将words DataFrame使用groupBy()进行分组。该方法可以传入多个Column类型的分组列,此处根据窗口和单词两列进行分组,因此传入了两个参数:window()函数和$"word"列。window()函数用于根据指定的时间列将行分解为多个时间窗口,$符号用于取得DataFrame中的某一列。window()函数的源码如下:

```
/**
 * 给定指定列的时间戳,将行分解为一个或多个时间窗口。窗口数据看起来如下:
 *   09:00:00-09:01:00
 *   09:00:10-09:01:10
 *   09:00:20-09:01:20 ...
 *
 * 窗口开始时间包括在内,但窗口结束时间不包括在内
 * 例如,12:05将在窗口[12:05,12:10)中,但不在[12:00,12:05)中
 * 窗口可以支持微秒精度,不支持按月份顺序排列的窗口
 *
 * @param timeColumn: 要用作时间窗口的时间列或表达式。注意,时间列必须是TimestampType
 * 类型的
 * @param windowDuration: 窗口长度。例如10秒,使用10 seconds表示
 * @param slideDuration: 窗口滑动时间间隔,例如5 minute。每个滑动间隔将生成一个新的窗口,
```

```
 * 滑动时间间隔必须小于或等于窗口长度
 */
def window(timeColumn: Column, windowDuration: String, slideDuration: String):
  Column = {
  window(timeColumn, windowDuration, slideDuration, "0 second")
}
```

分组后使用count()计算每一组的单词数量，然后使用orderBy("window")将结果按照窗口升序排列。

❹ 使用start()启动流计算，在每次更新计数集时将计算结果打印到控制台，并使用完全模式进行输出。最后使用query对象的awaitTermination()方法等待查询的终止，以防止进程在查询进行时退出。

运行上述窗口聚合单词计数程序，在Netcat中分两次输入以下内容（每次输入一行）：

```
$ nc -lk 9999
hello hadoop spark
hello scala
```

IDEA控制台的输出结果如下：

```
-------------------------------------------
Batch: 1
-------------------------------------------
+------------------------------------------+------+-----+
|window                                    |word  |count|
+------------------------------------------+------+-----+
|[2022-07-19 19:13:50, 2022-07-19 19:14:00]|hello |1    |
|[2022-07-19 19:13:50, 2022-07-19 19:14:00]|hadoop|1    |
|[2022-07-19 19:13:50, 2022-07-19 19:14:00]|spark |1    |
|[2022-07-19 19:13:55, 2022-07-19 19:14:05]|hello |1    |
|[2022-07-19 19:13:55, 2022-07-19 19:14:05]|hadoop|1    |
|[2022-07-19 19:13:55, 2022-07-19 19:14:05]|spark |1    |
+------------------------------------------+------+-----+

-------------------------------------------
Batch: 2
-------------------------------------------
+------------------------------------------+------+-----+
|window                                    |word  |count|
+------------------------------------------+------+-----+
|[2022-07-19 19:13:50, 2022-07-19 19:14:00]|hello |1    |
|[2022-07-19 19:13:50, 2022-07-19 19:14:00]|hadoop|1    |
|[2022-07-19 19:13:50, 2022-07-19 19:14:00]|spark |1    |
|[2022-07-19 19:13:55, 2022-07-19 19:14:05]|hello |1    |
|[2022-07-19 19:13:55, 2022-07-19 19:14:05]|hadoop|1    |
|[2022-07-19 19:13:55, 2022-07-19 19:14:05]|spark |1    |
|[2022-07-19 19:14:10, 2022-07-19 19:14:20]|scala |1    |
|[2022-07-19 19:14:10, 2022-07-19 19:14:20]|hello |1    |
|[2022-07-19 19:14:15, 2022-07-19 19:14:25]|scala |1    |
|[2022-07-19 19:14:15, 2022-07-19 19:14:25]|hello |1    |
+------------------------------------------+------+-----+
```

从输出结果可以看出，每个批次的结果分为3列：window、word、count。第二批次的结果中包含了第一批次的结果，每个窗口中的数据完全进行了计数并输出。由于Netcat中两次输入的数据时间间隔不同，因此计算结果中窗口的开始时间和结束时间也不同。

再举个例子，每隔10秒钟计算1分钟内的股票平均价格：根据窗口和股票ID两列进行分组，然后统计每一组的股票平均价格，就能得出每个窗口的股票平均价格，代码如下：

```
//schema => timestamp: TimestampType, stockId: StringType, price: DoubleType
val df = ...
df.groupBy(window($"time", "1 minute", "10 seconds"), $"stockId")
  .agg(mean("price"))
```

上述代码中的mean()函数用于取得组中指定列的平均值。

5.9.3 延迟数据和水印

我们来考虑一个问题，如果其中一个事件延迟到达Structured Streaming应用程序时会发生什么？例如，在12:04生成的单词在12:11被应用程序接收，应用程序应该使用12:04这个时间去更新窗口12:00－12:10中的单词计数，而不是12:11。Structured Streaming可以在很长一段时间内维护部分聚合的中间状态，以便延迟数据可以正确更新旧窗口的聚合，如图5-18所示。

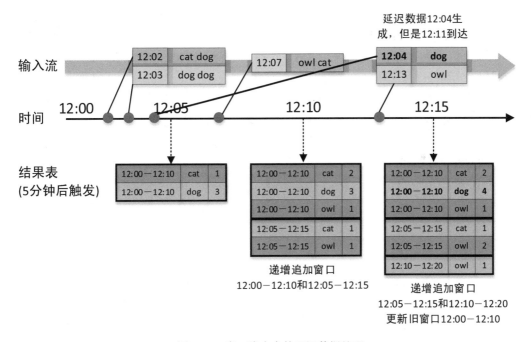

图 5-18 窗口聚合中的延迟数据处理

延迟数据dog在12:11才被应用程序接收，事实上，它在12:04就已经产生。在12:05和12:10的结果表中都未被统计（因为还没有到达），但是在12:15的结果表中进行了更新。在这次更新的过程中，Structured Streaming引擎一直维持中间数据状态，直到延迟数据到达，并统计到结果表中。

但是，要连续数天运行上述窗口聚合，系统则必须限制它所累积的中间状态在内存中的数量。这意味着系统需要知道旧的聚合何时可以从内存状态中删除，因为应用程序将不再接收该聚合的延迟数据。为了实现这一点，在Spark 2.1中引入了水印（Watermarking），它允许引擎自动跟踪数据中的当前事件时间，并尝试相应地清理旧状态。

水印表示某个时刻（事件时间）以前的数据将不再更新，因此水印指的是一个时间点。每次触发窗口计算的同时会进行水印的计算：首先统计本次聚合操作的窗口数据中的最大事件时间，然后使用最大事件时间减去所能容忍的延迟时间就是水印。当新接收的数据事件时间小于水印时，该数据不会进行计算，在内存中也不会维护该数据的状态。

可以通过指定事件时间列和数据预期延迟的阈值（允许延迟的时间）来定义查询的水印。对于在T时刻结束的特定窗口，引擎将维护该窗口的状态并允许后期数据更新状态，直到当前最大事件时间−延迟阈值>T，引擎将不再维护该状态。换句话说，阈值内的延迟数据将被聚合，但是晚于阈值的数据将被丢弃。可以使用如下的withWatermark()方法在5.6节的单词计数示例上轻松定义水印：

```
import spark.implicits._
//流数据DataFrame的schema: { timestamp: Timestamp, word: String }
val words =
//将数据按窗口和单词分组，并计算每组的数量
val windowedCounts = words
    .withWatermark("timestamp", "10 minutes")
    .groupBy(
       window($"timestamp", "10 minutes", "5 minutes"),
       $"word")
    .count()
```

withWatermark()方法的第一个参数用于指定事件时间列的列名，第二个参数用于指定延迟阈值。

如果上述窗口聚合查询在更新模式下运行，那么引擎将不断更新结果表中窗口的计数，直到该窗口超出了水印的设置规则。

接下来看一个例子，每隔5分钟计算最近10分钟的数据，延迟阈值为10分钟，输出模式为更新模式，如图5-19所示。

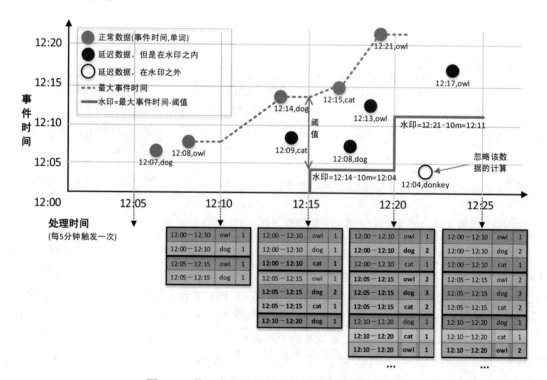

图5-19 使用水印进行窗口聚合计算（更新模式）

图5-19中各元素的含义如下：

（1）横坐标表示数据处理时间，每5分钟触发一次计算，Spark从数据源获取相应时长的数据，根据事件时间将数据分发到对应的窗口中进行计算。

（2）纵坐标表示数据的事件时间。

（3）虚线表示当前接收的数据中的最大事件时间。例如，12:10触发计算时，接收的数据中的最大事件时间是12:08；12:15触发计算时，接收的数据中的最大事件时间是12:14；12:20触发计算时，接收的数据中的最大事件时间是12:21。

（4）实线表示水印的时间走向，每当触发计算时，Spark将根据设置的阈值更新水印（此处指下一次触发计算所使用的水印）。水印的计算方法是，截至触发点，接收到的数据的最大事件时间减去延迟阈值，即减去10分钟。

（5）灰色实心圆点表示正常到达的数据。

（6）黑色实心圆点表示延迟到达的数据，但是这些数据在延迟阈值范围内，因此可以被处理。

（7）空心圆点表示延迟到达的数据，但是这些数据在延迟阈值范围外，因此不会被处理。例如，12:25触发计算时，上一个批次（12:15-12:20）计算得到的水印=最大事件时间12:21-设定的延迟阈值10分钟=12:11。由于数据（12:04,donkey）小于12:11，在水印之外（延迟阈值范围外），因此该数据将被丢弃。

（8）结果表中加粗的行表示被更新的数据，这部分数据将会被输出。

有些外部存储系统（例如文件）可能不支持更新模式，不过没关系，Spark还支持追加模式，其中只有最终计算结果才会被输出到外部存储系统，如图5-20所示。

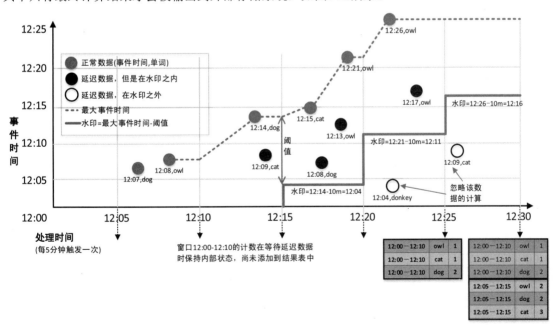

图 5-20　使用水印进行窗口聚合计算（追加模式）

与前面的更新模式类似，Spark引擎维护每个窗口的中间计数，但是部分计数不会更新到结果表，也不会写入外部存储系统。Spark引擎会等待"10分钟"以计算延迟数据，当确定不再更新窗口时，会将最终的计数追加到结果表/外部存储系统中，并删除窗口数据的中间状态，这样保证每个窗口的数据只会输出一次。例如，12:20－12:25批次使用的水印是12:11，超过了窗口12:00－12:10中的最大事件时间，该窗口数据的中间状态将被删除且不再更新窗口，因此该窗口的最终计数在水印更新到12:11之后（12:20更新下一次触发使用的水印为12:11）被添加到结果表中。

需要注意的是，在聚合查询中，使用水印删除聚合数据中间状态必须满足以下条件：

- 输出模式必须为追加或更新。完全模式要求保留所有聚合数据，因此不能使用水印来删除中间状态。
- 聚合必须具有事件时间列或者基于事件时间列上的窗口。
- withWatermark()指定的水印列需要与聚合列是同一列。例如，df.withWatermark("time", "1 min").groupBy("time2").count()在追加输出模式下是无效的，因为水印列 time 与聚合列 time2 是不同的列。
- 使用 withWatermark()指定水印列必须在聚合之前调用，不能放入聚合后面。例如，df.groupBy("time").count().withWatermark("time", "1 min")在追加输出模式下是无效的。

5.10　Structured Streaming 消费 Kafka 数据实现单词计数

Structured Streaming可以作为消费者与Kafka整合，实时读取Kafka中的数据进行处理。Structured Streaming与Kafka整合，需要Kafka的版本在0.10.0以上。以Kafka为数据源，实现单词计数程序的操作步骤如下：

1. 导入依赖库

在Maven项目的pom.xml文件中导入以下依赖库：

```xml
<!--Spark核心库-->
<dependency>
    <groupId>org.apache.spark</groupId>
    <artifactId>spark-core_2.12</artifactId>
    <version>3.2.1</version>
</dependency>
<!--Spark SQL依赖库-->
<dependency>
    <groupId>org.apache.spark</groupId>
    <artifactId>spark-sql_2.12</artifactId>
    <version>3.2.1</version>
</dependency>
<!-- Structured Streaming针对Kafka的依赖库-->
<dependency>
    <groupId>org.apache.spark</groupId>
    <artifactId>spark-streaming-kafka-0-10_2.12</artifactId>
    <version>3.2.1</version>
</dependency>
<dependency>
```

```xml
        <groupId>org.apache.spark</groupId>
        <artifactId>spark-sql-kafka-0-10_2.12</artifactId>
        <version>3.2.1</version>
</dependency>
```

上述依赖库中的2.12指的是Scala的版本。

2. 编写程序

在Spark项目SparkDemo中新建程序类StructuredKafkaWordCount.scala，该类的完整代码如下：

```scala
import org.apache.spark.sql.SparkSession
/**
 * 从Kafka的一个或多个主题中获取消息并计算单词数量
 */
object StructuredKafkaWordCount {
  def main(args: Array[String]): Unit = {

    //得到或创建SparkSession对象
    val spark = SparkSession
      .builder
      .appName("StructuredKafkaWordCount")
      .master("local[*]")
      .getOrCreate()

    import spark.implicits._
    //从Kafka中获取数据并创建Dataset ❶
    val lines = spark
      .readStream
      .format("kafka")
      .option("kafka.bootstrap.servers",
         "centos01:9092,centos02:9092,centos03:9092")
      .option("subscribe", "topic1")      //指定主题，多个主题之间使用逗号分隔
      .load()
      .selectExpr("CAST(value AS STRING)") //使用SQL表达式将消息转换为字符串 ❷
      .as[String]                          //转换为Dataset，便于后面进行转换操作

    lines.printSchema()                    //打印Schema信息
    // root
    // |-- value: string (nullable = true)

    //计算单词数量，根据value列分组
    val wordCounts = lines.flatMap(_.split(" ")).groupBy("value").count()

    //启动查询，打印结果到控制台 ❸
    val query = wordCounts.writeStream
      .outputMode("complete")
      .format("console")
      .option("checkpointLocation", "hdfs://centos01:9000/kafka-checkpoint")
        //指定检查点目录
      .start()

    //等待查询终止
    query.awaitTermination()
  }

}
```

上述代码解析如下:

❶ 从Kafka中读取流数据。使用option()指定Kafka的连接属性,常用的Kafka连接属性解析如表5-4所示。

表 5-4 Kafka 连接属性

属 性	值	含 义
assign	JSON 字符串,格式:{"topicA":[0,1],"topicB":[2,4]}	指定订阅的特定主题分区。assign、subscribe 和 subscribePattern 三者只能使用其中一个
subscribe	以逗号分隔的主题列表	指定要订阅的主题列表。assign、subscribe 和 subscribePattern 三者只能使用其中一个
subscribePattern	Java 正则表达式字符串	用于匹配订阅的主题。assign、subscribe 和 subscribePattern 三者只能使用其中一个
kafka.bootstrap.servers	以逗号分隔的 host:port 列表	Kafka 集群连接地址

❷ 使用selectExpr()传入SQL表达式将消息的数据类型转换为字符串。获取的每一条消息都包含表5-5所示的Schema。

表 5-5 获取的 Kafka 消息的 Schema

列	类 型	含 义
key	binary	消息记录的键,可以为空
value	binary	消息记录的内容
topic	string	消息记录所在的 Kafka 主题
partition	int	消息记录所在的 Kafka 分区
offset	long	消息记录在对应 Kafka 分区中的偏移量
timestamp	long	消息记录在 Kafka 中生成的时间戳
timestampType	int	时间戳的类型,取值 0 和 1。目前 Kafka 支持的时间戳类型有两种:0 表示 CreateTime,即生产者创建这条消息的时间;1 表示 LogAppendTime,即 Broker 服务器接收到这条消息的时间

❸ 使用checkpointLocation属性指定检查点的目录。如果没指定,就默认为/tmp中随机生成的目录。

3. 运行程序

直接在本地IDEA中运行上述单词计数程序后,分两次向Kafka生产者控制台发送消息,如图5-21所示。

```
[hadoop@centos02 kafka_2.12-3.1.0]$ bin/kafka-console-producer.sh \
> --broker-list centos01:9092,centos02:9092,centos03:9092 \
> --topic topictest
>hello spark
>hello scala
```

图 5-21 向 Kafka 生产者控制台发送消息

IDEA 控制台的输出结果如下：

```
----------------------------------------
Batch: 0
----------------------------------------
+-----+-----+
|value|count|
+-----+-----+
+-----+-----+

----------------------------------------
Batch: 1
----------------------------------------
+-----+-----+
|value|count|
+-----+-----+
|hello|    1|
|spark|    1|
+-----+-----+

----------------------------------------
Batch: 2
----------------------------------------
+-----+-----+
|value|count|
+-----+-----+
|hello|    2|
|scala|    1|
|spark|    1|
+-----+-----+
```

可以看到，最新批次的输出结果在上一批次输出结果的基础上进行了累加。

5.11 Structured Streaming 输出计算结果到 MySQL

本节在上一节的基础上继续进行完善，使用 Structured Streaming 实时处理 Kafka 中的单词数据，并将处理结果写入 MySQL 中。处理流程如图 5-22 所示。

图 5-22 Structured Streaming 数据处理流程

5.11.1 MySQL 建库、建表

使用 Navicat 在 MySQL 中创建数据库 word_count，并设置字符集为 utf8，排序规则为 utf8_general_ci，如图 5-23 所示。

在数据库 word_count 中创建表 word_count，并添加两个字段：word、count，分别代表单词和单词数量，如图 5-24 所示。

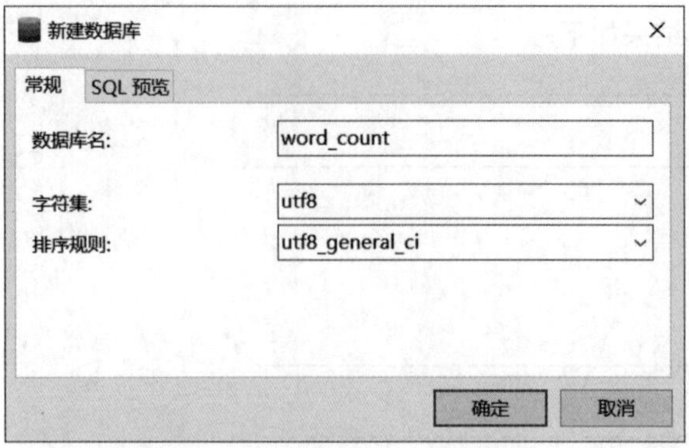

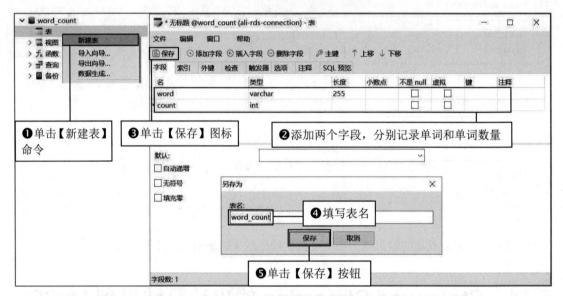

图 5-23 在 MySQL 中创建数据库

图 5-24 在 MySQL 中创建表

5.11.2 Structured Streaming 应用程序的编写

本节编写Structured Streaming应用程序，实时处理Kafka中的单词数据，并将处理结果写入MySQL指定的表中。具体操作步骤如下。

1. 引入 MySQL 驱动库

由于需要在应用程序中操作MySQL数据库，因此需要在项目的pom.xml文件中添加以下依赖，引入MySQL驱动库：

```
<!--mysql数据库驱动-->
<dependency>
    <groupId>mysql</groupId>
    <artifactId>mysql-connector-java</artifactId>
    <version>8.0.11</version>
</dependency>
```

2. 新建 JDBC 程序类

在Spark项目SparkDemo中新建JDBC程序类MyWordCountJDBC.scala，负责通过JDBC操作MySQL数据库，该类的完整代码如下：

```scala
import org.apache.spark.sql.{ForeachWriter, Row}
import java.sql._
/**
 * JDBC操作类，通过JDBC操作MySQL数据库
 */
class MyWordCountJDBC(url: String, username: String, password: String) extends
    ForeachWriter[Row] {
    //命令执行对象
    var statement: Statement = _
    //存储结果集
    var resultSet: ResultSet = _
    //数据库连接对象
    var connection: Connection = _
    /**
     * 打开数据库连接
     */
    override def open(partitionId: Long, version: Long): Boolean = {
        //加载驱动
        Class.forName("com.mysql.cj.jdbc.Driver")
        //获得数据库连接对象Connection
        connection = DriverManager.getConnection(url, username, password)
        //获得命令执行对象Statement
        statement = connection.createStatement()
        return true
    }
    /**
     * 操作数据库表数据
     * 只有当open()方法返回true时，该方法才会被调用
     * @param value: 需要写入数据库的一整行数据
     */
    override def process(value: Row): Unit = {
        //获取传入的单词名称
        val word = value.getAs[String]("word")
        //获取传入的单词数量
        val count = value.getAs[Long]("count")

        //查询SQL。查询表中某个单词是否存在
        val querySql = "select 1 from word_count where word = '" + word + "'"
        //更新SQL。更新表中某个单词对应的数量
        val updateSql = "update word_count set count = " + count + " where word = " +
                        "'" + word + "'"
        //插入SQL。向表中添加一条数据
        val insertSql = "insert into word_count(word,count) values('" + word + "'," +
                        " " + count + ")"

        try {
            //执行查询
            var resultSet = statement.executeQuery(querySql)
            //如果有数据，则更新；否则添加
```

```
                    if (resultSet.next()) {
                        statement.executeUpdate(updateSql)//执行更新
                    } else {
                        statement.execute(insertSql)//执行添加
                    }
            } catch {
                case ex: Exception => {
                    println(ex.getMessage)
                }
            }
        }
        /**
          * 关闭数据库连接
          */
        override def close(errorOrNull: Throwable): Unit = {
            if (statement != null) {
                statement.close()
            }
            if (connection != null) {
                connection.close()
            }
        }
    }
```

3. 新建 Structured Streaming 程序执行主类

继续新建Structured Streaming程序执行主类StructuredStreamingKafka.scala，负责从Kafka的一个或多个主题中获取消息并计算单词数量，最终使用上述JDBC程序类将计算结果写入MySQL数据库中。程序执行主类StructuredStreamingKafka.scala的完整代码如下：

```
import org.apache.spark.sql.SparkSession
import org.apache.spark.sql.streaming.Trigger.ProcessingTime
/**
  * 从Kafka的一个或多个主题中获取消息并计算单词数量
  */
object StructuredStreamingKafka {
    def main(args: Array[String]): Unit = {
        //得到或创建SparkSession对象
        val spark = SparkSession
            .builder
            .appName("StructuredKafkaWordCount")
            .master("local[*]")
            .getOrCreate()

        import spark.implicits._
        //从Kafka中获取数据并创建Dataset
        val lines = spark
            .readStream
            .format("kafka")
            .option("kafka.bootstrap.servers",
                "centos01:9092,centos02:9092,centos03:9092")    //Kafka集群连接字符串
            .option("subscribe", "topictest")    //指定主题，多个主题之间使用逗号分隔
            .load()
            .selectExpr("CAST(value AS STRING)")    //使用SQL表达式将消息转换为字符串
```

```
    .as[String]                    //转换为DataSet，便于后面进行转换操作
//计算单词数量，根据value列分组（DataSet默认列名为value）
val wordCounts = lines
    .flatMap(_.split(" "))
    .groupBy("value")              //根据value列分组
    .count()                       //计算每一组的数量
    .toDF("word","count")          //转换为DataFrame，便于计算
//MySQL数据库连接信息
val url = "jdbc:mysql://localhost:3306/word_count"
val username = "root"              //数据库账号
val password = "123456"            //数据库密码

//创建JDBC操作对象
val writer = new MyWordCountJDBC(url, username, password)
//输出流数据
val query = wordCounts.writeStream
    .foreach(writer)               //使用JDBC操作对象，将流查询的输出写入外部存储系统
    .outputMode("update")          //只有结果流DataFrame/Dataset中更新过的行才会输出
    .start()
//等待查询终止
query.awaitTermination()
  }
}
```

5.11.3 打包与提交 Structured Streaming 应用程序

将前面编写好的Structured Streaming应用程序提交到Spark集群中运行，操作步骤如下。

1. 启动 ZooKeeper 集群

分别在3个节点上执行以下命令，启动ZooKeeper集群（需进入ZooKeeper安装目录）：

```
bin/zkServer.sh start
```

2. 启动 Kafka 集群

分别在3个节点上执行以下命令，启动Kafka集群（需进入Kafka安装目录）：

```
bin/kafka-server-start.sh -daemon config/server.properties
```

集群启动后，分别在各个节点上执行jps命令，查看启动的Java进程，若能输出如下进程信息，则说明启动成功。

```
2848 Jps
2518 QuorumPeerMain
2795 Kafka
```

3. 创建 Kafka 生产者

执行以下命令在Kafka的topictest主题上创建一个生产者：

```
$ bin/kafka-console-producer.sh \
--broker-list centos01:9092,centos02:9092,centos03:9092 \
--topic topictest
```

4. 启动Spark集群（Standalone模式）

在centos01节点上进入Spark安装目录，执行以下命令启动Spark集群（Standalone模式）：

```
$ sbin/start-all.sh
```

5. 应用程序项目打包

首先在Spark项目SparkDemo的pom.xml文件中添加maven-shade-plugin打包插件，便于将项目的所有依赖库同时打包（默认情况下不会打包依赖库）：

```xml
<!--项目打包插件，将所有依赖库一起打包-->
<plugin>
    <groupId>org.apache.maven.plugins</groupId>
    <artifactId>maven-shade-plugin</artifactId>
    <version>3.2.4</version>
    <executions>
        <execution>
            <phase>package</phase>
            <goals>
                <goal>shade</goal>
            </goals>
            <configuration>
                <filters>
                    <!--因为依赖JAR包中的META-INF中有多余的.SF文件与当前JAR包冲突，因此
                    需要排除这些文件，否则程序运行时可能报java.lang.SecurityException:
                    Invalid signature file digest for Manifest main attributes
                    异常-->
                    <filter>
                        <artifact>*:*</artifact>
                        <excludes>
                            <exclude>META-INF/*.SF</exclude>
                            <exclude>META-INF/*.DSA</exclude>
                            <exclude>META-INF/*.RSA</exclude>
                        </excludes>
                    </filter>
                </filters>
                <transformers>
                    <transformer implementation="org.apache.maven.plugins.shade.
                     resource.ManifestResourceTransformer">
                        <mainClass></mainClass>
                    </transformer>
                </transformers>
            </configuration>
        </execution>
    </executions>
</plugin>
```

然后双击IDEA右侧Maven窗口的【install】选项，将自动对项目进行打包，如图5-25所示。

打包成功后，项目target的目录中生成的spark.demo-1.0-SNAPSHOT.jar则为包含所有依赖库的项目可执行JAR文件，如图5-26所示。

第 5 章　用户行为数据实时分析模块开发　241

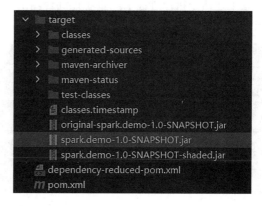

图 5-25　双击【install】选项打包项目　　　　图 5-26　打包生成的项目可执行 JAR 文件

6. 提交 Structured Streaming 应用程序到 Spark 集群

与任何Spark应用程序一样，spark-submit用于提交应用程序。

将上述打包生成的spark.demo-1.0-SNAPSHOT.jar重命名为spark.demo.jar，上传到centos01节点的/opt/softwares目录，然后进入Spark安装目录，执行以下命令提交应用程序：

```
$ bin/spark-submit \
--master spark://centos01:7077 \
--class spark.demo.StructuredStreamingKafka \
/opt/softwares/spark.demo.jar
```

上述代码中的spark.demo.StructuredStreamingKafka为应用程序所在包的全路径。

若提交过程中报以下错误（见图5-27）：

Failed to find data source: kafka. Please deploy the application as per the deployment section of "Structured Streaming + Kafka Integration Guide".

图 5-27　提交过程报错信息

可能原因是缺少spark-sql-kafka-0-10_2.12及其依赖库。此时可以使用--packages参数直接将依赖库添加到spark-submit的提交命令中，完整命令如下：

```
$ bin/spark-submit \
--packages org.apache.spark:spark-sql-kafka-0-10_2.12:3.2.1 \
--master spark://centos01:7077 \
--class spark.demo.StructuredStreamingKafka \
/opt/softwares/spark.demo.jar
```

--packages参数的含义为：指定要包含在驱动程序和执行类路径上的JAR的Maven坐标（坐标的格式是groupId:artifactId:version），多个坐标之间以逗号分隔。命令执行时将搜索本地Maven仓库，若在本地仓库找不到，则通过网络搜索Maven远程中央仓库或给出的任何其他远程存储库。

在上述命令执行过程中，查看控制台输出信息，可以发现相关依赖库正在被添加，如图5-28所示。

```
org.apache.spark#spark-sql-kafka-0-10_2.12 added as a dependency
:: resolving dependencies :: org.apache.spark#spark-submit-parent-3aaebb78-7fa6-49a1-b1b6-d29b0e203eb1;1.0
        confs: [default]
        found org.apache.spark#spark-sql-kafka-0-10_2.12;3.2.1 in central
        found org.apache.spark#spark-token-provider-kafka-0-10_2.12;3.2.1 in central
        found org.apache.kafka#kafka-clients;2.8.0 in central
        found org.lz4#lz4-java;1.7.1 in central
        found org.xerial.snappy#snappy-java;1.1.8.4 in central
        found org.slf4j#slf4j-api;1.7.30 in central
        found org.apache.hadoop#hadoop-client-runtime;3.3.1 in central
        found org.spark-project.spark#unused;1.0.0 in central
        found org.apache.hadoop#hadoop-client-api;3.3.1 in central
        found org.apache.htrace#htrace-core4;4.1.0-incubating in central
        found commons-logging#commons-logging;1.1.3 in central
        found com.google.code.findbugs#jsr305;3.0.0 in central
```

图 5-28 添加依赖库的输出信息

提交成功后，Spark将作为消费者连接Kafka集群实时获取数据并计算。

7. 向 Kafka 发送单词数据

接下来分两次向Kafka生产者控制台发送消息，如图5-29所示。

```
[hadoop@centos02 kafka_2.12-3.1.0]$ bin/kafka-console-producer.sh \
> --broker-list centos01:9092,centos02:9092,centos03:9092 \
> --topic topictest
>hello spark
>hello scala
```

图 5-29 向 Kafka 生产者控制台发送消息

消息发送后，查看MySQL表word_count中的数据，如图5-30所示。

word	count
hello	2
spark	1
scala	1

图 5-30 表 word_count 中的数据

可以看到，表中数据实时更新了最新的单词及单词数量。

5.12 动手练习

练习一

使用Structured Streaming完成“双十一”当天实时统计商品交易额的业务需求。实时数据的格式如下（从左到右依次为订单ID、订单商品分类、订单金额）：

```
1001,办公,82.13
1002,乐器,32.04
1003,女装,91.35
1004,户外,65.83
```

```
1005,女装,83.11
1006,家具,1.85
1007,办公,59.08
1008,家具,21.45
```

具体要求如下:

(1) 每隔1秒计算一次从当天00:00:00截止到当前时间各个分类的订单总额。
(2) 每隔1秒计算一次全网(所有分类)的销售总额。
(3) 每隔1秒计算一次各个分类销售总额的前3名。

练习二

使用Spark Streaming编写应用程序,对用户的访问日志根据设置的黑名单进行实时过滤,黑名单中的用户访问日志将不进行输出。

日志数据来源为Netcat服务器,格式如下:

```
20191012 jack
20191012 tom
20191012 leo
20191012 mary
```

若黑名单中设置了tom和leo两位用户,则过滤后的期望输出结果为:

```
20191012 jack
20191012 mary
```

练习三

已知有以下道路信号灯捕获的实时汽车数量流数据,流数据的第一列为信号灯ID,第二列为汽车数量,第三列为嵌入数据中的事件时间戳,部分测试数据如下:

```
信号灯ID,汽车数量,事件时间戳
1001,3,1000
1001,2,2000
1002,2,2000
1002,3,3000
1001,5,5000
1001,3,8000
1001,2,4000
1001,3,12000
1001,2,3000
1001,2,4000
```

需要先使用Spark Streaming对上述流数据进行统计,得出5秒内每个信号灯捕获的汽车数量,以便进行合理的道路交通规划和管制。

第 6 章

数据可视化模块开发

回顾 1.2 节的系统数据流设计,当数据分析模块(离线分析/实时分析)开发完毕后,接下来需要将分析的结果以可视化的方式进行前端展示,方便用户查看。

本章在前面已完成模块的基础上,进行数据可视化模块的开发。讲解使用 IDEA 搭建服务层 Web 项目;讲解使用 WebSocket 实时获取结果数据,并结合 ECharts 进行前端视图展示;重点讲解与前面已经开发完成的数据采集模块和数据实时分析模块的整合操作,打通整个集群系统的数据流转,最终组成一个完整的针对搜索引擎的企业级"用户搜索行为分析系统"。

本章目标:

- 掌握在 IDEA 中搭建 Maven 项目
- 掌握在 Maven 项目中集成 SpringBoot
- 掌握 WebSocket 的工作原理
- 掌握在 SpringBoot 项目中集成 WebSocket
- 掌握 ECharts 的前端视图展示
- 掌握 Spark 项目的打包与运行

6.1 IDEA 搭建基于 SpringBoot 的 Web 项目

为什么要搭建基于SpringBoot的Web项目?

- 根据前面 5 章的操作,我们已经完成了对用户行为数据的离线计算和实时计算,并将数据计算层的分析结果存储于关系数据库 MySQL 中。
- 回顾 1.3 节的项目架构设计,接下来我们需要使用 JavaWeb 构建系统顶层服务,方便用户通过浏览器访问系统、查看分析结果等。JavaWeb 程序只需读取 MySQL 中的结果数据进行展示即可,因此我们需要搭建一个 JavaWeb 项目。

- SpringBoot 是一个全新的 JavaWeb 框架，其设计目的是简化新 Spring 应用的初始搭建以及开发过程。该框架使用了特定的方式来进行配置，从而使开发人员不再需要定义样板化的配置。SpringBoot 不仅继承了 Spring 框架原有的优秀特性，而且还通过简化配置来进一步简化了 Spring 应用的整个搭建和开发过程。

本节使用IDEA搭建基于SpringBoot的Web项目，搭建步骤如下。

6.1.1 创建 Maven 项目

在IDEA中新建Maven项目，选择【maven-archetype-quickstart】项目原型，然后单击【Next】按钮，如图6-1所示。

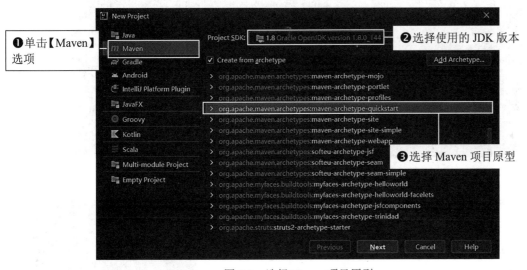

图 6-1　选择 Maven 项目原型

在新窗口中填写项目名称"user_analyse_web"，项目在本地的存放路径，然后单击【Next】按钮，如图6-2所示。

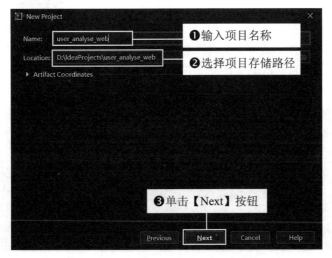

图 6-2　填写项目名称和选择项目存储路径

在新窗口中选择本地Maven的settings.xml配置文件所在的位置以及本地仓库的路径,然后单击【Finish】按钮,如图6-3所示。

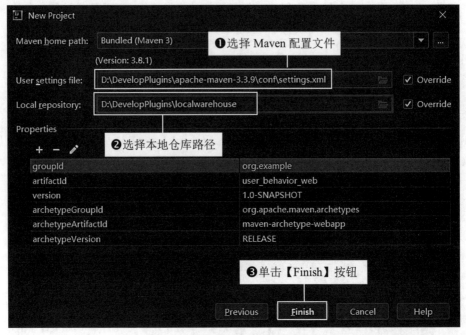

图6-3 选择 Maven 配置文件以及本地仓库路径

创建完成后的Maven项目的目录结构如图6-4所示。

6.1.2 项目集成 SpringBoot

本节讲解在创建好的Maven项目user_analyse_web中集成SpringBoot功能,具体操作步骤如下。

1. 创建 resources 文件夹

resources文件夹用于存储SpringBoot项目的配置文件和静态资源,若项目中没有该文件夹则需要手动创建。

图6-4 Maven 项目的目录结构

在创建好的Maven项目的main文件夹上右击,在弹出的快捷菜单中选择【new】|【Directory】命令,如图6-5所示。

图6-5 新建文件夹

在新窗口中双击【resources】选项即可创建resources文件夹，如图6-6所示。此时项目的目录结构如图6-7所示。

图6-6 双击【resources】选项

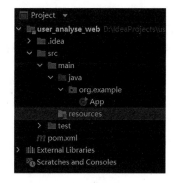

图6-7 项目的目录结构

2. 创建配置文件

在resources文件夹中创建配置文件application.properties，并写入以下内容，指定项目启动后的监听端口为8080：

```
server.port=8080
```

3. 添加 SpringBoot 依赖库

修改项目的pom.xml文件内容，在\<project\>节点中添加以下内容，指定SpringBoot统一配置：

```xml
<parent>
    <groupId>org.springframework.boot</groupId>
    <artifactId>spring-boot-starter-parent</artifactId>
    <version>2.3.7.RELEASE</version>
</parent>
```

在\<dependencies\>节点中添加以下内容，指定SpringBoot等相关依赖库：

```xml
<!--SpringBoot Web库-->
<dependency>
    <groupId>org.springframework.boot</groupId>
    <artifactId>spring-boot-starter-web</artifactId>
</dependency>
<!--MySQL数据库驱动-->
<dependency>
    <groupId>mysql</groupId>
    <artifactId>mysql-connector-java</artifactId>
    <version>8.0.11</version>
</dependency>
<!--JSON字符串转换库-->
<dependency>
    <groupId>com.alibaba</groupId>
    <artifactId>fastjson</artifactId>
    <version>1.2.54</version>
</dependency>
```

4. 创建 SpringBoot 控制类

在包org.example中创建SpringBoot控制类MyController.java，用于对SpringBoot是否能正常运行进行测试，代码如下：

```java
package org.example;
import javax.servlet.http.HttpServletResponse;
import javax.servlet.http.HttpServletRequest;
import org.springframework.stereotype.Controller;
import org.springframework.web.bind.annotation.RequestMapping;

/**
 * SpringBoot控制类
 */
@Controller
public class MyController {
    /**
     * 指定前端映射路径
     * @throws Exception
     */
    @RequestMapping("/index")
    public String index(HttpServletRequest request,
                HttpServletResponse response) throws Exception {
        System.out.println("控制类测试数据...");
        return "index";
    }
}
```

5. 创建 SpringBoot 启动类

在包org.example中创建SpringBoot启动类App.java（若该类已存在则修改其内容），内容如下：

```java
package org.example;

import org.springframework.boot.SpringApplication;
import org.springframework.boot.autoconfigure.SpringBootApplication;
/**
 * SpringBoot启动类
 */
@SpringBootApplication
public class App {
    public static void main(String[] args) {
        SpringApplication.run(App.class, args);
    }
}
```

6. 启动 SpringBoot 并测试

直接在IDEA中运行App.java中的main方法，启动SpringBoot项目。启动成功的部分输出信息如图6-8所示。

```
o.s.b.w.embedded.tomcat.TomcatWebServer    : Tomcat initialized with port(s): 8080 (http)
o.apache.catalina.core.StandardService     : Starting service [Tomcat]
org.apache.catalina.core.StandardEngine    : Starting Servlet engine: [Apache Tomcat/9.0.41]
o.a.c.c.C.[Tomcat].[localhost].[/]         : Initializing Spring embedded WebApplicationContext
w.s.c.ServletWebServerApplicationContext   : Root WebApplicationContext: initialization completed in 903 ms
o.s.s.concurrent.ThreadPoolTaskExecutor    : Initializing ExecutorService 'applicationTaskExecutor'
o.s.b.a.w.s.WelcomePageHandlerMapping      : Adding welcome page: class path resource [static/index.html]
o.s.b.w.embedded.tomcat.TomcatWebServer    : Tomcat started on port(s): 8080 (http) with context path ''
org.example.App                            : Started App in 1.444 seconds (JVM running for 1.736)
```

图 6-8 SpringBoot 项目启动日志信息

启动后，在浏览器访问网址http://localhost:8080/index，观察控制台是否输出信息"控制类测试数据…"，若能成功输出，则说明控制类MyController的index()方法成功接收到了前端的请求。

到此，SpringBoot在项目中集成完毕。

6.2 WebSocket 数据实时推送

为了不刷新浏览器页面就能实时动态显示最新的计算结果，需要使用实时推送技术，将已经存储到MySQL中的计算结果实时推送到浏览器端。当MySQL中的结果数据变化时，浏览器端应该实时展示最新数据。

本节讲解如何在SpringBoot项目中使用WebSocket进行实时数据推送。

6.2.1 WebSocket 推送原理

WebSocket是基于TCP的一种新的网络协议。WebSocket使得客户端和服务器之间的数据交换变得更加简单，允许服务器端主动向客户端推送数据。在WebSocket API中，浏览器和服务器只需要完成一次握手，两者之间就可以直接创建持久性的连接,并进行双向数据传输。WebSocket的工作流程如图6-9所示。

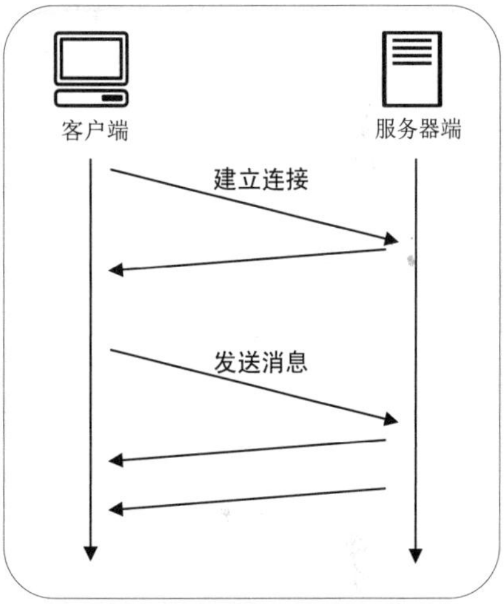

图 6-9 WebSocket 工作流程

6.2.2 项目集成 WebSocket

本节在搭建好的SpringBoot项目user_analyse_web的基础上继续进行完善，集成WebSocket相关功能。

1. 引入 SpringBoot WebSocket 依赖库

继续在项目的pom.xml文件的<dependencies>节点中添加以下内容，引入SpringBoot 针对WebSocket的依赖库：

```
<!--SpringBoot WebSocket库-->
<dependency>
    <groupId>org.springframework.boot</groupId>
    <artifactId>spring-boot-starter-websocket</artifactId>
</dependency>
```

2. 开启 WebSocket 支持

在包 org.example 中创建 WebSocketConfig 配置类，该类负责给 Spring 容器注入 ServerEndpointExporter实例（该实例负责注册WebSocket服务处理类，服务处理类用于接收客户端的消息并向客户端发送消息）。WebSocketConfig配置类的代码如下：

```
package org.example;
```

```java
import org.springframework.context.annotation.Bean;
import org.springframework.context.annotation.Configuration;
import org.springframework.web.socket.server.standard.ServerEndpointExporter;

@Configuration
public class WebSocketConfig {
    /**
     * 给Spring容器注入ServerEndpointExporter实例
     * 该实例会检测所有带@serverEndpoint注解声明的bean并对它进行注册
     */
    @Bean
    public ServerEndpointExporter serverEndpointExporter() {
        return new ServerEndpointExporter();
    }
}
```

6.2.3　创建 JDBC 查询工具类

计算结果数据最终需要从MySQL数据库（存储于表word_count）中读取并显示到前端页面上，因此需要使用JDBC连接MySQL并查询相应的数据。

继续在包org.example中创建JdbcUtil.java类，并写入相应的查询代码，完整代码如下：

```java
package org.example;

import java.sql.Connection;
import java.sql.DriverManager;
import java.sql.PreparedStatement;
import java.sql.ResultSet;
import java.util.ArrayList;
import java.util.HashMap;
import java.util.List;
import java.util.Map;

/**
 * JDBC查询类
 */
public class JdbcUtil {
    //MySQL数据库连接信息
    static String url = "jdbc:mysql://localhost:3306/word_count?useSSL=false";
    static String username = "root";
    static String password = "123456";

    /**
     * 查询数据库结果数据
     * @return 结果数据
     */
    public Map<String, Object> queryResultData() {
        Connection conn = null;
        PreparedStatement pst = null;

        //创建搜索关键词集合
        List<String> words = new ArrayList<String>();
        //创建关键词数量集合
        List<Integer> counts = new ArrayList<Integer>();
```

```java
        //创建返回结果Map(包含words和counts两个集合)
        Map<String, Object> resultMap = new HashMap<String, Object>();
        try {
            //加载驱动
            Class.forName("com.mysql.cj.jdbc.Driver");
            //获得数据库连接对象Connection
            conn = DriverManager.getConnection(url, username, password);
            //查询搜索数量最多的前10个搜索词
            String sql = "select word,count from word_count where 1=1 order by
                        count desc limit 10";
            pst = conn.prepareStatement(sql);
            ResultSet rs = pst.executeQuery();
            while (rs.next()) {
                String word = rs.getString("word");//得到搜索词
                String count = rs.getString("count");//得到搜索数量

                words.add(word);//添加到搜索词集合中
                counts.add(Integer.parseInt(count));//添加到搜索数量集合中
            }
            //将words和counts两个集合添加到结果Map中
            resultMap.put("words", words);
            resultMap.put("counts", counts);
        } catch (Exception e) {
            e.printStackTrace();
        } finally {
            //关闭连接,释放资源
            try {
                if (pst != null) {
                    pst.close();
                }
                if (conn != null) {
                    conn.close();
                }
            } catch (Exception e) {
                e.printStackTrace();
            }
        }
        return resultMap;//返回查询结果
    }
}
```

上述代码在JdbcUtil类中定义了查询方法queryResultData()。该方法查询MySQL 的word_count数据库中的word_count表,将该表按照count列降序排列并取前10条数据。最终将数据以Map集合的方式返回。

6.2.4 创建 WebSocket 服务处理类

WebSocket服务处理类用于接收客户端发送的消息,并向客户端返回应答消息。在包org.example中创建WebSocket服务处理类WebSocketServer.java,代码如下:

```java
package org.example;
import com.alibaba.fastjson.JSON;
```

```java
import org.springframework.stereotype.Component;
import javax.websocket.OnClose;
import javax.websocket.OnMessage;
import javax.websocket.OnOpen;
import javax.websocket.Session;
import javax.websocket.server.ServerEndpoint;
import java.io.IOException;
import java.util.Map;
/**
 * WebSocket服务处理类
 * @ServerEndpoint: 该注解将类定义成一个WebSocket服务器端,并指定前端的请求地址
 * @OnOpen: 表示在客户端与服务器连接成功的时候被调用
 * @OnClose: 表示在客户端与服务器断开连接的时候被调用
 * @OnMessage: 表示在服务器接收到客户端发送的消息后被调用
 */
@Component
@ServerEndpoint("/websocket")
public class WebSocketServer {

    JdbcUtil jdbcUtil = new JdbcUtil();
    /**
     * 服务器接收到客户端发送的消息后,自动调用该方法
     * @param message: 客户端发送的消息
     * @param session: 服务器与客户端的会话
     */
    @OnMessage
    public void onMessage(String message, Session session) throws IOException, InterruptedException {
        while(true){
            //调用业务层的方法,查询MySQL数据库的计算结果
            Map<String, Object> map = jdbcUtil.queryResultData();
            //向客户端发送JSON格式的消息
            session.getBasicRemote().sendText(JSON.toJSONString(map));
            //每隔1秒查询一次最新结果
            Thread.sleep(1000);
            map.clear();
        }
    }

    /**
     * 服务器与客户端连接成功,自动调用该方法
     */
    @OnOpen
    public void onOpen () {
        System.out.println("Client connected");
    }
    /**
     * 服务器与客户端断开连接,自动调用该方法
     */
    @OnClose
    public void onClose () {
        System.out.println("Connection closed");
    }
}
```

上述代码中,通过使用注解@ServerEndpoint("/websocket")将类定义成一个WebSocket服务器端(拥有了接收前端请求的功能),并指定客户端的WebSocket请求地址为/websocket。

当客户端通过地址/websocket连接到服务器端后,onOpen()方法将会被调用。当客户端向服务器端发送消息后,onMessage()方法将会被调用,此时服务器端与客户端将保持持久性连接。onMessage()方法每隔1秒钟会查询MySQL数据库的最新结果数据,并将数据以JSON的格式发送给客户端。

接下来进行客户端代码的编写,并将客户端获得的数据以图表的方式进行展示。

6.3 使用 ECharts 进行前端视图展示

ECharts是一个使用 JavaScript 实现的开源可视化库,可以流畅地运行在 PC 和移动设备上,兼容当前绝大部分浏览器(IE9/10/11、Chrome、Firefox、Safari等),提供直观、交互丰富、可高度个性化定制的数据可视化图表。

本节在已经集成了WebSocket功能的SpringBoot项目user_analyse_web的基础上继续进行完善,集成ECharts可视化库,在浏览器中以柱形图的方式实时展示数据。具体操作步骤如下。

1. 下载并导入 ECharts JS 库

对于SpringBoot项目来说,前端JS、HTML等静态资源文件默认存放在resources目录的static文件夹中,因此需要在项目的resources目录中创建static文件夹。

在ECharts官网https://echarts.apache.org/下载所需的ECharts JS库echarts.min.js,并将该文件添加到项目的static文件夹中。

2. 前端 HTML 可视化代码编写

在static文件夹中新建一个index.html文件,内容如下:

```
<!DOCTYPE html>
<html lang="en">
<head>
    <meta charset="UTF-8">
    <title>搜索引擎用户搜索关键词实时统计分析</title>
    <!--引入下载好ECharts的JS库-->
    <script src="js/echarts.min.js"></script>

</head>
<body>
</body>
</html>
```

在绘图前需要为ECharts准备一个定义了高和宽的DOM容器。在上述代码的 \<body>\</body>中添加以下代码:

```
<div id="main" style="width:880px;height:700px; border:1px solid red">
图表展示位置
</div>
```

接下来需要编写JavaScript代码，初始化ECharts实例：

```
var myChart = echarts.init(document.getElementById('main'));
```

然后使用WebSocket连接服务器端，并指定相应的消息处理事件：

```
//通过WebSocket连接服务器端
var webSocket = new WebSocket('ws://localhost:8080/websocket')

//连接打开事件。连接成功后自动调用该函数
webSocket.onopen = function(event) {
    console.log("WebSocket已连接");
};
//收到消息事件。收到服务器端发送过来的消息时自动调用该方法
webSocket.onmessage = function(event) {
    //解析服务器发送过来的数据
    var json = JSON.parse(event.data);
    //处理数据
    processingData(json);
};
//发生错误事件。发生错误时自动调用该函数
webSocket.onerror = function(event) {
    alert("服务器异常");
};
//窗口关闭事件。窗口关闭时关闭连接
window.unload = function() {
    webSocket.close();
};


//向服务器发送消息
function start() {
    //向服务器发送测试数据。只有向服务器发送数据，服务器才会触发onMessage()方法
    webSocket.send('hello');
    return false;
}
```

最后定义前端消息处理函数，将接收到的服务器消息以可视化的形式展示，指定好图表的配置项和数据（图表的配置项说明可在ECharts官网中查看）：

```
//处理数据，使用柱形图可视化展示
function processingData(json){
    //指定图表的配置项和数据
    option = {
        title: {
            text: '搜索引擎搜索词搜索量实时排行',     //标题
            subtext: '数据来自搜狗实验室',            //副标题
            textStyle: {
                fontWeight: 'bold',                  //标题字体加粗
                color: '#408829'                     //标题颜色
            },
        },
        tooltip: {                                   //鼠标浮上显示气泡框详情
            trigger: 'axis',
            axisPointer: {
                type: 'shadow'
```

```
            }
        },
        xAxis: [
            {
                type: 'category',
                data: json.words                    //横坐标显示搜索词
            }
        ],
        yAxis: [
            {
                type: 'value'
            }
        ],
        series: [
            {
                name: '搜索量',
                type: 'bar',
                barWidth: '60%',
                itemStyle:{
                    color:'#a90000'              //柱形图颜色
                },
                data: json.counts                //纵坐标展示对应的搜索数量.
            }
        ]
    };
    //显示柱形图图表
    myChart.setOption(option);
}
```

到此，项目的完整目录结构如图6-10所示。

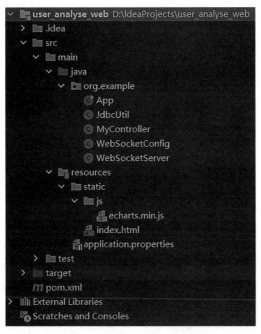

图6-10　项目的目录结构

index.html的完整代码如下：

```html
<!DOCTYPE html>
<html lang="en">
<head>
    <meta charset="UTF-8">
    <title>搜索引擎用户搜索关键词实时统计分析</title>
    <!--引入下载好ECharts的JS库-->
    <script src="js/echarts.min.js"></script>
</head>
<body>
<h1>搜索引擎用户搜索关键词实时统计分析</h1>
<div>
    <div>
        <!--单击该按钮将向服务器发送消息-->
        <input style="width:700px;margin:0 auto;" type="submit"
            value="开始实时分    析" onclick="start()"/><br>
    </div>
    <!--为ECharts准备一个定义了宽和高的DOM元素-->
    <div id="main" style="width:880px;height: 700px; border:1px solid red">图表
        展示位置</div>
</div>

<script type="text/javascript">
    //通过WebSocket连接服务器端
    var webSocket = new WebSocket('ws://localhost:8080/websocket')
    //初始化ECharts图表
    var myChart = echarts.init(document.getElementById('main'));

    //连接打开事件。连接成功后自动调用该函数
    webSocket.onopen = function(event) {
        console.log("WebSocket已连接");
    };
    //收到消息事件。收到服务器端发送过来的消息时自动调用该方法
    webSocket.onmessage = function(event) {
        //解析服务器发送过来的数据
        var json = JSON.parse(event.data);
        //处理数据
        processingData(json);
    };
    //发生错误事件。发生错误时自动调用该函数
    webSocket.onerror = function(event) {
        alert("服务器异常");
    };
    //窗口关闭事件。窗口关闭时关闭连接
    window.unload = function() {
        webSocket.close();
    };

    //向服务器发送消息
    function start() {
        //向服务器发送测试数据。只有向服务器发送数据，服务器才会触发onMessage()方法
        webSocket.send('hello');
        return false;
    }
```

```
        //处理数据,使用柱形图可视化展示
        function processingData(json){
            //指定图表的配置项和数据
            option = {
                title: {
                    text: '搜索引擎搜索词搜索量实时排行',     //标题
                    subtext: '数据来自搜狗实验室',           //副标题
                    textStyle: {
                        fontWeight: 'bold',              //标题字体加粗
                        color: '#408829'                 //标题颜色
                    },
                },
                tooltip: {                               //鼠标浮上显示气泡框详情
                  trigger: 'axis',
                  axisPointer: {
                    type: 'shadow'
                  }
                },
                xAxis: [
                    {
                        type: 'category',
                        data: json.words                 //横坐标显示搜索词
                    }
                ],
                yAxis: [
                    {
                        type: 'value'
                    }
                ],
                series: [
                    {
                        name: '搜索量',
                        type: 'bar',
                        barWidth: '60%',
                        itemStyle:{
                          color:'#a90000'                //柱形图颜色
                        },
                        data: json.counts                //纵坐标展示对应的搜索数量
                    }
                ]
            };
            //显示柱形图图表
            myChart.setOption(option);
        }
    </script>
    </body>
    </html>
```

3. 运行项目并查看前端视图

直接在IDEA中运行App.java中的main方法,启动SpringBoot。启动后,在浏览器中访问网址http://localhost:8080/index.html即可打开项目的视图页面。在视图页面中单击【开始实时分析】按钮,将出现可视化柱形图,如图6-11所示。

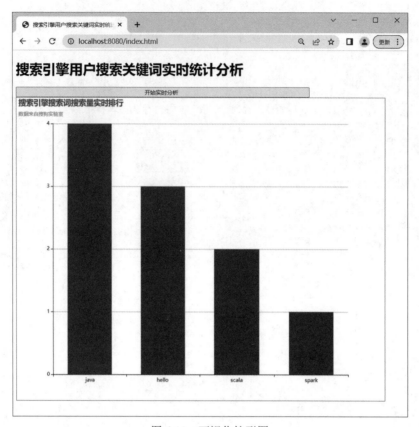

图 6-11　可视化柱形图

若出现的柱形图数据与MySQL数据库的word_count表数据一致，则说明前端视图搭建成功，且与后台服务器端能够正常通信。

我们已经知道，MySQL数据库的word_count表存储了最终的用户搜索行为数据的计算结果，但是目前没有对该表的数据进行实时更新，因此图6-11所示的前端柱形图不会实时变化。

接下来需要启动已经搭建并整合好的大数据计算框架（Flume、Kafka、Spark等），完成对用户搜索行为数据的实时监控与收集，并最终实时更新MySQL的word_count表数据。

6.4　多框架整合实时分析用户行为日志数据流

本节启动已经搭建并整合好的大数据框架，使用Flume、Kafka、Structured Streaming、MySQL对用户行为日志数据流进行实时分析，并最终通过可视化图表进行展示，打通整个实时分析数据流转。

6.4.1　项目实时处理工作流程

回顾1.2节的系统数据流架构设计，数据的流转首先由Flume收集数据并转发到Kafka中，然后由Spark Streaming（此处使用Structured Streaming）实时从Kafka中读取数据并计算结果，最后将结果实时写入MySQL中。

因此要想实现整个系统的不停运转，需要有源源不断的数据流向该系统。接下来使用Java编写一个模拟程序，从3.1节已经预处理好的实验数据（SogouQ.reduced文件）中不间断地读取数据并存储到指定的日志文件（user_behavior_info文件），该日志文件作为初始的用户行为日志数据文件。整个实时处理的详细流程如图6-12所示。

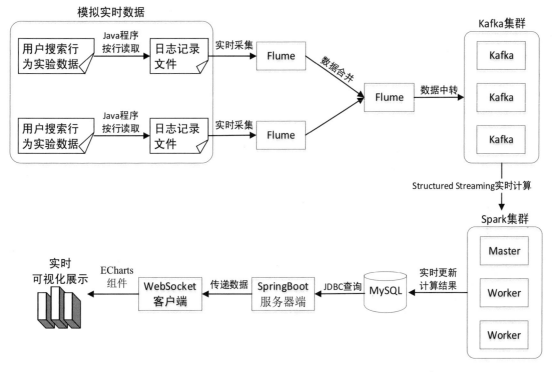

图 6-12　搜索引擎用户行为分析项目实时处理流程图

接下来在之前搭建好的Flume、Kafka、Spark等集群的基础上继续进行完善，完成从数据收集到实时计算最终实时视图展示的整个过程。

6.4.2　模拟实时产生用户行为数据

本节使用Java编写一个模拟程序，从指定的文件中不间断地按行读取数据，并将读取的数据按行写入指定的另一个文件中。

首先在已搭建好的Spark项目SparkDemo的spark.demo包中新建ReadWriteData.java类，代码如下：

```
package spark.demo;

import java.io.*;
/**
 * 按行读取一个文件中的内容，并按行写入另一个文件中
 */
public class ReadWriteData {
    static String readFileName;         //需要读取的文件路径
    static String writeFileName;        //需要写入的文件路径

    public static void main(String args[]) {
        readFileName = args[0];         //需要读取的文件路径
```

```java
        writeFileName = args[1];        //需要写入的文件路径
        try {
            //按行读取文件内容,并写入另一文件中
            readFileByLines(readFileName);
        } catch (Exception e) {
            e.printStackTrace();
        }
    }

    /**
     * 按行读取文件内容
     * @param fileName 文件路径
     */
    public static void readFileByLines(String fileName) {
        FileInputStream fis = null;
        InputStreamReader isr = null;
        BufferedReader br = null;
        String tempString = null;
        try {
            fis = new FileInputStream(fileName);
            // 从文件系统中的某个文件中获取字节
            isr = new InputStreamReader(fis, "UTF8");
            br = new BufferedReader(isr);
            int count = 0;
            //读取文件内容,一次读一整行。tempString表示读到的一整行内容
            while ((tempString = br.readLine()) != null) {
                count++;//记录行号(当前读到第几行)
                Thread.sleep(300);//睡眠300毫秒
                //输出行号及该行的内容
                System.out.println("行:" + count + ">>>>>>>>" + tempString);
                //调用写入方法,将读取到的行内容写入指定文件
                writeFile(writeFileName, tempString);
            }
            isr.close();
        } catch (Exception e) {
            e.printStackTrace();
        } finally {
            if (isr != null) {
                try {
                    isr.close();
                } catch (IOException e) {
                }
            }
        }
    }
    /**
     * 写入文件内容
     * @param fileName 文件路径
     * @param content 要写入的内容
     */
    public static void writeFile(String fileName, String content) {
        BufferedWriter out = null;
        try {
            out = new BufferedWriter(new OutputStreamWriter(
                    new FileOutputStream(fileName, true)));
            //写入内容
```

```
            out.write(content+"\n");
        } catch (Exception e) {
            e.printStackTrace();
        } finally {
            try {
                out.close();
            } catch (IOException e) {
                e.printStackTrace();
            }
        }
    }
}
```

然后将Spark项目SparkDemo打包为spark.demo.jar，并将该JAR包分别上传到centos01节点和centos02节点的/opt/softwares目录中，以备后续执行。具体打包步骤详见5.11.3节，此处不再详解。

6.4.3 集群数据流转

回顾3.4节，我们已经成功将Flume安装在了3个节点（centos01、centos02、centos03）上，并且成功测试了将centos01和centos02节点收集到的数据发送到centos03节点，最后写入Kafka中。接下来启动各个已经搭建好的集群，完成实时数据流转，操作步骤如下。

1. 启动 ZooKeeper 集群

分别在3个节点上执行以下命令，启动ZooKeeper集群（需进入ZooKeeper安装目录）：

```
bin/zkServer.sh start
```

2. 启动 Kafka 集群

分别在3个节点上执行以下命令，启动Kafka集群（需进入Kafka安装目录）：

```
bin/kafka-server-start.sh -daemon config/server.properties
```

集群启动后，分别在各个节点上执行jps命令，查看启动的Java进程，若能输出如下进程信息，则说明启动成功。

```
2848 Jps
2518 QuorumPeerMain
2795 Kafka
```

3. 启动 Spark 集群（Standalone 模式）

在centos01节点上进入Spark安装目录，执行以下命令，启动Spark集群（Standalone模式）：

```
$ sbin/start-all.sh
```

4. 启动3个节点的Flume

由于centos01节点和centos02节点上的Flume会将数据发送到centos03节点上的Flume进行汇总，因此需要先启动centos03节点上的Flume。

在centos03节点上执行以下命令，启动Flume：

```
$ bin/flume-ng agent \
--conf conf \
```

```
--conf-file /opt/modules/apache-flume-1.9.0-bin/conf/flume-kafka.properties \
--name a1 \
-Dflume.root.logger=INFO,console
```

启动后将在当前节点的5555端口监听数据。

然后分别在centos01节点、centos02节点上执行以下命令，启动Flume：

```
$ bin/flume-ng agent \
--conf conf \
--conf-file /opt/modules/apache-flume-1.9.0-bin/conf/flume-conf.properties \
--name a1 \
-Dflume.root.logger=INFO,console
```

5．编写 Structured Streaming 应用程序

回顾5.11节，我们编写了一个Structured Streaming计算程序，实时处理Kafka中的单词数据，并将处理结果写入MySQL中。

接下来需要再次编写一个Structured Streaming计算程序，实时处理Kafka中的用户搜索行为数据（数据格式见3.1.2节已经预处理好的数据），并将处理结果写入MySQL中。

在Spark项目SparkDemo中新建程序StructuredStreamingKafkaFinal.scala，完整代码如下：

```scala
package spark.demo

import org.apache.spark.sql.SparkSession
/**
 * 从Kafka的一个或多个主题中获取消息并计算搜索关键词及访问数量
 */
object StructuredStreamingKafkaFinal {
    def main(args: Array[String]): Unit = {
        //得到或创建SparkSession对象
        val spark = SparkSession
          .builder
          .appName("StructuredKafkaWordCount")
          .master("spark://centos01:7077")
          .getOrCreate()

        import spark.implicits._
        //从Kafka中获取数据并创建Dataset
        val lines = spark
          .readStream
          .format("kafka")
          .option("kafka.bootstrap.servers",
            "centos01:9092,centos02:9092,centos03:9092")    //Kafka集群连接字符串
          .option("subscribe", "topictest")     //指定主题，多个主题之间使用逗号分隔
          .load()
          .selectExpr("CAST(value AS STRING)")  //使用SQL表达式将消息转换为字符串
          .as[String]                           //转换为DataSet，便于后面进行转换操作

        //计算搜索词数量，根据value列分组（DataSet默认列名为value）
        val wordCounts = lines.map(line=>{
            val arr=line.split(",")
            arr(2)          //取得搜索关键词
        })
          .groupBy("value")         //根据value列分组
          .count()                  //计算每一组的数量
          .toDF("word","count")     //转换为DataFrame，便于计算
```

```
        //MySQL数据库连接信息
        val url = "jdbc:mysql://localhost:3306/word_count?useSSL=false"
        val username = "root"
        val password = "123456"

        //创建JDBC操作对象
        val writer = new MyWordCountJDBC(url, username, password)
        //输出流数据
        val query = wordCounts.writeStream
            .foreach(writer)                //使用JDBC操作对象,将流查询的输出写入外部存储系统
            .outputMode("update")           //只有结果流DataFrame/Dataset中更新过的行才会输出
            .start()
        //等待查询终止
        query.awaitTermination()
    }
}
```

6. Spark 项目打包

上述StructuredStreamingKafkaFinal.scala应用程序编写好后,需要重新打包项目。项目的打包参考5.11.3节,此处不再赘述。

7. 提交 Structured Streaming 应用程序到 Spark 集群

将上述打包生成的spark.demo-1.0-SNAPSHOT.jar重命名为spark.demo.jar,上传到centos01节点的/opt/softwares目录,然后进入Spark安装目录,执行以下命令提交应用程序:

```
$ bin/spark-submit \
--packages org.apache.spark:spark-sql-kafka-0-10_2.12:3.2.1 \
--master spark://centos01:7077 \
--class spark.demo.StructuredStreamingKafkaFinal \
/opt/softwares/spark.demo.jar
```

具体详细提交说明见5.11.3节,此处不再赘述。

提交成功后,Spark将实时监控Kafka中的数据,并将计算结果更新到MySQL数据库中。

8. 产生实时源数据流

(1)回顾3.2.4节,我们已经在centos01节点和centos02节点的/opt/modules/data目录中创建了user_behavior_info日志文件,用于存储用户行为日志信息,该文件则作为需要实时统计分析的源数据。接下来分别在这两个节点上清空该文件:

```
$ cd /opt/modules/data/
$ >user_behavior_info
$ cat user_behavior_info
```

(2)将3.1.2节已经预处理好的搜索实验数据文件SogouQ.reduced分别上传到centos01节点和centos02节点的/opt/modules/data目录。

(3)执行已经上传在centos01节点的/opt/softwares/spark.demo.jar文件中的数据流读写类ReadWriteData.java,并将SogouQ.reduced作为输入数据文件(第一个参数),将user_behavior_info作为输出数据文件(第二个参数),命令如下:

```
$ java -cp /opt/softwares/spark.demo.jar \
spark.demo.ReadWriteData \
```

```
/opt/modules/data/SogouQ.reduced \
/opt/modules/data/user_behavior_info
```

在centos02节点上同样需要执行上述命令。

命令执行后，将分别在centos01节点和centos02节点源源不断地产生数据流，并最终经由Spark将计算结果存储于MySQL中。

9. 查看前端动态视图

直接在IDEA中运行App.java中的main方法，启动SpringBoot项目user_analyse_web。启动后，在浏览器中访问网址http://localhost:8080/index.html即可打开项目的视图页面。在视图页面中单击【开始实时分析】按钮，将出现可视化柱形图。

此时发现前端柱形图实时显示了最新的计算数据（根据搜索词的访问量降序排列，展示前10个搜索词），且随着数据量的增加，图表动态实时变化，如图6-13所示。

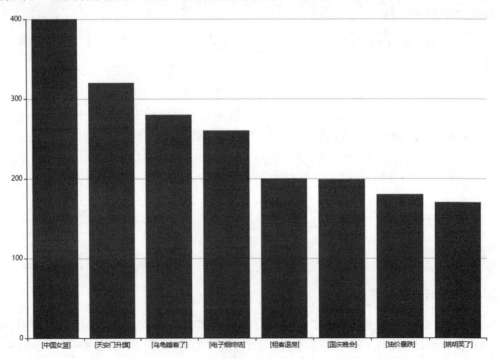

图6-13　可视化柱形图实时展示搜索词访问量

6.5 动手练习

1. 参考书中的操作，在IDEA中搭建一个SpringBoot项目。
2. 在已搭建的SpringBoot项目中集成WebSocket并测试。
3. 在ECharts官网下载ECharts组件，集成到项目前端。